U0352743

主编简介

陈东生　工学博士，闽都学者教授，博士生导师。主要从事服饰文化和现代服装技术研究。

China Books Library

中国书籍文库

知 识 创 新 和 传 承 书 系

服装养护技术

陈东生　甘应进　主编

Clothing

Maintenance Technology

中国书籍出版社
China Book Press

图书在版编目（CIP）数据

服装养护技术/陈东生,甘应进主编.—北京:中国书籍出版社,
2012.7

ISBN 978－7－5068－2961－8

Ⅰ.①服⋯ Ⅱ.①陈⋯②甘⋯ Ⅲ.①服装—保养
Ⅳ.①TS976.4

中国版本图书馆 CIP 数据核字（2012）第 145917 号

服装养护技术

陈东生　甘应进　主编

责任编辑	王　森
责任印制	孙马飞　马　芝
封面设计	中联华文
出版发行	中国书籍出版社
地　　址	北京市丰台区三路居路 97 号（邮编:100073）
电　　话	（010）52257143（总编室）　　（010）52257140（发行部）
电子邮箱	eo@ chinabp. com. cn
经　　销	全国新华书店
印　　刷	三河市华东印刷有限公司
开　　本	710 毫米×1000 毫米　1/16
字　　数	306 千字
印　　张	17
版　　次	2015 年 9 月第 1 版
印　　次	2022 年 7 月第 2 次印刷
书　　号	ISBN 978-7-5068-2961-8
定　　价	78.00 元

前　言

　　当今社会人们使用纺织品和穿着服装不仅要"用得好，穿得美"，更要"穿得健康，用得安全，养护方便"。从20世纪90年代以来，随着经济发展、社会进步以及科学知识的普及，人们在纺织品消费和服装穿着方面有了新要求。表现形式之一就是消费者自我保护意识越来越强，纺织品使用及服装穿着养护等问题受到越来越广泛的关注。

　　为了适应我国服装消费者对服装养护知识掌握与技术发展之趋势，在广大服装消费者做服装养护时提供实用参考，同时适应我国高等服装教育的发展，建立和完善符合我国国情的服装学、服装教育学和服装消费学体系，顺应服装洗涤管理学、服装织物养护技术、洗涤工程学等专业的发展，以培养出更多懂技术、善经营、会管理，并具有多方面专业知识和技能的服装养护专业人才，我们改编出版了《服装养护技术》一书。

　　本书凝集了长期积累的服装养护技术，归纳和总结了国内外的服装养护洗涤管理科学与技术，博采众长，集思广益，采用科学的体系结构，从理论到实践对服装养护理论和技术进行了系统阐述。本书内容丰富、图文并茂、重点突出，注重系统性、科学性，既重视对学生服装养护理论的传授，又注重对学生服装养护技术的培养提高。本书既可作为普通高等服装院校的专业教材，也可作为高等服装职业技术院校的教材，同时可供广大服装消费者做为服装养护时的必备参考。

　　本书第一章由陈东生和甘应进执笔，第二章、第七章和第八章由王建刚执笔，第三章和第四章由陈红执笔，第五章和第六章由倪海燕执笔，第九章由严涛海执笔，第十章由倪海燕和陈东生执笔，第十一章由袁小红和甘应进执笔。

全书经陈东生、甘应进润饰并定稿。在本书的编写过程中，编著者参考和引用了国内外的大量文献资料，谨此一并表示感谢。鉴于编著者的学识与视野有限，书中如有遗漏或不妥之处，恳请专家同行不吝赐教指正。

编　者

目　录

第一章

绪　论

衣食住行，衣为首。舒适、健康、卫生、美观、整洁的服装服务于人们，并体现着着装者的精神风貌。为了让脏污服装、破损服装、陈旧服装能够恢复其原有的属性，保持服装的卫生与整洁，人类创造了服装的去渍洗涤、熨烫整理、织补染新等养护技术。服装养护学就是研究服装的去渍洗涤、熨烫整理、织补染新等养护技术的一门学问。

第一节　着装的目的

人类着装是人类进步和文明（包括精神文明和物质文明）的象征。从本质上讲，它的主要目的是对自然环境的适应，即抗御外界气温的变化，保持身体的舒适状态，同时防止来自外界的各种危害，保护人体。此外还有对社会环境的适应目的，如出于装饰审美、标识类别、道德礼仪等目的。这些目的，从最初的御寒保暖需要出发，逐渐拓展并被逐渐细化。

一、生理学目的

服装的生理学目的，通常是指满足服装的生理卫生所要求的对内适应性和对外防护性之需。服装的生理卫生学功能是服装成立的基础，实用是服装状态赖以生存的依据。服装的实用表现为服装的各种机能，如蔽体，保暖，透气等。

（一）防寒保暖

从体表向服装表面散热的方式有传导、对流和辐射，其中主要靠传导来放热。从服装向外界放热主要靠对流，但也伴随有传导和辐射。从秋高气爽到春暖花开之际，人的衣服约遮盖人体表面积的82%。在穿着衣服的情况下，衣服能阻隔大约95%发自皮肤的体热，因此，在人体皮肤表面向周围环境辐射散失热量时，就会被衣服阻挡在人体周围的服装内空气层之中，并使衣服和皮肤表面之间的空气层加热，使人体感到温暖。靠穿着适当的服装来调节体温以适应外界的气候变化，可使衣服最里层的空间产成舒适的小气候。

外界气温在 25～26℃ 以上时，人不穿衣服能耐受这种气候条件；当外界温度在 28～32℃ 范围时，人裸体可感到舒适。外界气温低于 25℃ 时，就需要借助增减衣服来调节体温的恒定。当气温降至 10℃ 以下时，穿用普通衣服就难以适应气温的变化，常需借助棉衣等来协助调节。通过穿着服装来创造人体体表与衣服里层之间的舒适气候是服装卫生学的基础之一。

（二）隔热防暑

在盛夏，烈日炎炎，人体表面放热，依靠传导和辐射来使热量减少。人们一方面采用遮防以减少直射热，另一方面依靠扩大蒸发来散热。通过服装来防暑就是要遮防外热和发散内热。当外界气温高于人体皮肤温度时，环境中的热将通过辐射和对流传至裸体人的皮肤，然后经血流传入体内，此时唯有大量出汗才能维持热平衡。在温度很高的条件下，即使大量出汗也难免要发生体热蓄积，导致体温升高。而穿着透气性和吸湿性良好的衣服，其衣服的热阻作用能显著地减少人体从环境中得热。例如在气温 40℃ 环境下工作 2 小时，裸体的人直肠温度要比穿着棉布衬衫的人高。可见，衣服有很好的隔热效果。

在夏天，如果让皮肤长时间受太阳辐射，轻则引起晒斑，重则发生水泡，甚至发生中暑，而穿着衣服就具有一定的防辐射热作用。不同颜色的物体吸收辐射热的差别很大，黑色表面吸收率最高，白色表面吸收率最低。人体皮肤的黑度为 0.95 左右（与种族无关），能够吸收大量的辐射热。但是，戴帽或撑伞可显著减轻阳光辐射，穿着衣服能够保护皮肤免受太阳辐射，尤其是白色衣服能够反射 35% 的太阳辐射能。在高温作业场地，穿着光滑的银白色反射服，反射率可达 95% 以上。

服装的基本功能在于环境温度低时能保温，气温高时能防暑，起着调节气温的辅助作用。服装保暖和隔热的生理卫生学意义都是调节体温相对稳定，所以，服装的防寒保暖和隔热防暑作用可以合称为服装的调温作用。

（三）调节湿度

衣服的调湿作用由透气性和吸湿性这两个因素组成。在气温不高时，人体皮肤表面每小时的不感知蒸发量约 30～80g，通过衣服纱线间的孔隙完全可弥散到周围环境中去。当外界气温升高或进行体力活动出汗时，单靠衣料的透气作用已不能使汗液及时蒸发。此时，衣服借吸湿作用，吸湿大量汗液，然后再蒸发放湿到周围的大气中。如果周围空气干燥或风速较大，汗液能迅速蒸发，使衣下空气层的湿度维持在 50% 以下，符合生理卫生学的舒适要求。若湿度超过 60%，就会使人感到闷热。

服装的吸湿、散湿、透气性越好，人越感到舒适。否则，如果人体不能靠服装蒸发散热来维持热平衡，服装与体表间的相对湿度增高，就会妨碍汗液蒸发，导致体温上升，不利健康。

（四）调节空气

人在裸体或穿衣时，皮肤凭借呼吸一昼夜排出的二氧化碳大致相等，均为 $9 \sim 30g$，且气温越高排出越多。皮肤在呼吸时，还排出少量的氯化钠、尿素、乳酸和氨等，故汗有酸臭味。这些酸臭物质对皮肤有一定的刺激作用，容易诱发皮肤病，所以不应留存在衣服与身体之间。透气性良好的衣服能经常使衣下的空气层更新，各种排泄物通过衣服逸出，使清洁的外界空气进入替换，这就是服装的调气作用。这种调气作用是由衣料的透气性决定的，它对保持皮肤的正常排泄机能以及体温调节的生理功能均有重要作用。

（五）防风防雨

衣料能够阻止气流运动。在冬天，外界冷气流透入服装内，使衣料的纱线之间或衣服与衣服之间的空气进行流动，衣服的隔热值显著下降，保暖作用减弱。所以，在寒冷的冬季，衣服的防风作用很重要，最好用透气性较差的衣料作外套。

雨、雪、雾不仅直接潮湿皮肤，增加皮肤散热，甚至引起寒冷反应。特别是当雨水浸湿衣服后，水充满了衣料的孔隙，取代了其中所含有的空气，使衣服的防寒保暖作用显著降低。被雨水浸湿了的衣服，在风速等于 $4m/s$ 的条件下，其隔热值下降为零，与裸体状态没有差别。在夏天，衣服被雨水淋湿以后，透气性下降，会严重地妨碍皮肤出汗蒸发和正常的排泄机能。如果雨雪天穿着透气而不透水的防水外套，就能使人免受雨淋并保持舒适状态。

（六）护肤防害

通常，服装可以保持皮肤表面的清洁。服装能够避免或减少外界灰土、飞沙、煤烟及其他粉尘对皮肤的污染，并可随衣服的更换而及时洗去。同时，皮肤分泌的汗液、皮质、脱落的表面细胞等所形成的污垢，经内衣吸附可被及时洗去。如果长时间穿用污染的内衣，易被霉菌、细菌污染，甚至诱发各种皮肤疾病，所以，必须经常换洗衣服。

具有特定的防护功能的防护服可以保护人体在特定条件下免受伤害。如冶炼防护服和消防防护服具有防止热辐射的性能，运动服可排除衣服对动作的阻碍作用或避免体育运动时的意外伤害，粉尘防护服和电子工业防护服不透粉尘，化学防护服可耐酸碱腐蚀，抗放射防护服可屏蔽放射性物质，绝缘服可使电工带电作业，农业劳动服既可防日晒、防雨淋，又可防蚊虫叮咬，防荆棘刺扎。宇宙航行、海上救生、水下作业等都离不开特制的服装。

（七）运动功能

得体的服装应适合身体进行各种活动或劳动，不仅适应大运动量的迅猛动作，还要适应轻微活动的舒缓动作。但是，至今尚无适应各种活动或劳动的万能服装，人们只能根据活动的幅度和劳动的强度选择不同的服装。

人体关节的运动、人体各部位的变形以及皮肤的不均一伸缩等都会引起服装形态的变化，从而引起服装的局部变形。普通的服装缺乏伸缩性，一旦束缚过紧，不仅妨碍活动或劳动，还对身体产生不适的压力，妨碍呼吸和血液循环，甚至影响青少年的发育。如厚而紧的牛仔服，就极不适合青少年生长发育的卫生学要求。从运动功能来看，西式套装和中式套装最明显的区别主要在于袖窿和裤裆的尺寸有着明显的不同，西式服装有对人体整形的作用，上装袖窿尺寸较小，但不便于运动。

二、社会学目的

服装的社会学目的，通常是指满足着装者应具备的外观整容性和外观给与人们主观感觉判断的感觉性，即与人的主观精神需求相关的文化使命。通常包括装饰性和象征性，装饰性来源于服用者本能的追求美的心理，象征性指的是民族性和社会性。如：

（一）装饰功能

合体的服装、入时的款式、协调的色彩会给人以美的享受，体现出穿用者的风度、仪表、格调、气质和性格等精神状态。一般情况下，在形态上大的、宽的、长的服装象征着权利和威严，简明的直线和角的服饰构成给人以排场、气势的感觉，复杂的构成给人以庄重、高贵的感觉。俗话说"三分在人，七分在装"，这充分说明服装对一个人的外表具有重要的装饰作用。特别是对于现代青年而言，既要追求事业上的成功，也要追求生活的丰富多彩。

人体的各个部分应当协调、匀称、比例适当，但是人的体形并不都是十分完美的，借助服装来明智地掩饰体形上的缺陷，尽量地突出自己的体形和面貌的优美之处，能使人的外表更趋完美。服装的装饰功用要求人们：一是衣服不要穿得太紧，以免暴露出人体的不美之处；二是利用服装款式在视觉上的错觉，改变体形方面的缺陷。如高大而肥胖的女性，应选择图案细腻、精巧的面料，上装最好配有分割线，以使人不会显得过分庞大。瘦弱且矮小的女性应选择颜色不宜过深的、艳丽明快的、带粗纺质感的面料，穿适当宽松的服装使体形显得丰满，并尽量使上衣短些，下身长些，从而给人以高大之感。

（二）佩戴功能

服装上的口袋能够存放随身携带的必要物品，具有良好的佩戴功能，也具有一定的装饰功用。如夹克衫和旅游裤，在旅游者的世界里占据着绝对的市场，各种各样的口袋出现在这类上下装的各个部位，可用来携带各种旅游必需品。

（三）标识功能

用服装来表示穿用者的地位、身份、权力和能力是各种社会、各个时代常用的一种标识手段。在未开化及低文化民族间，就用特定的服饰来象征其权威。在现代社会，常用服装来表示职业、集团等，借此可以了解穿用者的所属，如军服、警服等。

实际上，人们作为在日常的标识，常常使用徽章、臂章、肩章、领章、胸章、帽徽以及特殊颜色的服装等，如工地上的个人多戴黄色的安全帽。另外，服装所使用的衣料也可作为一种标识，如现在的军服。

（四）扮饰功能

服用者增强或减弱本来的人格程度，或表明特别的意志，或夸示力量表示富有，或起着一种威吓、示威的作用，或表示恭顺、服从的态度，出于这种目的来穿用与原来不同的服装就称为扮饰。如在日常生活中表示庆吊的礼服，就强调了与常态下不同的意志和感情。戏曲中的扮装、便衣警察或特务的变装、祭祀或节日文体活动的假装等都属于此范畴。

利用伪装色、伪装网或植物经过蒙蔽或伪装，把人变成其他物体或动物，应用于对敌或狩猎的保护，也属于服装的扮饰。

第二节　服装的养护

一、服装养护的起因

服装制品在穿着和使用过程中，能够吸收体内排出的汗垢，又能防止体外污垢对人体的附着，对人体起着抗污防污和保持皮肤清洁健康的作用。一旦服装被污染，不仅外观变差，而且会造成透气性下降，热传导性增强，甚至促进微生物繁殖生长，导致机械性能下降，并危及人体健康。另外，服装在穿着过程中时，还可能因外力作用而发生机械破损（如梭织物挂破、针织物脱圈），或者因为染色牢度差而产生衣物褪色洗花，或者是由于日久穿着而变旧等等。服装出了毛病，怎么办？

众所周知，人要是有了毛病，要去医院；车要是病了，就要及时去"4S"修理店。那么服装病了，怎么办呢？如果我们把服装比作人，那也和世上的一切事物一样，也遵循着生、老、病、死的规律。人是要天天洗脸的，好比服装需要天天整烫一下再穿；人需要不定期的洗澡，服装也需要常常拿到洗衣店去洗涤整理；人要是受到外伤，就去医院处置一下，服装如果出现外伤，就要到织补店去重新织补再穿。人到中年，通过经常性的体检和疗养，就可以及时查出问题进行医治，从而保持身体健康，延长生命。服装旧了病了，我们是去医治，还是直接淘汰呢？显然，还是去医治的好，这比弃旧换新更经济、更科学。现在的服装再旧也有八、九成新，大多只不过是颜色旧了或者是款式过时而已，如果能将其重新染色或是进行旧衣改新加工，就能够像新衣服一样穿用。

自改革开放以来，人们的生活方式更加现代化，人们对着装质量和品位的追求越来越高，服装养护逐渐拓展成为一门行业，服装养护的店面越来越多，服装养护技术逐渐成为一门学问。最近十几年来，对我国服装养护行业起着推波助澜的主要因素有纺织材料的迅速发展、服装饰物的个性追求、生活水平的不断提高、工作节奏的进一步加快、流动人口的迅猛增长以及女性地位的相对提高。这些经济的和社会的因素，促进了服装养护业的迅猛发展，带来了服装养护市场的巨大的空间。

二、服装养护的技术

现代服装养护，有着较高的科技含量，需要从事服装养护的人员掌握与服装养护相关的基础知识和相关理论，了解不同服装的材料与构成，熟练地掌握相关设备的使用和日常保养。目前，服装养护技术主要包括服装的洗涤养护、整烫养护、织补养护、改色染新养护，以及皮革服装的粘补保养等养护技术。

（一）服装的洗涤养护

服装的洗涤，主要分水洗和干洗二种方法。无论是水洗还是干洗，都是将织物表面的污垢洗除，并保证衣料和色泽不受影响。一定要懂得，不是所有的服装都可以干洗，也不是所有的服装都可以水洗，我们应该根据干洗与水洗的特点来选择。水洗适用范围从服装纤维上分包括：棉、麻、及合成纤维织物。例如：棉纤维属纤维素纤维，对污渍的吸附能力较强，又因其缩水率相对较小，可以选择水洗。羽绒服只能水洗不能干洗，如果干洗，浪费溶剂，不易洗净，最主要原因是如果采用石油干洗还会导致其羽绒结片发硬。干洗范围包括粘胶纤维、毛料、丝绸服装，这几类服装若水洗就易产生严重的缩水，如：丝绸服装水洗易褪色，又如人造革服装干洗容易产生断裂发硬现象。

水洗与干洗相比较，他所具备的优点，主要包括三方面：

第一，水洗的成本低。水洗是以水作为主，洗涤过程中加入一些洗涤剂，而干洗所使用及耗用的包括四氯乙烯及石油溶剂等干洗剂。比较之下：一吨水多则几元钱，而干洗剂一公斤少则就几元钱。

第二，水洗的洗净力高。单从水本身的润湿效果而言不如干洗剂，但是水的溶解能力较强，能溶于各种的表面活性剂为主要成分的洗涤剂，在洗涤过程中发挥润湿、乳化、发泡等作用，对污垢有良好的去除能力。而干洗剂只能溶于少量的表面活性剂。

第三，水洗最环保。现在都提倡绿色洗衣，而被公认为生态洗涤的水洗相对于干洗来说才是最环保的。无论是石油干洗机，还是全封闭的四氯乙烯干洗机，都是相对老式的干洗机降低了一些污染指标，因为石油与四氯乙烯都属有机溶剂，对环境和人体都有影响。

干洗的优点在于可以洗涤一些无法水洗的服装。主要体现在干洗后的服装不缩水，不褪色，不起泡，不变形。对于一些蛋白质纤维及粘胶纤维服装，水洗时缩水较严重，导致服装水洗后尺寸变小、褪色。而干洗剂不溶于水，服装干洗就不易产生缩水、褪色现象。一些服装上衣，存在定型的胶衬，若进行水洗，由于胶内含有一些水溶性树脂，洗后就会产生服装脱胶、起泡现象。

（二）服装的整烫养护

人们常用"三分缝制七分整烫"来强调服装整烫的重要性。整烫的主要作用有三点：

1. 通过喷雾、熨烫去掉衣料皱痕，平服折缝。

2. 经过整烫热定型处理，可使服装外型平整，褶裥、线条挺直。

3. 利用"归"与"拔"熨烫技巧，可塑造服装的立体造型，能够适应人体体型与活动状态的要求，使服装达到外形美观穿着舒适的目的。

　　影响服装整烫的四个基本要素是：温度、湿度、压力和时间。其中熨烫温度是影响熨烫效果的主要因素。掌握好各种织物的熨烫温度是整烫技术的关键，熨烫温度过低达不到熨烫效果；熨烫温度过高则会把衣服熨坏造成损失。手工熨烫的各种技巧概括起来共分16个字，即快、慢、轻、重、归、拔、推、送、焖、蹾、虚、拱、点、压、拉、扣。具体做法是：

　　快：轻薄的成衣在熨斗温度高时，熨烫的速度要快，不可多次重复熨烫，因为有些成衣熨烫不能超出布料的耐热度。当熨斗加热超出所需的温度或时限时，布料强度下降，易烫坏或烫出极光，只有加快熨烫才能克服这些缺点。

　　慢：对于成衣较厚的部分，例如：驳头、贴边等，熨斗要放慢速度，要烫干烫平，否则这个部位要回潮，达不到硬挺的效果。

　　轻：对于各种呢绒成衣或布料很薄的成衣一定要轻烫，以便于绒毛能够恢复原状。

　　重：成衣的主要部位，通常是很关键的部位，这些部位的特殊要求是挺括、耐久不变形，因此对这些部位只能重压才能烫好，起到定型的目的。

　　归：成衣在加工过程中，为使平面的衣身变得符合人体造型，有些部位要在服装制造前，做暂时的定型处理。例如：人体凸出的部位四周，相对来说是属于较平坦或凹势的，应将其直、横丝归烫成能够凸出的部位的胖势或弯形，才能更符合人体的体型特点。

　　拔：拔和归是相互联系的，有些部位例如后背的肩胛骨部，只有运用拔的手法才能使这些部位符合人体的要求。

　　推：推是归拔过程中一个特定的手法，也就是将归拔的量推向一定的位置，使归拔周围的丝缕平服而均匀。

　　送：将归拔部位的松量结合推的手法，将其送向设定的部位给予定位。例如：腰吸部位的凹势只有将周围松量推送到前胸才能达到腰部的凹势、胸部的隆起。使服装凹凸曲线的立体感更加明显。

　　焖：在服装较厚的部位也是需水量大的部位，必须采用焖的方法，即将熨斗在这个部位有一段停留的时限，才能保持上下两层布料的受热均衡。

　　蹾：有些服装部位出现皱折不易烫平。例如：裤襻在熨烫时将熨斗轻轻地蹾几下以达到平服贴体的目的。

　　虚：在制作过程中，一些部位属于暂时性定型或毛绒类的成衣要虚烫，只有通过虚烫才能保持款式窝活的特点。

　　拱：拱的手法是指有些部位不能直接用熨斗的整个底部熨烫。例如：裤子的后档缝只有将熨斗拱起来，才能把缝位劈开、压平、烫煞。

点：在服装加工过程中有些部位不需要重压和蹲的方法，采用点的手法可减少对成衣的摩擦力，彻底克服熨烫中出现极光现象。

压：成衣熨烫定型时，许多部位需给予一定的压力，即面料的屈服点，使其变形，才能达到定型的目的。

拉：在服装熨烫时，除了右手使用熨斗外，左右手要相互配合，有些部位要适当的用左手给予拉、推、送，才能更好地发挥熨烫成型的作用。例如：裤腿的侧缝起吊，单靠熨斗来回走动是不能克服的，解决做工中的不足，只有用手适当拉伸配合熨烫，才能达到平服的目的。

扣：是指成衣加工过程中有些部位利用手腕的力量将丝缕窝服，使这些部位更加平服贴体。

（三）服装的织补养护

织补养护是指各种布料、毛线料服饰被烟头烫洞、硬物挂破等因素造成的机械损坏，用手工按其服饰的材料性能、组织结构进行表面修复，使服饰基本恢复原样的一种技术。如服饰织补、染色修补、皮衣粘补、无缝补衣以及袖底贴皮修饰技术等。

织补的基本技术动作，主要有针法、拨丝、挖丝、拉丝、旋丝、刷毛、修剪等。根据衣物破洞的不同性质、形状，采用的不同处理方法，是什么样的破洞就要用相应的织补法。但在具体织补中，还要适应织物组织的特点和质量要求。破洞的形式和种类很多，织补法也是多种多样，如拨丝法、盖洞法、挖丝法、拼织法、挖补法、针织织补法等。各种衣物破损洞形有其共性一面，也各有其个性的一面。共性，衣物破损都称之破洞；个性，衣物破损后洞形各不相同，有方洞、长洞、钥匙湾洞、摔破洞、蛀洞等。面对各种复杂的破洞，在操作时不能简单地都采用某钟方法，一概而论，固定不变。而需要区别情况，灵活掌握。如特殊洞形，可在一个破洞范围内，在可能的情况下，充分利用边沿洞口织物，采取能挖则挖、能盖则盖、能挟则挟的多种操作方法。

（四）服装的改色染新养护

一件衣服穿久了，衣服什么毛病都没有，就是越看越感觉别扭，心里还嘀咕：衣服没坏，颜色挺新，为什么感觉有点旧呢？服装掉色，与其纤维在染色过程中染料与纤维的结合形式有着绝对关系。化学纤维在染色过程中，染料分子与纤维分子间的结合方式为化学键结合。打个比方，就像两块铁板用电焊焊在一起一样，在一定温度条件下，结合牢度较大，不易脱离升华。而天然纤维，在染色过程中，染料分子与纤维分子间是物理结合，就像一块铁板与一块磁铁紧紧地吸在一起一样。如果出现服装水洗、摩擦、日晒或酸碱侵蚀，就会脱落、升华、被氧化变质。这时就出现了褪色、溜色、变旧等现象。档次越高的面料，其中的天然纤维含量就越高，掉色变旧的可能性就越大。其实，旧衣服不仅包括那些掉色、洗花、久洗变旧的，还包括那些面料与颜色是新的，而颜色给人的视觉老化了的新服装。看来旧服装返新，它同时包含了旧服装染新和新服装改色。

染色是在一定条件下（如水、温度、压力等），使染料与纤维发生物理或化学的结合，或用物理或化学方法在纤维上生成染料，而使纤维制品具有一定色泽的加工过程。纤维制品的染色通常包括直接染料染色、硫化染料染色、还原染料染色、活性染料染色、酸性染料染色和分散染料染色等方法。

（五）皮革服装的粘补保养

皮革服装在日常穿着过程中，会逐渐发硬、磨损，色泽暗淡，这是因为其表面的保护层会逐渐遭到破坏，皮革纤维内部的保湿油脂等物质也会逐渐流失所致。所以，对皮衣在穿着一段时间后，有必要进行养护，如进行清洗、补伤等保养。定期保养你的皮革，可以延长皮革寿命。因为皮革即不防水也不防污，所以它需要定期保养和护理。

皮衣保养的一般流程为：清洗→干燥→补伤→固定→上显色剂（无色）→手感剂。皮革的清洗，分为手工清洗和机器清洗，一般实力较强的养护店多采用机器清洗。干燥温度为50℃，时间为50min左右。皮革的上色翻新，是皮革护理的重要环节。经过翻新护理的皮革制品能够明亮如新，可极大地增加皮衣的美观性和耐用性。

第二章

服装养护基础

第一节　服装分类及结构特征

一、服装分类

服装是指包覆人体各个部位的物体的总称。也就是说，服装不仅包括各种装饰品，而且还可以指人体的着装状态。其意即，服装是指身上穿的衣服、头上戴的帽子、手上戴的手套、脚上穿的鞋袜以及各种必要的附属品、装饰品的总称。

服装的种类很多，由于服装的用途、制作方法、基本形态、品种、原材料的不同，各类服装亦表现出不同的风格与特色。不同的分类方法，导致平时对服装的称谓也不同。

（一）根据服装的穿着组合、用途、面料与制作工艺分类

1. 按穿着组合分类

大致有如下几种分类：

（1）整件装：上下两部分相连的服装，如连衣裙等因上装与下装相连，服装整体形态感强。

（2）套装：上衣与下装分开的衣着形式，有两件套、三件套、四件套。

（3）外套：穿在衣服最外层，有大衣、风衣、雨衣、披风等。

（4）背心：穿至上半身的无袖服装，通常短至腰、臀之间，为略贴身的造型。

（5）裙：遮盖下半身用的服装，有一步裙、A字裙、圆台裙、裙裤等变化较多。

（6）裤：从腰部向下至臀部后分为裤腿的衣着形式，穿着行动方便。有

长裤、短裤、中裤。

2. 按用途分类

分为内衣和外衣。内衣紧贴人体，起护体、保暖、整形的作用；外衣则由于穿着场所不同，用途各异，品种类别很多。又可分为：社交服、日常服、职业服、运动服、室内服、舞台服等。

3. 按服装面料与工艺制作分类

中式服装、西式服装、刺绣服装、呢绒服装、丝绸服装、棉布服装、毛皮服装、针织服装、羽绒服装等。

（二）根据服装的基本形态分类

依据服装的基本形态与造型结构进行分类，可归纳为体形型、样式型和混合型三种。

1. 体形型

体形型服装是符合人体形状、结构的服装，起源于寒带地区。这类服装的一般穿着形式分为上装与下装两部分。上装与人体胸围、项颈、手臂的形态相适应；下装则符合于腰、臀、腿的形状，以裤型、裙型为主。裁剪、缝制较为严谨，注重服装的轮廓造型和主体效果。如西服类多为体形型。

2. 样式型

样式型服装是以宽松、舒展的形式将衣料覆盖在人体上，起源于热带地区的一种服装样式。这种服装不拘泥于人体的形态，较为自由随意，裁剪与缝制工艺以简单的平面效果为主。

3. 混合型

混合型结构的服装是寒带体形型和热带样式型综合、混合的形式，兼有两者的特点，剪裁采用简单的平面结构，但以人体为中心，基本的形态为长方形，如中国旗袍、日本和服等。

（三）根据针织服装的生产和加工特点分类

1. 毛针织服装分类

（1）按原料成分分类：纯毛类（包括毛类混纺类）、混纺类（可分为羊毛/腈纶、兔羊/腈纶、马海毛/腈纶、驼毛/腈纶、羊绒/锦纶混纺衫、羊绒/蚕丝混纺衫等）、纯化纤类（可分为弹力锦纶衫、弹力丙纶衫、弹力涤纶衫、腈纶膨体衫、腈纶/涤纶、粘纤/锦纶混纺衫等）、交织类（可分为羊毛腈纶、兔毛腈纶、羊毛棉纱交织衫等）。

（2）按纺纱工艺分类：精梳类，采用精梳工艺纺制的针织绒、细绒线、粗绒线织制的各种羊毛衫、粗细绒线衫等；粗梳类，采用粗梳工艺纺制的针织纱线织制的各种羊毛衫、羊绒衫、兔毛衫、驼毛衫等；花色纱毛衫，采用花色针织绒（圈圈纱、结子纱、自由纱、拉毛纱）织制的花色毛衫，这类毛衫外观奇特、风格别致、有艺术感。

（3）按编织机器类型分类：毛衫类织物一般为纬编织物，有圆机产品和横机产品两种。圆机产品：是指用圆型针织机先织成圆筒形坯布，然后再裁剪加工缝制成的毛衫。横机产品：是指用手摇横机编织成衣坯后，再经加工缝合制成的毛衫。也可指电脑横机织成坯布，经裁剪加工缝制成毛衫。

（4）按坯布组织结构分类：一般分为单面、四平、鱼鳞、提花、扳花、挑花、绞花等多种。

（5）按修饰花型分类：可分为印花、绣花、贴花、扎花、珠花、盘花、拉毛、缩绒、镶皮、浮雕等。

印花毛衫：在毛衫上采用印花工艺印制花纹，以达到提高美化效果之目的，是毛衫中的新品种。印花格局有满身印花、前身印花、局部印花等，外观优美、艺术感染力强、装饰性好。

绣花毛衫：在毛衫上通过手工或机械方式刺绣上各种花型图案。花型细腻纤巧，绚丽多彩，以女衫和童装为多。有本色绣毛衫、素色绣毛衫、彩绣毛衫、绒绣毛衫、丝绣毛衫、金银丝线绣毛衫等。

拉毛毛衫：将已织成的毛衫衣片经拉毛工艺处理，使织品的表面拉出一层均匀稠密的绒毛。拉毛毛衫手感蓬松柔软，穿着轻盈保暖。

缩绒毛衫：又称缩毛毛衫、粗纺羊毛衫，一般都需经过缩绒处理。经缩绒后毛衫质地紧密厚实、手感柔软、丰满，表面绒毛稠密细腻，穿着舒适保暖。

浮雕毛衫：是毛衫中艺术性较强的新品种，是将水溶性防缩绒树脂在羊毛衫上印上图案，再将整体毛衫进行缩绒处理，印上防缩剂的花纹处不产生缩绒现象，织品表面就呈现出缩绒与不缩绒凹凸为浮雕般的花型，再以印花点缀浮雕，使花型有强烈的立体感，花型优美雅致，给人以新颖醒目的感觉。

2. 棉针织服装分类

（1）按面料的生产方式分类：针织服装面料按生产方式分为经编和纬编两大类。

（2）按面料的组织结构分类：经编针织面料的单梳节经编基本组织有经平组织、经缎组织、经绒组织等。但在实际生产中，作为外衣或衬衫等一般多用双梳或多梳经编组织。双梳经编织物中用途较广的是经平绒组织、经平斜组织和经斜编链组织等。纬编针织面料的基本组织主要有纬平针组织（俗称"汗布"）、罗纹组织（俗称"弹力布"）、双罗纹组织（又称双正面组织，俗称"棉毛布"）、双反面组织（也称"珠编"）等。还有衬垫组织、集圈组织、毛圈组织、菠萝组织、纱罗组织、波纹组织、长毛绒组织、衬经衬纬组织等花色组织以及复合组织等。

（四）其他分类方式

除上述一些分类方式外，还有些服装是按性别、年龄、民族、特殊功用等方面的区别对服装进行分类。

1. 按性别分类

有男装、女装。

2. 按年龄分类

有婴儿服、儿童服、成人服。

3. 按民族分类

有我国民族服装和外国民族服装，如汉族服装、藏族服装、墨西哥服装、印第安服装等。

4. 按特殊功用分类

有耐热的消防服、高温作业服、不透水的潜水服、高空穿着的飞行服、宇航服、高山穿着的登山服等。

5. 按服装的厚薄和衬垫材料不同来分类

有单衣类、夹衣类、棉衣类、羽绒服、丝棉服等。

6. 按服装洗水效果来分类

有石磨洗、漂洗、普洗、砂洗、酵素洗、雪花洗服装等。

（五）按 HS 编码的分类

商品名称及编码协调制度（The Harmonized Commodity Descriptionand Coding System）简称协调制度（HS），它是在《海关合作理事会分类目录》（CCCN）和联合国《国际贸易标准分类》（SITC）的基础上，参照国际间其他主要的税则、统计、运输等分类协调制度的一个多用途的国际商品分类目录。HS 编码，以六位码表示其分类代号，前两位码代表章次，第三、四位码为各该产品于该章的位置（按加工层次顺序排列），第一至第四位码为节（Heading），其后续接的第五、六位码称为目（Subheading），前面六位码各国均一致。第七位码以后各国根据本身需要制订的码数。服装属 HS 分类制的第十一类及第 61、62 章,第 61 章为针织或钩编制品,编号从 6101.1000 – 6101.9000 共 120 个,第 62 章为非针织或非钩编织服装及衣着附件。适用于除絮胎以外,任何纺织物的制成品。编号从 6201.1100 – 6217.9000,共 155 个编码,分别是按款式、性别、年龄、原材料的不同来进行分类,如棉制男式羽绒大衣的 HS 编号为:6201.1210,棉制女式羽绒大衣的 HS 编码为 6202.1210。服装 HS 编码分类中对成衣性别的规定有具体要求,即性别分男式、男童、女式、女童、婴儿;左门襟在右门襟之上归男性,反之归女性,中性成衣归女性类别。针、梭织成衣及衣着附件其编序依照产品特性由外套类至内衣类,针、梭织相互对应,再次则为其他产品。如 6203.1100 为羊毛或动物细毛制男式西服套装(为外衣),6207.1100 为棉制男内裤(为内衣、编码在后),又如:6104.3100 为羊毛或动物细毛制针织或钩编的女式上衣,与此相对应的 6204.3100 为羊毛或动物细毛制女式上衣。

二、服装的结构特征

(一)服装部位的名称

1. 服装的基本部件

服装的基本部件包括:衣身、衣领、衣袖、口袋、襻和腰头、裤身。

(1)衣身:衣身是指围绕于人体躯干部位的服装部件。

(2)衣领:衣领是指围绕于人体颈部,起到保护和装饰作用的服装部件。

(3)衣袖:衣袖是指围绕于人体手臂部的服装部件。一般指袖子,有时还包括与袖子相连的衣身。

(4)口袋:口袋是指衣、裤插手或盛装物品的服装部件。

(5)襻:襻是指服装上起扣紧、牵挂或装饰的部件。

(6)腰头:腰头是指起束腰和护腰作用,并且与裤、裙身上部相缝合的部件。

(7)裤身:裤身是指腰头以下,围绕于臀部和腿部的服装部件。

2. 服装部位的名称

(1)肩部:肩部是指人体肩的端点至颈下部侧点之间的部位。通过服装的肩部,可以观察、检验衣领与肩缝结合得是否合适,以及服装熨烫外观质量。肩部包括总肩、前过肩和后过肩。

总肩是指左右肩端点之间的宽度,也称横过肩;前过肩是指前衣身与肩缝合的部位；后过肩是指后衣身与肩缝合的部位。

（2）胸部：胸部是指衣服前胸的丰满处，它是检验上衣制作熨烫后服装造型的重要部位。包括：领窝、门襟、里襟、门襟止口、搭门、扣眼、眼档、驳头、驳口、串口和摆缝。领窝是指前后衣身与领子缝合的部位；门襟是指有扣眼一侧的衣片；里襟是指钉扣子一侧的衣片；门襟止口是指门襟的边沿处；搭门是指门襟与里襟重叠的部位；扣眼是指穿纽扣的眼孔；眼档是指扣眼之间的距离；驳头是指衣身上随领子一同向外翻折的部位；驳口是驳头里侧与衣领的翻折部位的总称；串口是指领面与驳头面的缝合处；摆缝是指缝合前、后衣身的缝。

（3）背缝：背缝是指后衣身上为贴合人体或造型需要而留设的缝。

（4）臀部：臀部是指对应人体臀部最丰满处的部位。包括上裆、中裆、下裆和横裆。上裆是指腰头至裤脚分衩处之间的部位；中裆是指裤脚口至臀部二分之一处；下裆是指自横裆至裤脚口间的部位；横裆是指上裆下部最宽处。

（5）省道：指根据人的体形需要，将一部分衣料收缩缝去，使部分衣片呈现曲线（面）状态。主要有肩省、领省、袖笼省、侧缝省、腰省、肋省（从腋下到腰的部位）、肚省。

（6）褶：根据人体和服装造型的需要，将部分面料缝缩，自然褶皱。

（7）衩：衣服边开口的地方。

（8）分割线：指根据人体和服装造型的需要，将上装和下装的部分面料进行分割形成的缝。

（二）服装的基本结构

1. 上装的基本结构

（1）衣领结构：衣领主要有 3 种类型，即立领型衣领、驳领型衣领和无领型衣领。

立领型衣领：是围绕人体颈部，呈现封闭式的一种衣领款式，制衣行业一般把这种衣领款式称为关门领。立领型衣领的种类有单立领、翻立领、连衣领和连翻立领。主要特点是呈现单一的线条结构。单立领的领子是只有立领无翻领部分。翻立领的领子由底领和翻领两部分构成，例如中山装衣领、男衬衫领等。连衣立领是领子的前端一部分和衣身相连。连翻立领由底衣领和翻领组成，底领和翻领是相连的整体结构。

驳领型衣领：是由领子前部及衣身的一部分，共同翻折而形成敞开式的一种衣领款式，它的底领和翻领是相连的整体，衣身翻折的部分称为"驳头"。

例如西服、风雨衣的领子等。

无领型衣领：无领型衣领是直接在衣身领口部位造型的衣领。

（2）衣袖结构：服装衣袖常见的基本结构有4种，即圆袖、插肩袖、连袖、花色袖。

圆袖：是指袖山呈浑圆状的袖型。这种袖子的结构有一片袖、两片袖和三片袖。一般外衣主要采用两片袖和三片袖，衬衣一般采用一片袖。

插肩袖：是指衣袖上在衣肩的里端。

连袖：是指袖子和衣身面料相互连为一体的袖型。

花色袖：是指带有打褶、收褶等具有装饰性能的袖型。女装常见。

（3）衣身的合体变化：由于人体是一个复杂的三维立体，在衣身处使面料符合人体的曲线，就需要将服装面料进行收省、打褶等处理，以消除面料附着于人体时所产生的各种褶皱现象，从而达到美化人体的目的。

2. 下装的基本结构

下装是指在人体腰围线以下穿着的服装。主要有裤装和裙装两大类。

（1）裤装：包括腰头、襻、裤口袋、裤门襟、裤衬、直裆、横裆、裤腿、裤脚。

（2）裙装：包括腰头、裙口袋、裙身、裙衬。

第二节　服装材料的认识与鉴别

一切用于制作服装的材料，统称为服装材料。要求服装材料既能使其所制成的服装给穿着者有舒适的享受，又能适应穿着服装的自然环境和社会环境，也就是说，所制成的服装必须具备遮羞、保暖、适于活动、装饰、美观、耐用等多种功能。

不同的时期，服装所用的材料及人们对服装的保养采用不同的方法和手段。为了保持服装的整洁、美观，维持和延长服装的穿着使用寿命，必须针对不同款式，尤其是不同面料和辅料的服装，采用相适宜的清洗、保养方法。违背了科学道理，不但达不到预期的目的，还会产生事与愿违的后果。

一、纺织纤维的分类

制作服装的原料品种很多，除了人们司空见惯的各种天然纤维以外，金属纤维、毛皮、皮革、化学制品等，也得到了广泛应用，但用量最多的是各种纺织纤维。

所谓纤维，系指直径细到几十微米甚至几微米，而长度比直径大许多倍的物质。常见纤维中，其长度达几十毫米以上，有一定强度、包缠性，并具有服用性能的才能作为纺织纤维。制作服装所用的纺织材料也很多，但就纤维材料的来源和组成而言，基本可以分为天然纤维和化学纤维两大类。天然纤维中，如棉花、麻类、羊毛、蚕丝等，依其来源、又分为植物纤维（棉、麻）和动物纤维（丝、毛）。另一类是化学纤维，即采用天然的或化学合成的高分子化合物为原料，经过化学加工制成纺织纤维。按照所用原料及处理方法的不同，化学纤维又分为人造纤维和合成纤维。例如，用木材、芦苇、棉短绒等为原料制成的纺织纤维，称为人造纤维，如人造棉、人造丝等。而以煤、石油、天然气等为基本原料制成的纺织纤维，则称之为合成纤维，如涤纶、锦纶、腈纶、丙纶、氨纶等。常见纺织纤维分类如表 2 - 2 - 1 所示。

表 2 - 2 - 1　常用纺织纤维分类一览表

天然纤维		化学纤维	
动物纤维（蛋白质）	植物纤维（纤维素）	合成纤维	再生纤维
1. 桑蚕丝 mulberry silk，家蚕丝，以桑叶为食的蚕所吐出的长丝 2. 柞蚕丝 tussah silk，野蚕丝，以柞树叶为食的蚕所吐出的长丝 3. 羊毛 wool，主要指绵羊毛，属于蛋白质短纤维 4. 兔毛 rabbit hair，主要为安哥拉兔和家兔所产蛋白质短纤维 5. 驼毛 camel hair，纤维较粗，主要用于工业纺织品	1. 棉花 cotton fiber，主要有陆地棉和海岛棉，主要的天然纤维 2. 黄麻 jute，田麻科黄麻属一年生草本植物的茎皮纤维 3. 苎麻 ramie，china grass，苎麻科苎麻属多年生植物的茎皮 4. 亚麻 flax，亚麻科亚麻属一年或多年生植物的韧皮纤维	1. 涤纶 polyester fibre，又名聚酯纤维，合成纤维第一大品种 2. 锦纶 polyamide fibre，又名聚酰胺纤维、耐纶、尼龙 3. 氯纶 chlorofibre，polyvinyl chloride fibre，聚氯乙烯 4. 腈纶 polyacrylonitrile fibre，聚丙烯腈 5. 丙纶 isotactic polypropylene fibre，聚丙烯纤维 6. 维纶 vinylon，聚乙烯醇缩聚甲醛纤维 7. 氨纶 polyrethane elastic fibre，弹性聚氨酯纤维	1. 粘胶纤维 viscose fibre，viscose rayon，粘胶纺丝再生纤维素纤维 2. 铜氨纤维 curammonium rayon，铜氨法再生的纤维素纤维 3. 醋酯纤维 acetate fibre，纤维素纤维的衍生物，属于半合成纤维 4. 富强纤维 Polynosic，又名"虎木棉"，粘胶纤维的一个品种

二、常见纺织纤维的基本性能

为合理地进行服装的洗涤、保养，必须了解纤维在受热过程中性质变化的状况。一般情况下，随着温度的升高，分子运动加剧，纤维分子链之间的作用力逐渐减弱，物理机械状态也随之发生变化，温度如继续升高，纤维最终熔融或分解。

大多数合成纤维，在热的作用下，可经过几个不同的物理状态——高弹态、粘流态直至最后熔融，而天然纤维素纤维和蛋白质纤维的熔点比分解点还要高，所以这些纤维在高温作用下，将不经过熔融而直接分解或炭化。

（一）温度对纺织纤维的影响

1. 温度对天然纤维织品的影响

（1）棉纤维织品：棉纤维的主要成分为天然纤维素，是孔性纤维，故纤维本身所含水分较多，遇高温后纤维中所含水分起到降温传热作用。当纤维所含水分全部挥发后，纤维空隙间的热空气扩散传出的速度低于熨斗温度增加的速度时，棉纤维先分解后焦化，因此在绝对干态下120℃逐渐发黄，150℃开始分解。

（2）毛纤维织品：毛纤维属天然蛋白质纤维，对空气中的水分有吸附作用，而当本身含水量大于空气温度时，有解吸作用（放湿作用），故有一定的热传导性，并且抗干热性也很强，一般干燥情况下，130℃开始分解出氨气，面料发黄，140～150℃发出硫黄气味，300℃时炭化。

（3）丝纤维织品：丝纤维的主要成分也为蛋白质。由于丝纤维表面有一层丝胶起到了保护作用，故耐热性较高，对热的传导性快。干燥情况下，一般110℃时无变化，130℃时逐渐散发出挥发性物质（表面丝胶逐渐分解），170℃强力开始下降，200℃时发黄，250℃时逐渐变成黑褐色，280℃时炭化。

（2）麻纤维织品：麻纤维也属于天然纤维素，其特点与棉基本相同，因麻纤维内呈现很多微管，从而含水量也相应增大。另外，麻纤维的热传导性比棉快，在干态下继续加热至130℃发黄，200℃分解。其分解点高于棉的原因在于其纤维成分内所含杂质比棉纤维多。

2. 温度对人造纤维织品的影响

粘胶纤维织物即人造毛、人造丝、人造棉等，因其是用棉短绒、树皮等经化学处理的再生纤维，故其化学成分也是纤维素纤维，但因其纤维分子结构排列松散，260～300℃时变色分解。

3. 温度对合成纤维织品的影响

合成纤维都是由热溶性材料组成，并用不同的材料聚合而成，因而产生不同性能的合成纤维。其耐热性能比天然纤维、人造纤维要低，经受高温后，若温度超过纤维的软化点或熔点就会产生收缩软化或熔融现象。

（1）锦纶织品：软化点180℃，熔点215～220℃左右。

（2）涤纶织品：软化点235～240℃，熔点255～260℃左右。

（3）腈纶织品：软化点190～240℃，熔点不明显。

（4）维纶织品：干燥软化点220～230℃，熔点225～240℃左右，但耐湿热性能差，

100℃湿热时强度下降12%，超过100℃会强烈收缩。

（5）丙纶织品：100℃收缩，软化点140～150℃，熔点160～177℃左右。

（6）氯纶织品：收缩温度60～80℃，软化点90～100℃，熔点200～205℃左右。

合成纤维织品中，受热后会产生收缩现象的占多数。如氯纶在70℃左右开始收缩，温度升高，收缩率增大，温度达100℃时，收缩率可达50%以上；维纶在热水中的收缩率在5%以上。合成纤维的热收缩率随热处理条件的不同而有差异，如锦纶在沸水中的收缩率为10%左右，而在饱和蒸汽中的收缩率可超过13%；涤纶在沸水中的收缩率为7%左右，而在饱和蒸汽中的收缩率可达12%。

（二）各类纺织纤维制品的熨烫温度

熨烫的温度要视纤维成分而定。就合成纤维而言，其熨烫温度应严格控制，否则将造成不可挽回的损失，一般合成纤维的熨烫温度应确定在高于其玻璃化温度而低于分解点的温度，这样既能达到热定型目的，又不致使纤维受到损伤，因此掌握适宜的熨烫温度十分重要。各类纤维织物熨烫温度参考数据见表2-2-2。

应该指出，服装的熨烫质量不仅与织物纤维的耐温性能有关，而且与服装的款式、结构、面料所用染料以及所采用的熨烫机具设备等诸多因素有关，特别是洗衣服务业广泛流行的手工熨烫，服装的熨烫效果基本取决于操作技巧和熟练程度。

表 2-2-2　各类纤维织物熨烫温度参考数据表

纤维名称	直接熨烫温度/℃	垫干布温度/℃	垫湿布温度/℃
棉	175～195	195～220	220～240
麻	185～205	205～220	220～250
丝	165～185	185～190	190～220
毛	150～180	185～200	200～250
粘胶	120～160	170～200	200～220
醋酸纤维	110～130	130～160	160～180
涤纶	150～170	185～195	195～220
锦纶	125～145	160～170	190～220
腈纶	115～135	150～160	180～210
维纶	125～145	160～170	不能加湿熨烫
丙纶	85～105	140～150	160～190

（三）化学物质对纺织纤维的影响

各类服装材料在加工和使用过程中都将遇到许多化学物质，洗衣服务业在对服装进行去渍、去污清洗过程中，同样会使用各种化学药剂。为了正确选择和合理使用这些化学品，有必要了解一些常见纤维的化学性能。

纤维素纤维（天然和再生的纤维）对碱的抵抗能力较强，而对酸的抵抗能力很弱，其染色性能好，色谱较全，色泽艳丽。

蛋白质纤维的化学性能与纤维素纤维不同，其对酸的抵抗能力比对碱的抵抗能力强，蛋白质纤维无论在强碱还是弱碱中都会受到不同程度的损伤，甚至导致分解。然而除热硫酸外，它对其他的酸均有一定的抵抗能力，只是蚕丝稍逊于羊毛。此外，氧化剂对蛋白质纤维也有较大的破坏性，所以使用时应特别小心。

合成纤维的化学性能呈现多样化，各有特点，其耐酸碱的能力要比天然纤维强得多。

此外，不同类型的漂白剂在不同条件下，如浓度、温度和 pH 值不同时，对各种纤维的强度也有较为明显的影响，这在水洗或去渍过程中应引起高度重视。

常见纤维织物的化学性能：

1. 棉纤维

棉纤维织物在无机酸的作用下极不稳定，酸能使纤维素大分子断裂水解，致使纤维强度明显下降。酸的强弱不同（硫酸、盐酸、硝酸为强酸，醋酸、蚁酸等为弱酸），浓度和温度不同，棉纤维水解的程度也不一样。

棉纤维织物对常温稀碱有极佳的稳定性，所谓丝光处理即是利用棉纤维的这一化学特点进行的。在常温下，纤维素与碱作用使棉纤维径向膨胀而长度略有收缩。同时纤维表面显现丝一般的光泽。

棉纤维可用各种氧化剂进行漂白处理。如双氧水、次氯酸钠等，但仍须注意控制使用得当，否则也会造成纤维强度变差。过度漂白不仅会使纤维氧化裂解，还可能造成过白的织物氧化后变黄。

2. 毛纤维

羊毛对酸有一定的稳定性，稀酸对羊毛几乎不会造成损坏，但浓酸、高温、长时间处理也会导致毛纤维强度变差。用酸处理毛织品可增加其色牢度和色泽鲜艳度。

碱对毛纤维的损伤极为明显，3%～5%的沸腾烧碱溶液即可将羊毛完全溶解。在冷的稀碱溶液中毛纤维受外力作用会发生缩绒。故水洗毛纤维织物时切勿选用碱性洗涤剂。

氧化剂会使毛纤维的强度下降，同时增加了它在碱溶液中的溶解性，故一般情况下慎用氧化剂处理毛纤维。氯对毛纤维的损坏比较剧烈。它极大地降低了羊毛的强度，故此毛纤维同样不能采用含氯的漂白剂进行处理。

3. 丝纤维

丝织物对酸具有较好的稳定性但比毛差。浓酸可使蚕丝中的丝素水解，而且随着酸的浓度增加、温度的升高、处理时间的延长而加剧。

丝织物对低温稀碱溶液虽不及羊毛那么敏感，但在碱性条件下会使丝织物的光泽和手感变差。故丝织品清洗保养时应尽可能选用中性材料。

丝纤维对氧化剂反应强烈。丝纤维中的丝素经高温双氧水长时间处理可引起彻底分解。含氯漂白剂对真丝有剧烈的破坏作用，故丝织品绝不能进行氯漂。

丝织品常用还原剂来进行漂白处理，如亚硫酸氢钠、保险粉等。但也要注意控制浓度、温度和时间等因素。丝织品的耐光性能是天然纤维中最差的，故其不宜在阳光下暴晒。

4. 麻纤维

麻纤维的化学性能与棉纤维类似，对碱有一定的稳定性而不耐酸。其他如抗氧化剂作用，耐光照的作用等基本同棉纤维。

5. 粘胶纤维

由于粘胶纤维的成分与棉纤维相似，故其许多性能与棉相近，同属耐碱不耐酸的一类，但其耐碱的程度不及棉纤维，且抗折皱变形能力远不及棉纤维。此外，由于粘胶纤维是用天然纤维物质经一系列化学处理纺制而成的，其虽在一般溶剂中不溶解，但溶于铜氨溶液、铜乙二胺溶液等特殊溶液中。

6. 涤纶纤维

涤纶纤维耐酸和弱碱，对各种氧化剂和还原剂都很稳定，其不溶于一般溶剂但溶于热的间甲酚、邻氯酚、硝基苯、二甲基甲酰胺、40℃的苯酚和四氯乙烯的混合液中。涤纶纤维不耐强碱，高温和高碱会使纤维完全脆化。涤纶纤维的耐光照性能优良。在日光的照射下，其纤维强度虽有不同程度的下降，但在合成纤维中，其耐光性仅次于腈纶。

7. 锦纶纤维

锦纶的耐酸性能不及涤纶，在浓盐酸、浓硝酸、浓硫酸溶液中会有部分的分解，强度下降。但其耐碱能力优于涤纶，不仅对一般碱性洗涤材料有良好的稳定性，即使在浓苛性纳溶液或浓氨溶液中，其纤维强度也基本不会改变。然而锦纶在日光照射下，颜色会变黄，强度下降。故其耐光性能在合成纤维中属较差的。锦纶纤维不溶于一般溶剂，但在苯酚、间氯酚等苯酚类溶液及浓甲酸中溶解。

8. 腈纶纤维

腈纶纤维对酸有较高的稳定性，在65%的浓硫酸或45%的硝酸溶液中其强度基本不变，但其耐碱性较差，用碱处理时会泛黄，同时强度下降，碱浓度越高，处理时间越长，破坏越严重。腈纶纤维对氧化剂和一般有机溶剂（如苯、四氯化碳、四氯乙烯等）都有较好的稳定性，但溶于热的二甲基甲酰胺、二甲基亚砜等溶剂中。腈纶纤维的耐光照性能是所有服用纤维之中最好的。故常被用作户外服装面料。

9. 氨纶纤维

氨纶的化学性能比较稳定，在各种酸性、碱性和其他化学溶剂中基本没有变化，但在热碱溶液中易被溶解，在温的二甲基甲酰胺溶液中溶解或膨化。其耐光照性能不及腈纶，长期在日光照射下，其纤维强度逐渐降低，颜色也会发生变化。

10. 维纶纤维

维纶纤维耐酸、耐碱、耐各种化学药剂，对各种化学物质都比较稳定，耐光性能也很好，仅次于腈纶。维纶在浓酸中膨胀或分解。在甲酚、浓甲酸中溶解或膨润，但不溶于一般溶剂中。

11. 丙纶纤维

丙纶的化学稳定性好，既耐酸又耐碱，对各种氧化剂也很稳定，但丙纶纤维的耐光性很差，日光照射后其强度降低，会出现显著的老化现象。丙纶不溶于乙醇、丙酮、乙醚等常见溶剂，但在四氯乙烯、四氯化碳及高温的苯溶液中膨化和缓慢溶解。

（四）水对常见纤维的影响

水洗过程中，水对服装纤维的强度及各种物理性能是有影响的。衣服的种类不同，其选用的纤维材料不同，遇水后各种不同性质纤维的强度及其物理性能的变化也存在着极大的差异。例如有的纤维遇水后抗拉强度下降：羊毛和蚕丝纤维下降约14%，粘胶纤维下降高达53%；而有的纤维遇水后抗拉强度却有所提高：棉纤维提高2%，麻纤维提高5%。此外，纤维被水润湿后，其伸缩性能变化也很大，例如桑蚕丝伸长46%，粘胶纤维伸长35%，麻纤维伸长22%，羊毛纤维伸长12%，只有棉纤维变化较小，仅伸长4%。为此，了解这些变化，掌握不同纤维面料遇水后性能变化的规律，是保证服装养护质量的基础。常见织物纤维遇水变化见表2-2-3。

表2-2-3 常见织物纤维遇水变化

品名	伸长率/%	拉伸强度变化/%	品名	伸长率/%	拉伸强度变化/%
棉纤维	4	+2	羊毛纤维	12	-14
桑蚕丝	46	-14	麻纤维	22	+5
柞蚕丝	86	+4	粘胶纤维	35	-53

1. 棉纤维

棉纤维遇水膨胀，伸长率约4%左右，故棉织物在水中比干燥时体积增大，且湿强度较干态时略有提高，约2%左右，这对洗涤较为有利。棉纤维织物有较高的回潮率，穿着舒适，手感柔软，但棉纤维织物的高吸湿也为微生物的生长繁殖创造了条件，经微生物破坏的纤维素，强度下降，对碱的稳定性也大打折扣。

2. 毛纤维

毛纤维遇水膨胀，抗拉强度下降（约14%），且在外力的揉搓作用下，纤维相互纠缠，毡合更加紧密，从而导致羊毛织物长度减少，而织物的厚度和致密度增加。产生较为明显的缩水、变形。况且羊毛纤维对碱相当敏感，然而目前大多数水性洗涤材料为碱性，故毛纤维织物尽力避免水洗。羊毛纤维吸湿性好，即使含水率高达30%，手触也没有润湿的感觉，因此毛纤维织物收藏保管前，应保持洁净干燥，以免微生物侵蚀。

3. 丝纤维

丝纤维与水接触后不仅强度下降，而且因其纤维间摩擦小，彼此固结不稳定，因此水洗时不宜过细揉搓，应大把拎洗。否则不仅容易变形走样，还会造成损伤。

丝纤维有较好的吸湿性能，穿着舒适。但柞蚕丝极易产生水渍，故穿着使用时应尽力避免溅上水滴。

4. 麻纤维

麻纤维遇水膨胀，强度提高，但伸缩性变化太大（约伸长22%），洗涤过程中稍有不慎即会变形走样。其防水耐腐蚀性能比棉好，不易受微生物侵害。

5. 粘胶织物

这类织物遇水迅速膨胀，变得又厚又硬，强度只有干燥时的50%左右，故粘胶织物水洗时不宜重揉重搓。其吸湿性好，穿着舒适，但易产生折皱变形，衣物保形性能较差。

6. 合成纤维

常见服用合成纤维一般吸湿率低下，因此遇水不膨胀，不收缩，水洗也不易产生收缩变形，洗涤、可穿用性能良好。然而正是由于它们吸湿率低，从而易产生静电。容易出现缠体吸附灰尘、不散热、遇火星易产生熔洞等现象。

此外，服装所用的纺织品衣料，都具有一定的缩水性，这除了受纤维本身特性影响之外，还与服装材料在纺纱、织造、染整等工序生产过程有关。这些服装材料在生产过程中，均要受到一定的机械拉伸，这些机械拉伸力使纱线和纺织品或多或少地被拉长，从而形成一种潜在的收缩应力。这种潜在的收缩应力，在服装材料吸湿后会将伸长部分的全部或一部分收缩回去，从而造成织物的缩水现象。一般纺织品的经向缩水大于纬向，而且吸湿性越强，缩水率就越大，吸湿性越差，缩水率越小。

由于不同纤维制成的服装衣料缩水率不同，所以在服装清洗保养时，乃至在缝制服装时，就必须充分考虑服装衣料的缩水问题，以便采取相应措施，使服装不变形缩水。

三、纺织纤维的简易鉴别方法

不同季节的服装、不同款式的服装、不同质料的服装，应采用不同的清洗材料和不同的操作工艺。为此，正确地鉴别服装材料成了服装清洗保养的首要课题。

纺织纤维的鉴别方法很多，常用的主要有感官鉴别、燃烧鉴别、溶剂溶解等几种，以便鉴别服装面料是纯纺织物、混纺织物、还是交织物，进而鉴别织物纤维的类型。所谓交织物，即指经纬纱用不同的纤维原料，或同一方向的纱线用不同纤维原料相间排列的织成品。而混纺系指由两种或两种以上不同类别的纤维混合纺纱所织成的织物。

（一）手感目测法

手感目测法是由人的感官反应如视觉、触觉等，根据不同纤维织物的外观特征来鉴别纤维原料的方法。如眼观织物质地、光泽，手摸织物的质感、厚薄等。通过观察织物纤维的色泽、长度、粗细、变曲程度等，用以判断纤维的种类。

使用该方法，往往根据人的主观判断，有时难做恰如其分的表达，而且织物的手感与纤维原料、纱线的品种、织物的薄厚、组织结构、染整工艺等因素都有密切关系，因而要求测试者必须熟练掌握各种织物的外观特征，同时还要掌握各类纤维的感官特点。

该方法虽然简便，但是需要丰富的实践经验，且不能鉴别化纤中的具体品种，因而具有一定的局限性。

常见纤维织物的感官特征：

1. 棉及棉混纺织物

纯棉织物，外观具有天然棉纤维的柔和光泽，手感柔软，但弹性较差，易产生折痕。从布边抽几根纱线，仔细观察解散后的单根纤维，具有天然卷曲，纤维较短。将纤维拉断后，断处纤维参差不齐，长短不一，浸湿时的强度大于干燥时的强度。

棉织物有普梳、精梳与丝光之分。普梳织物外观不太均匀，且含有一些杂质，布面粗糙，常为中厚型织物；精梳织物外观平整、细腻、杂质较少，常为细薄织物；丝光织物是指棉织物用苛性钠进行丝光处理后，其纤维截面趋向圆形，结晶度与取向度提高，纤维表面产生丝一样的光泽，织物光泽较好，表面更加细腻均匀，是高档棉织品。

棉混纺织物主要有涤棉、粘棉、富棉、维棉、腈棉等产品。

涤棉与腈棉织物色泽淡雅，有明亮的光泽，布面平整光洁，手触有滑爽挺括之感，面料弹性较强，手捏布面放松后恢复较快且折痕较少；富棉与粘棉织物的光泽柔和，色泽鲜艳，料面光洁、柔软、平滑，但稍有不匀与硬之感，手捏布面放松后料面有明显折痕；维棉织物色泽较暗淡，手感粗糙，料面不够挺括且有不匀感，其折痕介于前两者之间。

2. 毛及毛混纺织物

纯毛织物平整均匀，光泽柔和自然，手感滑爽，柔软，丰满，挺括，极难产生折痕。拆出纱线分析，其纤维呈天然卷曲状，且比棉纤维粗、长。

纯毛织物包括精纺、粗纺、驼绒、长毛绒等产品。精纺毛料手感薄软；粗纺毛料比较厚重，表面有绒毛；驼绒（商品名）以针织物为底，面料布满细短、浓密、蓬松的绒毛；长毛绒（也称海勃绒）料面耸立平坦整齐的绒毛，丰满且厚实。

毛混纺织物有毛粘、毛涤、毛锦、毛腈等产品。粘胶人造毛与毛混纺的织物一般光泽暗哑，手感柔软但欠挺括，易产生折痕，其薄型织物酷似棉织物。

毛涤织物光亮、滑爽、挺括、弹性好、不易产生折痕，但光泽不及纯毛织物柔和、自然；锦纶与毛混纺织物毛感较差，光泽呆板不自然，手触硬挺不柔软易产生折痕；而腈纶与毛混纺织物毛感较强，手感蓬松有弹性，光泽类似毛粘织物，但色泽较之鲜艳。

3. 丝及丝混纺织物

蚕丝是蚕体分泌物凝固而成的物质。蚕丝分为家蚕和野蚕丝，以桑叶为饲料的蚕的蚕丝为家蚕丝，以柞树、蓖麻为饲料的蚕的蚕丝为野蚕丝。蚕丝在天然纤维中具有较高的强度，相比之下，桑蚕丝表面细腻，吸色能力较强，而柞蚕丝表面较粗糙，吸色能力相对较差，但柞蚕丝在吸湿、耐光性等方面却优于桑蚕丝。柞蚕丝织物清洗保养时一旦操作不当容易产生水渍，往往需要重新过水漂洗，为此，清洗保养柞蚕丝织物时应格外慎重。

丝织物料面轻柔平滑，富有弹性，悬垂性好。手触有丝丝凉意，色彩鲜艳、均匀、光泽自然、明亮，手捏放松后会产生细细的折痕。

丝混纺织物主要有粘胶丝织物、涤纶丝织物、锦纶丝织物等。

含有粘胶的丝织物手感滑爽、柔软，但不及真丝轻盈、飘逸，略带沉甸甸的感觉，光泽明亮刺目，不如真丝柔和、自然，且极易产生折痕；含有涤纶的丝织物其感官性能极像真丝，手感滑爽、平挺、弹性好、手捏放松后，恢复原状较快，无明显折痕，光泽柔和、明亮；含有锦纶的丝织物其感官性能在各类丝制品中最差，不仅身骨较疲软，而且光泽较差，色彩也不太鲜艳，产生折痕后恢复缓慢。

4. 麻及麻混纺织物

纯麻织物淳朴自然，光泽柔和明亮，手感滑爽、厚实、硬挺、面料较为粗糙，手触有不匀和刺感，握紧放松后折痕较深，且恢复较慢。

麻混纺织物有棉麻、粘麻、涤麻、毛麻等产品。

棉麻、粘麻织物的外观、手感与风格介于纯棉与纯麻之间；涤麻织物面料平整，有较明亮的光泽和柔软的手感，弹性较强，不易产生折痕；毛麻织物的面料清晰明亮，平整挺括，手捏放松后不易产生折痕。

5. 粘胶织物

粘胶纤维属化学纤维中的人造纤维，它以天然纤维素植物为原料（棉短绒、木材、芦苇、甘蔗渣等），经化学加工而成。它的主要成分为纤维素。其长丝称为人造丝，若将长丝截短，其粗细和长度与棉接近则为人造棉，与毛接近则为人造毛，介于棉毛之间则为中长纤维。

粘胶纤维应用比较广泛，但其最大缺点是极易产生皱纹，且不易恢复。尤其是遇水后强度下降很快，经不起水中重搓。其棉型织物外观似棉，但身骨比棉疲软，手感比棉稍硬，尤其遇水后会变得又厚又硬，然而一经干燥便恢复原状。其毛型织物外观有毛型感，但手感疲软，光泽呆板；其丝型织物外观像真丝，但手感比真丝软，光泽比真丝亮，有些刺眼。

为了改善粘胶织物的性能，人们进行了一系列的研究，开发生产了富强纤维、铜氨纤维、醋酯纤维等同系列产品，不仅提高了粘胶纤维的湿强度，而且改善了它的感官性能。

6. 涤纶织物

涤纶纤维是用石油产品进一步反应聚合而成的纺织纤维，又叫聚酯纤维。

它手感滑爽，有明亮的光泽，弹性好。涤纶纤维应用较为广泛，其制品有仿棉、仿麻、仿毛、仿丝及仿鹿皮型。其精纺毛织物手感干爽，光泽明亮，但挺板有余而糯软不足；仿丝织物质地轻薄，刚柔适中，但吸水性远不及真丝，故穿着不舒适；仿麻织物形态逼真，粗犷潇洒，手感挺爽，但吸湿性差；仿鹿皮制品形态逼真，质地轻薄，外观细腻。

涤纶织物最突出的特点是几乎不产生皱纹，故穿着挺括，但其吸水性差，容易产生静电。

7. 锦纶织物

锦纶又叫尼龙，学名聚酰胺纤维。其质轻、弹性好、稍用力即可产生较大的变形。其身骨虽疲软，但强度较高，耐磨性是各种纤维中最好的。锦纶遇热收缩，热定型性差，手捏放松后有明显的折痕。其产品有仿毛和仿丝型。

8. 腈纶织物

腈纶又称合成羊毛，学名聚丙烯腈纤维。其织物手感柔软蓬松，毛型感强、色彩鲜艳，光泽柔和，手捏放松后不易产生折皱，然而一旦产生折痕却很难度平。腈纶织物最突出的优点是耐光性属纺织纤维中最好的，但其最大的缺点是耐磨性差，受磨部位极易产生磨损。

9. 氨纶织物

氨纶又叫聚氨酯纤维，由于其弹性奇佳，故俗称弹性纤维。其手感平滑，光泽自然，有理想的伸缩弹性，类似于橡皮筋。

10. 维纶织物

维纶织物学名聚乙烯醇缩甲醛纤维，由于其吸湿性好，高时可达到10%，故又称合成棉花。维纶织物颜色晦暗，光泽暗哑，身骨疲软，手感蓬松，容易产生皱纹，而且由于其织物弹性较差，尺寸稳定性不好，加之容易起球、起毛，故在服装业的应用较少，但在服装材料中常代替棉或与棉混合使用。

11. 其他纤维织物

随着化学工业和纺织工业的发展，为改善和提高化学纤维织物的物理化学性能，各种异形纤维、复合纤维、裂膜纤维及其他具有特殊功能的纤维也在织物上得到了广泛的应用。

我们知道，常见化学纤维的横截面一般为不规则的圆形或椭圆形，而异形纤维的横截面呈特殊形状，如三角形、多角形、三叶形、X形、Y形、H形、藕孔形、中空形等。异形纤维除了具有同类化学纤维的基本性质外，还大大提高了同类化学纤维的感官性能及各种物理性能。如色彩更加鲜艳、亮丽，光泽更加柔和自然，手感更加舒适、蓬松、服用性能进一步得到改善。

　　复合纤维是一根丝条上同时保持有两种或两种以上的聚合物，有双层型和多层型各种结构。复合纤维结构上的变化促成了其物理性能上的相互利用，优势互补，使得其手感进一步改善，毛型感更强。

　　裂膜纤维也是由化学纤维制成的，它是将化工原料制成薄膜（如涤纶薄膜），然后将薄膜切割成具有一定宽度的条带，拉伸或撕裂成所需要的纤维，以改善它的性能。

　　除此之外，为满足特定的需要，近年来还开发了诸如吸湿性纤维，抗静电纤维、阻燃纤维等多种纤维织物。

　　应该指出，上述纤维织物要想确认其具体属性，光凭感官是远远不够的，尚需借助于其他鉴别方法才能取得较为理想的结果。

（二）显微镜鉴别法

　　用显微镜法鉴别织物中的纤维，是利用各种纤维具有不同的截面形状和纵向外观特征，在显微镜下面观察，从而确定纤维品种的方法。这种方法对天然纤维或截面形状和纵向外观特征明显的纤维可以清楚地加以区分，但是对于大多数合成纤维截面形状和纵向外观特征相差不多，就不太好区分了。

　　将纱线从织物中抽出，解捻成单纤维状态，然后在显微镜下面观察其纵向外观：纤维若是扁带形状并且有天然转曲，是棉纤维；若是圆柱形状并且有鳞片包覆，是羊毛纤维；纤维若是粗细不均匀且有竖纹横节，则是麻纤维；若是纤维粗细均匀且有竖纹，则是粘胶纤维；若是光滑的圆柱形状，则是涤、丙、锦等大多数合成纤维。另外还可以做成切片观察纤维横截面状态，帮助确定纤维品种，如蚕丝的不规则三角形；兔毛纤维的截面都有髓质层等。

（三）燃烧鉴别法

　　燃烧鉴别法也是一种简单实用的织物纤维鉴别方法，适用于纯纺织物与交织物的纤维原料鉴别。它利用各种纤维的不同燃烧特征来鉴别纤维原料的种类。鉴别时，先设法从织物上拆下几根纱线，用镊子夹住小束纤维，慢慢靠近火焰，仔细观察纤维接近火焰、在火焰中以及离开火焰时烟的颜色，纤维燃烧速度以及燃烧后的灰烬的特征。记录这些特征，对照表2-2-4纤维燃烧特征对照表。

表 2-2-4　纤维燃烧特征对照表

燃烧特征 纤维名称	接近火焰	在火焰中	离开火焰	燃烧后残渣形态	燃烧时气味
棉、粘胶，麻、富强纤维	不熔不缩	迅速燃烧	继续燃烧	小量灰白色的灰	烧纸味
羊毛、蚕丝	收缩	渐渐燃烧（毛起泡）	不易延燃	松脆块状黑灰	烧毛发味
涤纶	收缩、熔融	先熔后燃烧，且有溶液滴下	能延燃	玻璃状黑色硬球	特殊芳香味
锦纶	收缩、熔融	先熔后燃烧，且有溶液滴下	能延燃	玻璃状褐色硬球	烂瓜子味（氨臭味）
腈纶	收缩、微融、发焦	熔融燃烧，有发光火花	继续燃烧	松脆黑色不规则硬块	有辣味
氨纶	不收缩、软化	迅速燃烧、熔融	继续燃烧	软如棉毛状黑灰球	特臭
维纶	收缩、熔融	燃烧	继续燃烧	松脆黑色不规则硬块	特殊甜味
丙纶	缓慢收缩	熔融燃烧	继续燃烧	硬黄褐色球状	轻微沥青味
氯纶	收缩	熔融燃烧，有黑烟	不能延燃	松脆黑色硬块	氯化氢臭味

（四）溶解鉴别法

该法是利用纤维在化学溶剂中的溶解性能来鉴别纤维的品种，适用于各种纤维制品。对于纯纺织物，只要把一定浓度的溶剂注入盛有待鉴定纤维的试管，然后仔细观察和区分溶解情况——溶解、部分溶解、微溶、不溶，并认真记录其溶解温度——常温溶解、加热溶解、煮沸溶解；对于混纺织物，则需先把织物分散为纤维，然后放在凹形玻片中，一边用溶剂溶解，一边在显微镜下观察，通过观察各种纤维的溶解情况确定纤维种类。

由于溶剂的浓度和温度对纤维的溶解性能有明显的影响，故用溶解法鉴别纤维时，应严格控制溶剂的浓度和温度。常用纤维的溶解性能见表 2-2-5。

表 2-2-5　常见纤维溶解性能表

名称	盐酸 37%24℃	硫酸 75%24℃	氢氧化钠 5%煮沸	甲酸 85%24℃	冰醋酸 24℃	间甲酚 24℃	二甲基甲 酰胺24℃	二甲苯 24℃
棉	I	S	S	I	I	I	I	I
麻	I	S	I	I	I	I	I	I
丝	S	S	S	I	I	I	I	I
毛	I	I	S	I	I	I	I	I
醋酸纤维	S	S	S	S	S	S	S	I
粘胶纤维	S	S	P	S	S	S	S	I
涤纶	I	I	SS	I	I	S煮沸	I	I
锦纶	S	S	S	S	I	S	I	I
腈纶	I	SS	I	I	I	I	S煮沸	I
维纶	S	S	S	S	I	S	I	I
丙纶	I	I	I	I	I	I	I	S
氨纶	I	P	I	I	P	S煮沸	S	I

注：I 为不溶解；P 为稍有溶解；S 为大部分溶解；SS 为溶解。

第三节　纤维制品使用的表示方法

纤维制品使用的表示方法分为耐久性标签、吊牌标志、包装说明等，其中耐久性标签必须附在每件产品上。所有制品标识必须按照以下规定标志：耐久性标签应标明产品型号或者规格，面料、里料的材质，填充物的纤维名称和含量、洗涤方法；吊牌标志应标明生产企业厂名、厂址、产品名称、执行标准、产品等级、产品检验合格证明等内容；包装说明应依据产品的特点或要求，标明其他有关质量承诺；填充物为棉纤维的要标明皮棉的品级，填充物为羽绒的要标明羽绒的种类、充绒量和含绒量，填充物为化学纤维的要标化学纤维的种类、截面形状、孔数。

耐久性标签必须使用，吊牌标志和包装说明可以根据产品特点选择使用，所需标识内容必须全部标明。标识使用的文字必须是规范的汉字，不能单独使用用中文拼音、外文或者少数民族文字。床上用品的耐久性标识要缝制在制品边角的位置上，其他制品耐久性标识要缝制在方便消费者识别处。

一、表示记号与含义

常用的纤维制品标识由图形、数码、文字等构成，内容包括洗涤、干燥、和熨烫三个部分。

（一）纤维制品洗涤标识

包括水洗、氯漂、干洗三部分。

1. 纤维制品水洗标识

水洗时，一般要进行浸泡、预洗，常规洗涤时要加热水溶液、添加洗涤剂，并且施加一定的机械力。常用水洗标识见表2-3-1。

表2-3-1　纤维制品常用水洗标识

图形符号	图形符号的含义
	可以水洗
	不能水洗，在湿态时须小心
	使用30℃以下洗涤液温度，机械常规洗涤
	手洗须小心操作
	只能手工洗
	可以用洗衣机洗，但必须使用弱档洗，水温不能超过40度，"中性"表示洗涤剂的性质为中性
	洗涤不能用搓衣板
	可用手拧去多余的水分，或短时间弱速脱水
	不可扭拧或脱水，只能用手轻挤出多余水分平放晾干

2. 纤维制品氯漂洗涤处理标识

这类标识是指被洗涤物在水洗过程中或者在洗后增白处理时，在水溶液中使用含氯的漂白剂，以此来增强被洗涤物的洁白程度，提高去污能力。常用氯漂洗涤处理标识见表2-3-2。

表2-3-2　常用氯漂洗涤处理标识

图形符号	图形符号的含义
	漂白时要使用含氯漂白剂
	可以使用含氯洗涤剂或用含氯漂白剂漂白，要加倍小心
	表示不可以含氯漂白剂

3. 干洗标识

这类标识表明纤维制品须使用有机溶剂进行选择。各种纤维制品干洗洗涤标识见表2-3-3。

表2-3-3　纤维制品干洗标识

图形符号	图形符号的含义
	干洗
	不能干洗
	可以干洗，A表示所有类型的干洗剂均可使用

图形符号	图形符号的含义
Ⓕ	只能用石油类干洗剂干洗
Ⓟ	可以用各种干洗剂干洗，但洗涤时和洗后要小心
⊖	可以用汽油干洗，不可以用汽油干洗则打红色×标记
⊠	不能使用滚桶式干洗机洗涤
▣	可以使用滚桶式干洗机洗涤

（二）纤维制品干燥方式标识

这类标识表明纤维制品经水洗后干燥采用的方式，水洗后纤维制品干燥方式见表2-3-4。

表2-3-4　纤维制品干燥方式标识

图形符号	图形符号的含义
●	无温转笼干燥
⊙	低温转笼干燥
⊙⊙	中温转笼干燥

图形符号	图形符号的含义
	高温转笼干燥
	不可转笼干燥
	悬挂晾干
	脱水后吊挂晾干
	不可以吊挂晾干
	随洗随干
	平放晾干
	脱水后平放晾干

（三）纤维制品熨烫标识

这类标识表明纤维制品水洗或干洗后，使用熨烫工具或设备，恢复纤维制品的形态和外观。图形符号用熨斗来表示。各种熨烫见表 2 - 3 - 5。

表 2 - 3 - 5　纤维制品熨烫标识

图形符号	图形符号的含义
	可熨烫，熨斗内没有圆点标志表示纤维制品必须低温熨烫
	低温熨烫（100℃），一个小圆点表示熨烫温度为 110 ~ 120℃
	熨烫时温度不能超过 120℃
	熨烫时须垫布，温度不能超过 120℃
	中温熨烫（150℃），两个小圆点表示熨烫温度为 130 ~ 150℃ 左右
	高温熨烫（200℃），三个小圆点表示熨烫温度为 171 ~ 220℃ 左右
	不可熨烫

二、表示方法

（一）表示方法的形式和内容

纤维制品使用的表示方法可采用吊牌、标签、包装说明、使用说明书等形式，以指导消费者选购和使用商品。

产品的使用说明与消费者的利益有着直接的关系，是传达信息的工具，其目的是保证消费者获得购买、使用产品的安全信息。为此，使用说明应能使消费者清楚地识别产品，了解产品的性能和使用、保养方法。如果没有使用说明，或因使用说明编写不规范，或因其信息量不足甚至有误，而给用户或消费者造成损失的，生产或经销部门应对此承担相应责任。因此，生产或经销者在经销产品时必须提供规范的表示方法。

1. 表示方法的形式

表示方法的形式一般有以下几种形式：

（1）缝合固定在产品上的耐久性标签；

（2）悬挂在产品上的吊牌；

（3）直接将使用说明印刷或粘贴在产品包装上；

（4）随同产品提供的说明资料。

2. 表示方法的内容

标签是向使用者传递产品信息的说明物，标签标准中规定的标注内容较多，如生产厂名称和地址、产品名称、洗涤说明、纤维含量、执行的产品标准等，并且规定了标签应采用什么形式，应悬挂或粘贴在何处等。

企业可根据产品特点自行选择使用说明的形式，如吊牌、包装袋（盒）上的说明、标签、说明书等。但产品的号型或规格、原料的成分和含量、洗涤方法等内容按规定必须采用耐久性标签。其中原料的成分和含量、洗涤方法宜组合标注在一张标签上。服装的耐久性标签包括服装领子上的号型标签、有关洗涤熨烫和纤维成分三项内容，但不排除其他内容页使用耐久性标签。耐久性标签应能保证在产品使用期间标签上的内容完整，制作时要考虑到能经受洗涤、摩擦等。

服装的使用说明必须有产品名称，且不应与企业的产品商标相混淆。如以"天地"作为产品名称，可以命名为"天地羊绒衫"。服装的号型或规格的标注应按 GB 要求进行。

服装的洗涤方法包括水洗、氯漂、熨烫、干洗和洗后干燥等方法，均按 GB 规定的图形符号表述，并可同时加注与图形符号相对应的简单说明文字。

国内生产的合格产品，每单件产品（销售单元）应有产品出厂的质量检验合格证明。若产品被包装、陈列或折卷，消费者不易发现使用说明标注的信息，还可以采用其他形式的使用说明（如吊牌）来表示。

耐久性标签应长久性地固定在服装产品上，且位置要适当，一般原则是服装产品的号型标志或规格等标签可缝在后衣领居中。其中大衣、西服等也可缝在门襟里袋上沿或下沿；裤子、裙子可缝在腰头里子下沿；衣衫类产品的原料成分和含量、洗涤方法等标签一般可缝在左摆缝中下部。裙、裤类产品可缝在腰头里子下沿或左边裙侧缝、裤侧缝上部；围巾、披肩类产品的标签可缝在边角处；领带的标签可缝在背面宽头接缝或窄头接缝处。

耐久性标签也就是消费者常说的水洗标，它要经受住服装的全部使用和洗涤过程，因此，耐久性标签应能保证在产品使用期间标签上内容的完整性。考虑到服装要经受洗涤、光照和摩擦，其字迹或图案应有一定的牢固度。耐久性标签的内容是消费者最关心的、对产品使用最关键的信息。

（二）表示方法示例

服装使用信息的标识符号按 GB5296.4－1998《消费品使用说明 纺织品和服装使用说明》中规定，在纺织服装类产品的产品使用说明中，有三项内容必须采用耐久性标签的形式固定在产品上，即号型或规格、采用原料的成分和含量、洗涤方法三项内容。这三项内容不仅要固定在产品上，而且要能够经受住服装产品的穿着使用和洗涤的全过程，保证不变形，不褪色并保持字迹清楚易读。

具体表示方法可参考示例 2－3－1～2－3－3。

示例2-3-1男西服：
吊牌

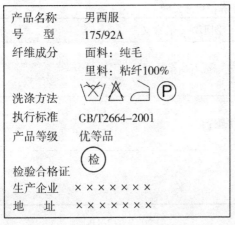

示例2-3-1男西服：
耐久性标签

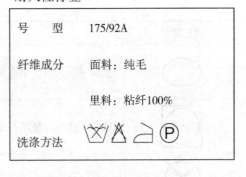

示例2-3-2针织T恤衫：

吊牌或包装袋

产品名称	针织T恤衫
号　　型	100×70
纤维成分	主体：棉100%
	罗纹边：涤80%　棉20%
洗涤方法	30℃
执行标准	FZ/T73008-2002
产品等级	优等品
检验合格证	检
生产企业	×××××××
地　　址	×××××××
电　　话	×××××××

示例2-3-3羊绒衫：

吊牌

产品名称	羊绒衫
号　　型	105
纤维成分	100%羊绒
洗涤方法	
储藏要求	放置阴凉干燥处，注意防蛀
执行标准	FZ/T73009-1997
产品等级	优等品
检验合格证	检
生产企业	×××××××
地　　址	×××××××
电　　话	×××××××

注：包装袋中规格可省略，号型、纤维成分和洗涤方法必须在耐久性标签中说明。

注：规格、纤维成分和洗涤方法在吊牌上可省略，但必须在耐久性标签中说明，规格项也可用号型来表示。

三、各国服装洗涤养护标识

（一）日本服装洗涤养护标识

日本洗涤符号在JISL0217—76中有规定，由六部分组成，其符号与排列顺序见表2-3-6。

表2-3-6　洗涤养护标志说明

图形符号	图形符号的含义
⬭	能够干洗，可使用全氯乙烯或石油系溶剂
▣	能够干洗，可使用石油系溶剂
⊗	不能干洗

图形符号	图形符号的含义
ⓟ	可用各种干洗剂干洗
	熨烫
	低温熨烫（100℃）
	中温熨烫（150℃）
	高温熨烫（200℃）
	不可熨烫
	可漂白
	不可漂白
	可用手拧去多余的水分，或短时间弱速脱水
	不可扭拧或脱水，只能用手轻挤出多余水分平放晾干
	脱水后吊挂晾干
	不可以吊挂晾干
	脱水后平放晾干

（二）美国服装洗涤养护标识

美国服装洗涤养护标识详见表2-3-7。

表2-3-7　洗涤养护标志说明

英文标识	中文意义	详细说明
Machine wash	机洗	根据制造者对产品的说明，用各种型号的家用洗衣机或投币式洗衣机洗涤
Cold	冷水洗	使用直接冷水源的冷水，将洗衣机水温控制在不高于29℃（85°F）
Warm	温水洗	使用温水，将洗衣机水温控制在不高于49℃（120°F）
Hot	热水洗	使用直接热水源的热水，将洗衣机水温控制在不高于62℃（145°F）
Small load	小负荷	所采用的纺织品负荷较通常小
Delicate cycle	柔和操作	使洗衣机慢速、短时间转动
Gentle cycle	温和操作	使洗衣机慢速、短时间转动
Durable-press cycle	耐久压烫循环	在缓和脱水前采用冷水或凉水淋洗
Permanent-press cycle	永久压烫循环	见耐久压烫循环，此词较为常用
Bleach when needed	需要时的漂白	当需要时，可使用任何家庭洗涤漂白的方法
Only norchlorine bleach when needed	需要时的非氯漂白	只能采用非氯漂白，而不能采用氯漂白
No bleach	不可漂白	不能漂白
Warm rinse	温水淋洗	使用温水淋洗，将洗衣机水温控制在不高于49℃（120°F）
Cold rinse	冷水淋洗	直接使用来自冷水源的冷水淋洗，将洗衣机水温控制在不高于29℃（85°F）
Rinse twice	淋洗两次	至少淋洗两次，以去掉洗涤剂、肥皂和漂白粉
No spin	不可脱水	在脱水前取出服装
No wring	不可拧干	不能使用压辐压干，不能用于拧干

英文标识	中文意义	详细说明
Hand wash	手洗	在含有洗涤剂或肥皂的溶液中，用手轻揉、压挤，以去掉服装上的污物
Lukewarm	微温水	最初的水温不高于43℃（110℉）
Do not wash	不可洗涤	不能洗涤
Do not commercially	不可商业洗涤	不能进行使用特殊配方、酸性淋洗、极大负荷或极高温度的洗涤以及商业洗涤、工业洗涤或单位用洗涤方法洗涤。而是采用家用的或是顾客自理设施用的洗涤方法洗涤
Tumble dry	转笼干燥	使用机器干燥
Hot – high	温度－高	将干燥机温度调节在高温
– medium	－中	将干燥机温度调节在中温
– low	－低	将干燥机温度调节在低温
Durable – press	耐久压烫	将干燥机调节在耐久压烫档
Permanent – press	永久压烫	同耐久压烫
No heat	不加热	将干燥机调节在元热操作档
Remove promptly	迅速移开	物品干燥后，立即取出，以免折皱
Dnp dry	滴干	悬挂滴干至微湿态，用手或不用手使服装成形或平整
Line dry	绳子晾干	脱水后用甩干机甩干或用手拧干，再用绳子晾干
Dry flat	平摊干燥	水平摊开干燥
Block to dry	模板燥	在干燥过程使用模板使衣物恢复原来的尺寸
Smooth by hand	手工平整	在湿态下，用手除去折皱，把线缝和贴边弄直
Hot iron	高温熨烫	采用高温定型
Warm iron	温热熨烫	采用中温定型
Iron on lowest setting	最低温熨烫	采用最低温定型
Do not iron	不可熨烫	不能熨烫
Iron reverse s1de only	只烫反面	将服装里朝外翻过来加以贯烫或压烫
No steam	不可汽蒸	不能用任何方式进行汽蒸

英文标识	中文意义	详细说明
Steam only	仅用汽蒸	进行无压力汽蒸
Steam Iron	蒸汽熨烫	用蒸汽设备熨烫或压烫
Press	压烫	可使用商业压烫设备
Iron damp	湿烫	在压烫前将服装弄湿
Use press cloth	使用垫布	在熨斗和服装之间放一块干布或湿布
Pmfesdonally dryclmn	专业化干洗	采用干洗程序，而且添加干洗助剂或使用干洗机，或者两者都用，以取得最佳效果
Petroleum，Fluorocarbon or Perchlomethylene	汽油、氟碳化合物或过氯乙烯	用来干洗的溶剂
Short cycle	短周期	采用缩短的或最短的清洗时间，确切的时间取决于所用的溶剂
Minimum extraction	最低萃取时间	采用尽可能短的萃取时间
Reduced moisture	减低湿度	采用降低溶剂相对湿度（S. Q. H），所降低（低湿度）的溶剂相对湿度应在干洗程序的最后阶段测定
No tumble or do not	不可转笼干燥	不能进行转笼干燥
Tumble warm	温转笼干燥	转笼干燥出口处的温度最高49℃（120℉）
Tumble cool	凉转笼干燥	在室温空气中进行转笼干燥
Cabinet dry warm	温柜干燥	温柜干燥，最高温度为49℃（1207）
Cabinet dry cool	凉柜干燥	在室温空气的柜中进行干燥
Steam only	只用蒸汽	在汽蒸中不使用接触压力
No steam	不用蒸汽	在熨烫、整理时，蒸汽柜或蒸汽棒中不用蒸汽
Do not dryclean	不可干洗	不能干洗
Suede leather clean	清洁鹿皮	采用为表面起绒的仿鹿皮而设计的特殊保养方法
Fur clean	毛皮清洁	在一筒状机器中，使用颗粒状干洗化合物清洁，然后进行毛皮熨平或所需的上光

（三）ISO 国际标准服装洗涤养护标识

ISO 国际标准服装洗涤标识，凡其成员国均采用此标准。详见表 2 – 3 – 8。

表 2 – 3 – 8　洗涤养护标志说明

	Dryclean	干洗
	do not dryclean	不可干洗
	compatible with any drycleaning methods	可用各种干洗剂干洗
	Iron	熨烫
	Iron on low heat	低温熨烫（100℃）
	Iron on medium heat	中温熨烫（150℃）
	Iron on high heat	高温熨烫（200℃）
	do not iron	不可熨烫
	Bleach	可漂白
	do not bleach	不可漂白
	Dry	干衣
	tumble dry with no heat	无温转笼干燥
	tumble dry with low heat	低温转笼干燥

⊙⊙	tumble dry with medium heat	中温转笼干燥
⊙⊙⊙	tumble dry with high heat	高温转笼干燥
⊗	do not tumble dry	不可转笼干燥
(衣架晾干图)	Dry	悬挂晾干
⫴	Hang dry	随洗随干
⊟	dry flat	平放晾干
∿	line dry	洗涤
∿•	wash with cold water	冷水机洗
∿••	wash with warm water	温水机洗
∿•••	wash with hot water	热水机洗
∿手	handwash only	只能手洗
∿✕	do not wash	不可洗涤

第三章

服装的洗涤作用

第一节　服装与污垢

一、污垢的种类与特性

（一）污垢的种类

通常污垢（soil）是指 1/100 到几微米大小的尘埃及各种化学物品。污垢附着于服装表面不仅有损美观，而且还会改变纤维的性能，降低服装的通气性与吸水性。附着于服装上污垢的成分及其性质，与季节、环境、性别、年龄、体质、人体的部位以及服装的种类等因素有关。污垢的种类根据其来源的不同可分为人体的污垢与生活环境中的污垢两大类。

1. 人体的污垢

来自于人体的污垢包括通过皮肤的汗腺、皮脂腺等向体外排出的汗水及油脂，脱落的皮屑以及血液、排泄物等。污垢的附着量取决于穿着条件，一般随着穿着天数的增加而增加。

汗液具有调节体温的重要作用。发汗量的多少与季节、运动量有关，而且存在个体差异。汗液的成分中 98%～99% 为水分，残余的成分为无机成分的氯化钠、氨等以及有机成分的尿素、乳酸、氨基酸、脂质等，与尿液的成分相似。这些成分附着于纤维上，若及时洗涤可以充分去除，若经过一定时间的搁置，不仅会散发恶臭，而且会留下汗斑。

皮脂主要含有饱和与不饱和脂肪酸、甘油三酯等油脂类成分。皮脂的附着量与人体部位、季节以及个体差异有关。皮屑是通过人体新陈代谢从最外层的皮肤脱离而下的角质片。

此外，来源于人体的污垢还包括寄生于人体皮肤的大量细菌，它可以对人体分泌物汗液与皮脂进行分解，产生异味。

2. 生活环境中的污垢

生活环境中的污垢来源较广，如风沙、锅炉的烟灰、厨房与汽车的油烟、机器上的油污、雨水、细菌、霉菌等，这些污垢将导致服装褪色，纤维劣化。

（二）污垢的性状

1. 水溶性污垢

水溶性污垢是指能溶解于水的污垢，如糖类、淀粉等。这类的污垢一般适用于水洗，易于去除。

2. 油性污垢

油溶性污垢是指能溶解于油中的污垢，大多属于油溶性液体或半固体，其中包括动植物油脂、脂肪酸、脂肪醇、胆固醇和矿物油（如原油、燃料油、煤焦油等）等。其中动植物油脂、脂肪酸类与碱作用，经皂化溶于水。而脂肪醇、胆固醇和矿物油则不为碱所皂化，它们的疏水基于纤维表面有较强的范德华相吸力，可牢固地吸附在纤维上而不溶于水，但能溶于某些醚、醇和烃类有机溶剂，并被洗涤水溶液乳化和分散。

3. 固体粒子污垢

固体污垢主要包括煤烟、灰尘、泥土、沙、水泥、皮屑、石灰和铁锈等。固体污垢的颗粒很小，在一般情况下不单独存在，而往往与油、水混合，形成混合污垢黏附在服装上。它既不溶于水，也不溶于有机溶剂，但可以被肥皂和洗涤剂所含有的表面活性剂吸附、分散，从而悬浮在水中。

4. 蛋白质污垢

蛋白质污垢主要包括汗渍、血渍、肉汁、牛奶等。蛋白质污垢在附着时多属于水溶性污垢，但由于热度、湿度、紫外线等因素的作用，其性质发生变化，转变为不溶于水的污垢。蛋白质污垢因具有强烈的黏附性，污渍较难去除，应在洗涤剂中加入蛋白酶制剂方可去除。

通常，各类污垢不是单独存在，它们互相黏附结成一个复合体，随着时间的推移，受到外界条件的影响，氧化分解并产生更复杂的化合污垢，这时就越发难以清除。在服装的去污过程中应根据污垢的内容、服装的结构、服装的材料等特征选择最佳的洗涤方法，从而达到去污、保养服装的目的。

二、污垢的附着

在一般情况下，任何物体间都存在着吸引力，污垢与服装接触后会吸附在服装上（浮尘除外），其常见的结合机理为：

（一）机械性吸附

机械性附着是污垢与服装结合较为简单的一种形式，主要是指随空气漂浮的尘土微粒散落在织物的空隙和凹陷部位，被吸附在服装褶裥处、拼接的凸出边缘、纱线间的空隙等地方而不掉落。污垢的机械性附着程度与服装材料的组织结构、密度、厚度、表面处理、染色及整理等因素有关。稀疏面料的表面凹凸明显，绒毛、污垢被吸附较多；紧密面料不易积沉污垢，但污垢的去除也较困难。对于机械性附着的污垢可用单纯的搅动和振动力将其去除，但当污垢的粒子小于0.1微米时，就难以去除。

1. 物理结合

分子间力吸附是污垢物理结合的常见方式，它是通过分子之间存在的相互作用完成的。如来源于人体内外的油脂，其污垢粒子借助于分子间力作用而附着于纤维上，且易渗透入纤维内部。同时污垢颗粒常常带有电荷，当污垢与带有相反电荷的服装材料接触时，相互之间的黏附就显得更为强烈，这种形式对于化学纤维更为明显，化纤织物由于摩擦常带有一定的电荷，很容易吸附带相反电荷的污垢。此外，在水中常有微量多价金属盐，如钙、镁等离子，带负离子电荷的纤维通过钙、镁离子与带正电荷的污垢强烈结合。对于通过物理结合附着的污垢，应选用适当的洗涤剂方可去除。

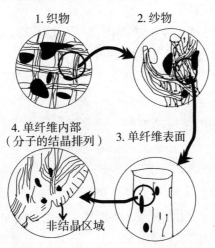

图3-1-1　污垢在服装材料上的附着模式

2. 化学结合

化学结合是指脂肪酸、黏土、蛋白质等一些悬浮液或溶有污粒的液体渗透入纤维内部，污粒与纤维分子上的某些基团，通过一定的化学键结合起来，而黏附在衣物上，如同染色。此类污垢附着后不易去除，必须采用特殊的化学方法处理，破坏导致其相互结合的化学键，如衣物上的血渍可使用蛋白酶来分解去除。

第二节　洗涤剂

洗涤剂是指在洗涤条件下，对污垢具有清除作用的有机和无机化合物的总称。洗涤剂的种类较多，如洗衣粉、餐具清洁剂、卫生间洗涤剂及各种工业清洗机等等。洗涤剂主要是由表面活性剂和助洗剂组成的。

一、表面活性剂

（一）表面活性剂的基本概念

1. 表面活性剂的结构特点

表面活性剂是由疏水基团和亲水基团组成的化合物。其分子的一端有一个较长的非极性基团，不溶于水，但能溶于油类，称为亲油基或疏水基。另一端是一个较短的极性基团，能溶于水但不能溶于油，称为亲水基或疏油基。

2. 表面活性剂溶液的性质

表面活性剂溶于水中时，其特有的两亲结构中的亲水基被水分子吸引而留在水中，疏水基与水分子排斥而指向空气，这使得表面活性剂分子有排列在液体表面的趋势，在水和空气界面上形成定向吸附，吸附作用的结果是原来空气——水的界面逐渐被空气——疏水基的界面所代替，从而使溶液的表面张力大大降低。

如果是表面活性剂的浓度增加到一定程度，则在空气——水的界面上聚集了更多的表面活性剂分子，并毫无间隙地密布于界面上，形成一紧密的单分子膜，即界面吸附达到饱和状态。此时空气——水的界面完全被空气——疏水基的界面所代替，使溶液的表面张力降至最低值，接近于油的表面张力。

若继续增加表面活性剂的浓度，溶度的表面张力不再继续下降，而在溶液内部的表面活性剂分子则相互聚集在一起，形成疏水基向内、亲水基向外的胶束。表面活性剂形成胶束所需要的最低浓度称为临界胶束浓度（简称CMC）。当表面活性剂浓度大于临界胶束浓度时，胶束数量随之增加，但水溶度的表面张力不会降低。

3. 表面活性剂溶液的洗涤作用

在洗涤过程中表面活性剂在水和油污之间形成独特的定向排列，若干个溶质分子或离子缔合成肉眼看不见的聚集体，这些聚集体是以非极性基团（亲油基）为核，里面包裹着油污，以极性基团（亲水基）为外层分子的有序组合体，即胶束。胶束形成以后，它的内核相当于碳氢油微滴，具有溶油的能力，使整个溶液表现出既溶水又溶油的能力。紧紧吸附着油污的胶团在机械力的作用下与载体（衣物）分开，并悬浮于水中，由于载体表面黏附着洗涤液，油污不会再返回到衣物表面，达到清洗的效果。实际上表面活性剂的洗涤性，包括了它的润湿性、溶油性、渗透性、乳化性、分散性、增溶性和发泡性等几乎全部基本特征。

表面活性剂之间可以配合使用，也可以和其他助洗剂配制成用途各异的液体或固体洗涤剂。在工业上，有各种品牌的重垢清洗剂，用于清洗印刷、机械加工、石油化工、纺织印染、交通运输等设备。在生活上，有果蔬、餐具清洗剂、洗发剂、沐浴液、家具增光剂、液体洗衣剂等。除此之外很多新上市的洗衣粉都含有一种或几种性能优异的表面活性剂，达到理想的增白洗涤效果。可以说表面活性剂为我们提供了极大的方便，它已深深地融入了我们的社会，走进了我们的生活。

（二）表面活性剂的分类

表面活性剂的种类较多，分类方法也各不相同，如按溶解性分类，按相对分子质量分类，按用途分类等。最常用的是按表面活性剂的亲水基在水中是否离解以及离解后的离子类型来分类，具体可分为离子和非离子表面活性剂两大类。离子型又可按照离子的电性分为阴离子表面活性剂、阳离子表面活性剂和两性离子表面活性剂3种。此外由于近年发展较快，出现了既有离子亲水基又有非离子亲水基的混合型表面活性剂。

1. 阴离子表面活性剂

阴离子表面活性剂是应用历史最久、使用量最大、价格最低廉的表面活性剂，它具有极好的去污、乳化、分散、增溶等作用。

阴离子表面活性剂是指在水中离解后，亲水基团带有负电荷的一类表面活性剂。阴离子表面活性剂按亲水基不同可分为脂肪羧酸盐类、脂肪醇硫酸酯盐类、烷基（芳基）磺酸盐类、磷酸酯盐类等几种类型。常见用于洗涤剂的阴离子表面活性剂可见以下几种：

肥皂：肥皂是最常用的阴离子表面活性剂，是高级脂肪酸的钠盐，具有良好的润湿、乳化、增溶和洗涤性能，其中以洗涤作用最为突出，是常用的洗涤剂之一。肥皂的缺点是在水中的溶解度不高，需加热助溶，不耐硬水和酸。遇硬水生成不溶性钙、镁皂，遇酸易水解，不但影响洗涤效果，还会影响产品质量，因此不适合在硬水中使用。

净洗剂 LS：净洗剂 LS 的化学组成为对甲氧基脂肪酰胺基苯磺酸钠，易溶于水，pH 值 7 ~ 8，具有良好的洗涤、乳化、渗透、匀染、柔软等性能，耐硬水、电解质、酸、碱、沸煮，不耐次氯酸盐。

洗涤剂 209：洗涤剂 209 的化学组成为油酰甲基牛磺酸钠，易溶于热水，具有优良的净洗、渗透、扩散、乳化等性能，耐酸、碱、硬水、电解质、次氯酸盐和双氧水。

烷基苯硫酸钠：烷基苯硫酸钠在水中的去污力、乳化力、泡沫性都很好，在酸性、碱性和硬水中都很稳定，但是防止污垢再沉淀的能力较差，只有在添加其他助洗剂后才可以得到改善。我国制造的合成洗涤剂中大量使用这种阴离子表面活性剂。

脂肪醇硫酸钠：脂肪醇硫酸钠在水中去污力、乳化性能都比较好，泡沫稳定，对皮肤刺激较小。这种表面活性剂广泛用于毛、丝一类精细织物的洗涤，也可以用于棉、合成纤维织物的洗涤。

2. 阳离子表面活性剂

阳离子表面活性剂是指在溶液中离解后，亲水基团是带有正电荷的一类表面活性剂。阳离子表面活性剂按其结构可分为伯铵盐、仲铵盐、叔铵盐、季铵盐等几种类型。阳离子表面活性剂洗涤能力不强，且价格较贵，一般不作为洗涤剂使用。但它有很强的乳化、分散、起泡等作用，特别是有很强的杀菌力，常用于柔软剂、匀染剂、固色剂、防水剂、抗静电剂及杀菌防霉剂等。

3. 两性表面活性剂

两性表面活性剂是指在溶液中离解后，亲水基团既带有负电荷，又带有正电荷的一类表面活性剂。两性表面活性剂在碱性溶液中呈阴离子性，在酸性溶液中呈阳离子性，在中性溶液中呈两性。

两性表面活性剂的分子中带有两个亲水基团，一个带正电，一个带负电。正电性基团主要是含氮基团（或用硫和磷取代氮的位置），负电基团主要是羧基和磺酸基。甜菜碱类 [RN + (CH3) 2CH2COO –]、氨基丙酸类（RN + H2CH2CH2COO –)、牛磺酸类 [RN + (CH3) 2 (CH2) 2SO3 –] 和咪唑啉类是 4 类重要的两性表面活性剂。它们具有抗静电、柔软、杀菌和调理等作用，尤其是咪唑衍生物和甜菜碱衍生物更有实用价值。

两性表面活性剂具有许多优异的性能：低毒性和对皮肤、眼睛的低刺激性；极好的耐硬水性和耐高浓度的电解质性；良好的生物降解性；柔软性和抗静电性；有一定的杀菌性和抑霉性；良好的乳化性和分散性；可与几乎所有其他类型的表面活性剂配伍；有很好的润湿性和发泡性。两性表面活性剂已广泛用于香波、沐浴液、气溶胶泡沫剃须剂、洗手凝胶、泡沫浴及透明皂的配制中。

4. 非离子表面活性剂

非离子表面活性剂是指在水溶液中不能离解，亲水基团不带电荷，靠整个分子中的极性部分和非极性部分来显示其表面活性的一类表面活性剂。

非离子表面活性剂按亲水基的不同可分为聚氧乙烯和多元醇两大类。由于非离子表面活性剂在溶液中不是离子状态，所以稳定性高，不易受强电解质无机盐类存在的影响，也不易受酸、碱的影响，与其他类型表面活性剂的相容性好，能很好的混合使用，在水及有机溶剂中皆有良好的溶解性能，它的用量仅次于阴离子表面活性剂。

非离子表面活性剂在洗涤用品中经常使用，常和离子型表面活性剂复配使用，主要用作发泡剂、稳泡剂、乳化剂、增溶剂和调理剂等多种用途。当作为一种主要成分和阴离子表面活性剂配合使用时，即使加入量很少，也能大大增加体系的去污能力，这是因为它对油污良好的乳化能力和增溶能力决定的。

烷基酚聚氧乙烯醚（APE）是较常应用于洗涤剂的非离子表面活性剂，它对酸、碱及氧化剂都很稳定，具有较好的耐酸、耐碱、耐硬水能力，且耐热性好，成本低。但近年来发现其生物降解性差，用量已大大减少。目前，非离子表面活性剂脂肪醇聚氧乙烯醚（AE，简称醇醚）是复配高效浓缩洗衣粉和高效浓缩液体洗涤剂的主要成分，它在水中的润湿、去污力、乳化等性能都较好，在硬水中也可使用。

5. 混合型表面活性剂

混合型表面活性剂的分子带有两种亲水基团，一种带电，一种不带电。醇醚硫酸盐（CH_2CH_2O）nSO_4M（AES）就是这样一类表面活性剂，其中 n = 1~5。两种亲水基分别是非离子的聚氧乙烯基和阴离子的硫酸根。虽然一般分类仍把这种表面活性剂归属于阴离子表面活性剂，但从水溶性、耐盐性、抗硬水性来讲要比阴离子表面活性剂烷基硫酸盐要好得多。

就上面5种类型的表面活性剂而言，非离子型的表面活性较大，两性型的次之，离子型的较小。虽然这样，但它们在各种配方的使用中，只要配合得当，都能发挥出意想不到的作用。

二、助洗剂

助洗剂是生产各种洗涤剂的主要原料，根据各种洗涤剂的功能不同，通常它占洗涤剂含量的20%~40%，它与表面活性剂配合达到最佳去污效果，因此助洗剂的选择直接影响洗涤剂的质量。

（一）助洗剂的主要作用

1. 软化水作用，即有效的结合水中的钙、镁离子，使硬水软化。

2. 稳定pH值作用，即提供一定的碱性并稳定pH值在12左右且缓慢释放。

3. 分散作用，即抗再沉淀性能，使污物分散悬浮，防止洗涤物二次污染。

4. 污垢分解作用，即使用不同的酶制剂，对蛋白类、脂类、淀粉类污垢进行分解，提高洗涤效果。

5. 强洗涤效果作用，如配合荧光增白剂、填充剂、柔软剂等。

（二）助洗剂的种类

助洗剂分为有机助洗剂和无机助洗剂两类。无机助洗剂溶于水中并离解为带电荷的离子，吸附在污垢颗粒或织物表面，有利于污垢的剥离和分散。常用的无机助洗剂有三聚磷酸钠、水玻璃、碳酸钠、硫酸钠、过硼酸钠等。有机助洗剂具有防止污垢再沉淀的作用，常用的有机助洗剂有羧甲基纤维素钠盐。此外，还有荧光增白剂、酶制剂、色料及香精等。

助洗剂在使用时，应考虑它在毒理学、生态学及降低成本等方面的影响。传统的助洗剂是三聚磷酸钠，具有软化硬水，碱性缓冲、分散悬浮污物、洗涤增效等重要作用。自20世纪40年代开发使用以来，一直受到洗涤剂生产企业的推崇和厚爱，几乎独占助洗剂市场。到了20世纪70年代，国外发现含有三聚磷酸钠的洗涤废水排入河流湖泊中，导致水质富营养化，严重污染环境。因此，从20世纪70年代开始，特别是80年代以来，一些工业发达国家相继颁布法律，在洗涤剂中禁止或限制三聚磷酸钠的使用。

我国在这方面认识较晚，20世纪90年代以来，国内内陆部分湖区及沿海水域相继出现了水质富营养化现象（过量的营养物质引起藻类浮游微生物的过量繁殖，使水体溶解氧减少、透明度下降、水质恶化的现象），如太湖、巢湖、长江三角洲、滇池、渤海湾、东海、黄海等流域和水域水质出现富营养化，滋生各种藻类，沿海赤潮频繁发生，造成大量鱼类死亡，给渔业和水产养殖业带来灭顶之灾。更为严重的是，它给这些流域居民日常供水造成一定的影响。为此，环保专家呼吁，我国洗涤剂禁磷和限磷工作已刻不容缓。

目前主要使用的无磷助剂是性能较差的偏硅酸钠和4A沸石，这种消费结构严重影响了我国洗涤剂无磷化进程。

层状结晶二硅酸钠是以硅酸钠和氧化钠为原料制成的可溶性结晶型硅酸钠，又称层硅酸钠，于上世纪80年代由德国赫司特公司开发，它是一种性能优异的助洗剂，具有以下功能，完全可以替代传统的三聚磷酸钠等助洗剂。

层硅酸钠主要性能如下：

软水功能：层硅酸钠对水的软化能力极强，对 Ca^{2+}、Mg^{2+} 的结合能力分别达到300mg/g和400mg/g。原因在于层硅酸钠是一种有序排列的聚合结构，在普通硬水中钠离子很快会被水中的 Ca^{2+}、Mg^{2+} 置换，同时稳定了硅酸钠的网络结构。

稳定pH值性能：当每升水中含有1g层硅酸钠时，水溶液的pH值可达到9.5~12，因此可以提供和保持洗涤过程中所需的稳定的碱度，使洗涤用品充分发挥洗涤效能。

抗再沉淀能力：层硅酸钠在中等硬度水中与用其他助洗剂（如三聚磷酸钠、4A沸石、偏硅酸钠）相比，可节省20%的活性组合。其去污指数为1.6，高于三聚磷酸钠（去污指数为1.5）以及4A沸石、偏硅酸钠（去污指数均为1.1）。它可有效改变织物纤维的硬化板结现象，对污垢微粒和油渍具有较好的悬浮作用，可发挥很好的抗沉降能力。

此外，层硅酸钠对稳定洗衣粉中的漂白剂作用显著。它不仅可以提高漂白剂的贮存寿命，而且有很好的协同效果，对表面活性剂也有较好的吸附作用。

三、洗涤剂水溶液的作用

洗涤剂水溶液（简称洗涤液）主要具有以下作用：

1. 润湿和渗透作用

洗涤液对洗涤物的润湿和渗透作用是洗涤过程是否完成的先决条件，洗涤液对洗涤物必须具备较好的润湿性和渗透性，否则洗涤液的洗涤作用不易发挥。

人造纤维（如聚丙烯、聚酯、聚丙烯腈等）以及未经脱脂的天然纤维的临界表面张力低于水的表面张力，故在水中的润湿性不能达到令人满意的效果。而洗涤液能够降低水的表面张力，在洗涤物的表面产生很好的润湿性，促使污垢脱离洗涤物。

润湿作用和渗透作用并无本质上的区别。润湿作用是作用于物体的表面，而渗透作用则作用于物体内部，只要产生良好的润湿，液体便能通过相互贯通的毛细管自动发生渗透作用，从而有利于洗涤的进行。

2. 乳化和分散作用

将一种液体以极细小液滴的形式均匀分散在另一种与其互不相溶液体中，所形成的分散体系称为乳液或乳液状，这种作用称为乳化作用。将不溶性固体物质的微小粒子均匀地分散在液体中，所形成的分散体系称为分散液或悬浮液，这种作用称为分散作用。

洗涤液可以将洗涤物表面脱落而下的液体油垢，乳化成小油滴分散悬浮于水中，产生乳化作用。此外，洗涤液可以使洗涤物表面脱落而下的固体污垢之间产生静电斥力，从而提高固体污垢在水中的分散稳定性，产生较好的分散作用。

洗涤液的乳化和分散作用可以有效地阻止污垢再沉积于洗涤物。

3. 增溶作用

一些非极性的碳氢化合物如苯、矿物油等在水中的溶解度是非常小的，但却可以溶解在表面活性剂的胶束中，形成类似于透明的真溶液。表面活性剂的这种作用称为增溶作用。洗涤液中因含有表面活性剂，故具有增溶作用。洗涤液的增溶作用可提高洗涤效果。

4. 起泡作用

气体分散在液体中所形成的分散体系称为泡沫。泡沫实际上是由少量液体薄膜包围着气体所组成的气泡聚集体。用力搅拌水时也有气泡产生，但这种气泡是不稳定的，一旦停止搅拌，气泡则立即消失。这是由于空气——水界面张力大，相互之间的作用力小，气泡很容易被内部的空气冲破。而洗涤液中由于表面活性剂的作用，所形成的液膜不易破裂，因此在搅拌时就形成大量泡沫。

洗涤液的起泡作用能增加洗涤液的携污能力，减少再污染现象，对洗涤过程起到一定辅助作用。

第三节　洗涤用水与干洗溶剂

一、洗涤用水

自然界中的水是有一定质量标准的，水的质量标准是根据水中杂质的含量而确定的。根据水中含有杂质的种类和数量的不同，大体可将水分为硬水和软水两大类。

硬水与软水是根据水的硬度来区分的，一般水的硬度是指水里含钙、镁离子浓度的总和。硬度的单位曾用德国度，即 100 份水中含有 1 份碳酸钙定为 1 德国度，现在用毫摩/升作为硬水单位。1 德国度等于 0.357 毫摩/升。硬度在 2.9 毫摩/升（8 德国度）以上的水被称为硬水。钙、镁等盐类是硬水的主要组成部分，洗涤剂在含钙、镁离子较高的硬水中溶解后，洗涤剂中所含的表面活性剂（以阴离子表面活性剂为主）与硬水中的钙、镁离子产生化合作用，而化合作用后所生成的钙、镁皂，是一种不溶于水的黏性物质，很容易污染衣物，又难以清除，若残留在衣物上会使衣物泛白、变黄、发脆。因此硬水不适宜用来洗涤服装。

软水是服装洗涤的理想用水，而自然界中现成的软水极少，只能用一些软化方法，把自然界中的硬水转变成软水，常用的方法有加热法和化学法。

加热法：将硬水装入容器里加热烧开，然后进行冷却，杂质就会沉淀在底层，上面的水就变成了软水，将其分离后就可得到所需要的洗涤用水。

化学法：在硬水中加入适量的软化剂，使之与硬水中的杂质发生化学反应，从而把硬水变成软水。常用的软化剂是六偏磷酸钠，它的 pH 值接近中性，不伤衣料，使用时在 10 升的硬水中加入 1 克的六偏磷酸钠。此外，还可用磷酸三钠、纯碱、小苏打等作为软化剂，使其 pH 值显示碱性，但不适宜于丝、毛服装的洗涤。

现代的合成洗涤剂具有软化水的性能，可以克服硬水所带来的缺点，改善洗涤条件。

二、干洗剂与干洗助剂

（一）干洗剂

用化学溶剂通过渗透、溶解和稀释对衣物进行洗涤，达到去除油垢或污渍的效果，称为干洗。所谓"干洗"是指衣物洗涤之前是干的，干洗后从干洗机取出的衣物也是干的，但在干洗过程中，衣物在干洗机滚筒内是用化学溶剂浸泡、洗涤、脱干，再经过烘干，把衣物上含有的化学溶剂回收。干洗是近百年才出现的洗涤方法，经过干洗后的服装不变形、不退色、不损伤面料，还有消毒、灭菌的特殊功效。

用干洗剂洗涤毛料、丝绸等高级服装及衣料时，不会损伤纤维，无退色及变形等缺点，能使服装具有自然、挺括、丰满等特点。干洗剂的种类很多，就外形来看，有膏状与液态两种。膏状常用于局部油污的清洗，而对于整体衣物洗涤需用液体干洗剂。常用的液体干洗剂有以下几种：

氯代烃合成溶剂：最常用的是四氯乙烯（PEKCRO），它安全性好，脱脂去污能力强，它对绝大多数天然纤维和合成纤维都适用。但它对金属有较强的腐蚀作用，其水解物有毒，对土壤、水质和人体造成危害。另外，它对塑料、尼龙等制品有较强的溶解作用，所以，洗涤时必须将这样的饰物（如纽扣等）取下。

氯氟溶剂：其典型代表为三氯三氟乙烷（CFC－113）等，它无毒，不可燃，对橡胶、多属化纤无腐蚀性，洗净度高于四氯乙烯。但此类溶剂破坏大气的臭氧层，已被禁止使用。

碳氢溶剂：即石油溶剂，洗涤效果好，用此类溶剂洗完后的衣物，无采用四氯乙烯洗涤时常有的异味，对人体和环境无污染。因其安全性较差，曾被淘汰，但随着科学技术的发展，安全性已被解决，因此越来越广泛应用于干洗。

（二）干洗助剂

为了提高干洗的质量，通常会在干洗溶剂中加入各种辅助剂，主要的辅助剂有以下几种：

1. 表面活性剂

干洗可去除衣物上的油溶性污垢和固体污垢，而不能去除水溶性污垢。在干洗时想要去除水溶性污垢，不能在干洗溶液中加入水分，否则就会带来水洗的缺点（如缩水等）。采用增溶技术既可以去除水溶性污垢，又不会带来水洗的缺点。

表面活性剂有增溶作用，起到干洗中的水洗作用。表面活性剂的种类很多，作为干洗剂的助洗剂常用的有二烷基磺基琥珀酸盐、烷基硫酸盐、烷基芳基硫酸盐、脂肪酸聚氧乙烯硫酸盐、油醇聚氧乙烯醚磷酸酯盐等阴离子表面活性剂，脂肪醇聚氧乙烯醚、烷基芳基聚氧乙烯醚、氧乙烯脂肪胺等非离子表面活性剂。

2. 漂白剂

为了保持衣物的白度及有色衣物的亮度，可使用过酸作漂白剂，对干洗溶液过酸的活性氧含量为 $0.002\% \sim 0.4\%$。可使用的过酸有过硼酸、过马来酸、邻苯二酸、过乙酸、过丙酸等。也可使用过氧化物与活性剂1:1混合于干洗溶液中，通过反应而生成过酸。这样的过氧化物可选用氧化氢、过硼酸钠、过碳酸钠、过氧化锌、过氧化镁、过氧化钙等，活性剂可选用甲酸、乙酸、丙酸、苯甲酸酯、苯硫黄氧化物等。

3. 抗再沉积剂

抗再沉积剂能使悬浮于干洗溶液中的污垢不再沉积在衣物上，提高衣物的白度和清洁度。常用的抗再沉积剂有柠檬酸盐、烷基二甲胺、阳离子季铵盐以及两性甜菜碱。

4. 稳定剂

使用卤代烷烃为原料的干洗剂时，在水存在的情况下，其分解产物对干洗设备有腐蚀作用，因此要选用一些含氧或含氮的化合物作为稳定剂，以减缓腐蚀作用。常用的稳定剂有三氧杂环乙烷、亚烃基甲烷、苯并三唑等。某些醇类如叔戊醇、异丁醇也可作为稳定剂，它不仅有减缓腐蚀的作用，还有抗再沉积的功能。

5. 柔软剂和抗静电剂

柔软剂可以降低衣物纤维之间，衣物与人体之间的摩擦力，改善衣物洗涤后的手感和触感。因此在干洗剂中要加入适量的柔软剂和抗静电剂，如季铵盐类、咪唑啉类等。

第四节　洗净度测试

洗净度测试是检测洗涤剂洗净效果以及洗衣机洗净性能的必要测试方法。根据污垢的种类与附着的方法的不同，而采用不同的测试方法。

一、自然污染布与人工污染布

在进行洗净度的测试时，非常注重所使用污染布的性质。根据污垢附着方式的不同，大致可将污染布分为天然污染布与人工污染布两大类。

（一）自然污染布

自然污染布是指通过一定时间穿着或使用后，污垢自然累积、附着而造成污染的布料。这里介绍两种利用自然污染布进行洗净度测试的方法：

图 3－4－1 所示为衣领污染布测试法。将 2 片面积为 1113 厘米的布料进行缝合后，将其固定于衣领处，形成假领，经过 2~7 天时间的实际穿着，形成自然污染布。将其取下，拆开左右两片进行编号，用不同的洗涤剂（或不同的洗涤方法）进行洗涤，可比较其洗净度的不同。

美国的洗涤剂企业常用白衬衫实验法进行洗涤剂洗净度的测试。每周一至

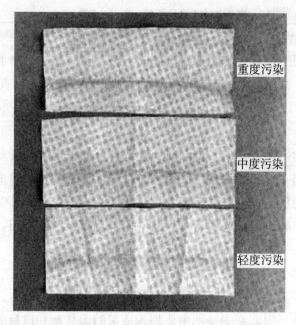

重度污染

中度污染

轻度污染

图 3 - 4 - 1　衣领污染布

周五早晨给经过选择的实验人员白衬衫穿上，晚上交回，用被测洗涤剂进行洗涤后，第二天早晨再穿上。相同的一件衬衫必须用同一种洗涤剂进行洗涤，穿着时间持续 2 个月，然后剪下衣领，进行比较和评级，测定被测洗涤剂的洗净效果。

（二）人工污染布

人工污染布是指人为的在特定的位置附着污垢而造成污染的布料。人工污染布制作较为简单，容易再现污染状态，对于所受污染程度也较容易控制。因此，人工污染布易于量化，在进行洗净度测试时有利于数据的统计。

二、洗净度测试机

在洗涤诸条件均相同情况下，可采用洗净度测试机进行洗净度测试。常见的洗净度测试机有 Launder - O - Meter、Terg - O - Tometer 以及家用洗衣机等。

图 3 - 4 - 2 所示 Launder - O - Meter 的工作原理与滚筒洗衣机的机械工作原理类似。在滚轴上呈放射状固定着容量为 500ml 的洗净瓶，在每个洗净瓶内注入 100ml 洗涤液，并放入 10 个橡胶球或不锈钢球及污染布，设定一定温度并保持恒温，在规定时间内，以 42rpm 速度进行滚动洗涤测试洗净度。该机器的优点在于可同时进行多项测试，效率较高，缺点在于与实际洗涤方式存在较大差异。

图 3 - 4 - 2　Launder - O - Meter

Terg - O - Tometer 如图 3 - 4 - 3 所示，机器上装置有 4 个与搅拌型洗衣机构造类似的金属容器。在每个容器内注入 1000ml 的洗涤液以及污染布，搅拌棒在规定的时间内以 120rpm 速度转动，经过一定时间洗涤后测试洗净度。

采用家用洗衣机进行洗净度的测试时，可根据测试要求控制相关的变量，进行测试。

图 3 - 4 - 3　Terg - O - Tometer

三、洗净度评价

洗净度的评价可以通过洗涤前后（即试验前后）污染的程度进行比较来完成，通常可采用视觉判断法、表面光反射率测定法及污垢成分定量分析法等。

视觉判断法是一种较为简单的比较法，即通过视觉的判断来比较试验前后污垢附着程度。

表面光反射率测定法是通过洗涤前后污染布的表面反射率以及原白布的表面反射率的测定，计算其洗净效率。一般污染严重时，光反射率较低。

$$洗净效率 D = \frac{Rw - Rs}{Ro - Rs} \times 100 \quad (\%)$$

式中 Ro 为原白布的表面反射率；Rs 为污染布的表面反射率；Rw 为洗净布的表面反射率。

污垢成分定量分析法是通过对洗净后污染布上残留污垢进行定量分析，计算其污垢除去率。

$$污垢去除率 S = \frac{Ws - Ww}{Ws} \times 100 \quad (\%)$$

式中 Ws 为污染布上的污垢重量；Ww 为洗净布上的污垢重量。

污垢成分定量分析法应根据污垢的性质采用不同的方法，例如对脂质污垢进行成分定量分析法时可用有机溶剂分解出脂质污垢后，蒸发有机溶剂，称出残留脂质的重量。

第四章

家庭洗涤

　　一般家庭所采用的洗涤方法，主要是利用水和洗涤剂所进行的湿式洗涤。水，是一种极好的常用溶媒，容易得到，而且安全、廉价。

　　洗涤物品，根据其材料、构成、所附污垢的类型以及污垢附着状态的不同，可分为各种各样不同的种类。在洗涤准备过程中，应该将洗涤物品进行适当的分类，有些适合于机洗，有些适合于手洗，有些还可两种方法同时使用。

第一节　手洗与机洗

　　目前，中国城市家庭洗衣机的普及率已高达90%以上，而且全自动洗衣机的普及率也越来越高。但是洗衣机的普及，并不意味着家庭洗涤可完全脱离手洗。手洗仍是局部洗涤及一些较为精致衣物的最好洗涤方法。所以，家庭洗涤应根据洗涤物的不同特质来选择最为合适的洗涤方法。

一、洗涤场所和洗涤用具

（一）洗涤场所

　　家庭的洗涤场所，首先应考虑给水和排水的方便，有一定的空间可容纳洗衣台及洗衣机，而且有足够的活动空间以便于洗涤操作。现代城市家庭的洗涤场所多设置于卫生间、厨房、阳台等场所。

（二）洗涤用具

　　家庭常用的洗涤用具如表4-1-1所示。

表 4 - 1 - 1　家庭常用洗涤用具

洗涤用具	计量用具	干燥用具	整烫用具
洗衣机	秤	干燥器	熨烫机
洗衣盆	温度计	竹竿	熨烫台
洗衣板	计量杯	夹子	喷雾器
刷子	计量勺	衣架	垫布
刮刀	时钟	绳索	熨斗
洗衣网			
木棒			

二、手洗

手洗，目前适用于局部附着的污垢的去除，以及洗涤物体积较小、洗涤物容易变形等不适于机洗的情况下使用。手洗时可借助适当的工具，以增强洗涤效果。具体的操作方法如下：

（一）手搓洗

用双手对洗涤物进行搓洗，是局部污渍去除的有效方法之一。

（二）板搓洗

利用洗衣板进行搓洗。板搓洗适用于洗涤物较多或洗涤物较为厚重时，其洗涤效果较为均衡。

（三）刷洗

将含有洗液的洗涤物平置于洗衣板的平面上，用刷子进行刷洗。刷洗对于局部洗涤具有极好的洗涤效果。但是，需要根据刷子的种类的不同，应注意避免对洗涤物造成不必要的损伤。

（四）拍洗

洗涤物体积较大时，可将含有洗液的洗涤物进行适当的折叠，使其具有一定的厚度后置于洗衣板，用适当粗细的木棒进行拍打。此种洗涤的效果较为明显，且拍打的次数越多效果越显著。

（五）抓洗

用双手将洗涤物抓紧，然后松开，反复数次。此种洗涤对洗涤物的损伤效果较小，但洗涤效果较差。

（六）压洗

用手按压洗液中的洗涤物，反复数次，也可用具有一定重量的物体压在洗涤物之上若干时间，以达到洗涤效果。此种洗涤的效果较为稳定，对洗涤物的损伤也较小，但洗涤效果比较差。

（七）踏洗

这是对经过一定时间浸泡后的洗涤物用双脚进行踩踏的一种洗涤方法，适用于体积大，洗衣机无法容纳而手洗较为困难的场合，如毛毯、窗帘等的洗涤。

（八）煮洗

在煮沸的大铁锅内溶入适量的洗剂，一边煮一边用木棍搅拌翻动洗涤物。这种洗涤方法对麻及木棉洗涤物较为有效，通常需要洗涤 20min 左右。

三、洗衣机

（一）洗衣机的类型

洗衣机自诞生以来，经过不断更新换代，目前市场上的洗衣机品牌繁多，型号各异，从总体上看，主要有单缸、双缸、及全自动等类型。而低价位的单缸洗衣机正逐步退出市场，全自动洗衣机已占零售市场的主导地位，成为消费的主流机型。

全自动洗衣机从结构上分有搅拌式、波轮式和滚筒式，目前，国内市场上销售的大多是波轮式和滚筒式。全自动洗衣机是集洗涤、脱水于一体，并且能自动完成洗衣全过程的洗衣机。全自动洗衣机有各种洗涤程序可供选择，工作时间也可任意调节（洗涤 0～16min，脱水 0～5min），工作状态及洗涤、脱水时间在面板均有显示，并能自动处理脱水不平衡（具有各种故障和高低电压自动保护功能），工作结束或电源故障时可自动断电，以确保安全使用。它还具有浸泡，手洗水流等功能。目前，有些全自动洗衣机还采用了模糊技术，即洗衣机能对传感器提供的信息进行逻辑推理，自动判别衣服质地、重量、脏污的程度，从而自动选择最佳的洗涤时间、进水量、漂洗次数、脱水时间等，并能显示洗涤剂的用量，达到整个洗涤时间自动化，使用方便而且节能节水。

全自动洗衣机性能的好坏，主要看其洗涤效果，包括洗净度、对织物的磨损率、漂洗性能等，以下为全自动洗衣机不同机型的基本性能比较。

1. 搅拌式

搅拌式（图4-1-1）俗称美国式，流行于美洲地区。立轴，搅拌叶作原动力，带动衣物正反向摆动（小于270°），互相搓揉。由于洗衣筒底不转动，洗净度、损衣率等性能居中。搅拌式洗衣机综合性能好，其洗净均匀性、洗涤时间长短、洗涤剂用量、损衣率大小、不用热水的洗净度、脱水率、噪声乃至价格等均在滚筒与波轮之间。

图4-1-1　搅拌式洗衣机　图4-1-2　波轮式洗衣机　图4-1-3　滚筒式洗衣机

2. 波轮式

波轮式（图4-1-2）俗称日本式，流行于日本、中国、东南亚等地区。波轮式洗衣机是依靠波轮的高速运转所产生的涡流冲击衣物，借助洗涤剂的作用洗涤衣物，由于相互搓揉力较大，湿的洗涤物压在高速旋转的波轮上，其洗净度比滚筒高10%，自然其磨损率也比滚筒高10%，缠绕率也较高。正是由于这个原因，必须保证内筒空间（即洗涤筒空间）不能缩小。如果洗涤筒较小，被洗衣物则更难做上下翻滚了。波轮式洗衣机的功率一般在400W左右，洗一次衣服最多只要40min，因此耗电量就小得多。在用水量上，滚筒洗衣机约为波轮的40~50%。

3. 滚筒式

滚筒式（图4-1-3）俗称欧洲式，流行于欧洲、南美等地。滚筒式洗衣机是由滚筒作正反向转动，衣物利用凸筋举起，依靠引力自由落下，模拟手搓，洗净度均匀，损衣率低，衣服不易缠绕，连真丝及羊毛等高档衣服都能洗。滚筒还可对水加温，进一步提高洗涤效果，甚至可不使用衣领净等高腐蚀性去污剂，有利于保护衣服。滚筒洗衣机，由于具有低磨损、不缠绕、可洗涤羊绒、真丝织物以及容量大等诸多优点，而成为当前国际上洗衣机市场的主要机型。滚筒洗衣机洗涤功率一般在200W左右，而脱水与转速成正比，如果水温加到60℃，一般洗一次衣服都要100min以上，耗电在1.5kw/h左右，如果烘干，时间与衣物的质地有关，最少需40min。因此用户最好配备10An的电表，才能使用其烘干功能而不致使电表"跳闸"。通常滚筒洗衣机为前开门式，需占用较大的空间，而我国家庭一般将洗衣机安置在面积不大的厨房或卫生间，因此使用很不方便，目前国内厂家研制的顶开门式滚筒洗衣机已经投放市场。

　　我国国家家用电器检测中心曾对以上三种洗衣机用科学的实验方法进行了性能比较，如表4－1－2所示。从表中不难看出，波轮式和滚筒式的优缺点对比明显，各自性能上的优势与劣势恰好相反。所以，各类洗衣机，各有其利弊处。哪个一定好，哪个一定差的绝对化描述都不客观。在我国目前市场上，基本上是波轮式为主，滚筒式为辅。前者具有洗净度高、售价低（约为滚筒式的70%）、占地面积小等优势。

表4－1－2　不同型式洗衣机的比较

洗衣机的性能	洗衣机的形式		
	搅拌式	波轮式	滚筒式
洗净度（30）	△	○	✕
洗净均匀性	△	✕	○
洗涤时间长短	△	○	✕
洗涤剂用量	△	△	△
缠绕大小	△	✕	○
衣损大小	△	✕	○
是否用热水	△	○	○
自动化程度	△	○	○
耗电量	△	○	✕
耗水量	△	✕	○
脱水率	△	○	△
噪音	✕→△	○	○
结构简单性	✕→△	○	✕
外形重量情况	△	○	✕
价格	△	○	✕

　　注：表中○为好，△为适中，✕为差，✕→△为由差改进后为中。

（二）洗衣机的使用要点

　　1. 洗涤前应取出口袋中的硬币、杂物，有金属纽扣的衣服应将金属纽扣扣上，并翻转衣服，使金属纽扣不外露，以防止在洗涤过程中金属等硬物损坏洗衣桶及波轮。

2. 一次洗衣量不得超过洗衣机的规定量，水量不得低于下线标记，以免电动机因负荷过重而发生过热，造成绝缘老化影响寿命。

3. 洗涤水的温度不宜过高，一般以 40℃ 为宜，最高也不应超过 60℃（滚筒高温消毒洗衣机除外），以免烫坏洗衣桶或造成塑料老化、变形。

4. 每次洗衣结束后，要排净污水，用清水清洗洗衣机桶；用布擦干洗衣机内外的水滴和积水；将操作板上的各处旋钮、按键恢复原位；排水开关指示在关闭位置，然后放置于干燥通风处。

5. 刷洗洗衣机时勿用强碱、汽油、烯料和硬毛刷，清理过滤网、排水管时勿用坚硬器具。

6. 经常注意检查电源引线，发现有破损或老化，应及时处理。

7. 有些洗衣机的波轮主轴套上设有注油孔，每隔二、三个月可用油壶向注油孔加注几滴机油。

（三）提高洗衣机的洗净率

许多人认为使用机洗，洗净率的高低，只能听命于机器。其实不然，这点虽谈不上误区，但还是有讲究的，要提高洗衣机的洗净率，下面几点不可忽视。

1. 洗涤容量

一般波轮式洗衣机的实际洗涤量为额定容量的 80% 时（如 5kg 容量放 4kg 衣物），而滚筒式为 60% 时（5kg 容量放 3kg），其洗涤效果最佳，因此一次容量过于饱和，效果将会欠佳。

2. 洗涤温度

浓缩型洗涤剂多含有酶，但因洗涤剂浓缩后密度高、比重大，较易沉于洗涤液的底部。为使其较好的溶解，并充分利用酶的作用，最好用温水洗涤。最佳的水温是 30℃ ~40℃ 左右。

3. 浸泡时间

为了更好地发挥洗涤剂中界面活性剂的作用，最好将衣物放入洗涤液中浸泡 10 ~20min 后再洗，使污渍较易去除。此外，含有荧光剂的洗涤剂应先放入水中溶解，避免荧光剂直接接触衣物而导致褪色。

4. 洗涤剂

波轮式全自动洗衣机的洗涤程序是由微电脑自动设定的，通常是洗涤 1 次、漂洗 2 次、脱水 3 次。如放入洗涤剂过多，即使漂洗 2 次也无法漂洗干净。目前市售洗衣机，包括仿人工智能的模糊控制洗衣机，都无法自动检测是否洗净（受我国城市水质的局限而无法安装这类传感器）。因此应掌握洗涤剂的适当用量。此外洗涤剂最好采用低泡浓缩洗衣粉，因为用高泡洗衣粉容易使泡沫溢出，而且泡沫会减少衣物间的机械摩擦，从而降低去污力。

5. 洗涤时间

洗涤时间，一般 10 ~ 15min 即可。如果洗涤时间过长，不仅对洗净率不会有明显提高，而且会损伤衣物。如较为普及的波轮式全自动洗衣机，其洗涤时靠底部波轮带动衣物作正反方向转动（大于 360°），相互搓揉力较大，而湿的衣物压在高速旋转的波轮上摩擦，对织物纤维损伤大。

6. 洗涤观念

应养成良好的洗衣习惯，改衣服"脏了才洗"为"穿了就洗"。这样，衣服才较易洗净。过脏的衣物不易洗净，即使勉强洗净了，也费时费力，并且对衣服的损伤也较大。

第二节　洗涤条件

家庭洗涤要获的较为理想的洗涤效果应考虑的洗涤条件有浴比、洗涤剂的浓度、洗涤液的温度、洗涤的时间、洗涤液的 PH 值及洗涤液的疲劳与再污染等。

一、浴比

洗涤物的重量与洗涤液的重量比被称为浴比。例如：浴比 1∶10 是指 1Kg 的洗涤物对 10L（近似认为洗涤液的比重为 1）的洗涤液。

图 4 - 2 - 1 是对由床单、衬衣、毛巾和手绢（毛巾和手绢的比例为 2∶1）等组成的人工污染布样进行洗涤实验的结果。

一般情况下，浴比太小，将影响洗涤物在洗涤液中的转动，导致洗净效率低下。而浴比太大，则会减少洗涤物之间的摩擦机率，也将导致洗净效率低下。波轮式洗衣机由于是通过水流带动洗涤物转动，受浴比的影响也比较大。而滚筒式洗衣机是通过滚筒的作用带动洗涤物的，受浴比的影响较小，因此可以采用低浴比洗涤。

二、洗涤剂的浓度

洗涤剂的浓度是影响洗涤效果的重要条件之一。一般情况下，洗涤剂的浓

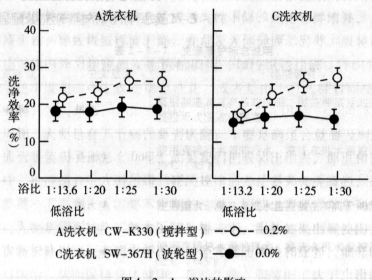

图 4 - 2 - 1 浴比的影响

度增加，洗净力也随之增强。但是，当洗涤剂的浓度超过一定界限时，洗净力反而会降低（图 4 - 2 - 2）。洗净力最强时的洗涤剂的浓度被称为临界洗涤剂浓度 CWC（Critical Washing Concentration）。实际上一般家庭在洗涤时，污垢较少时洗涤剂的使用量也较少，通常在低于标准使用量的低浓度状态下进行洗涤，这样洗净效果也就不太理想。

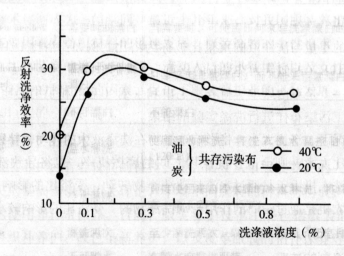

图 4 - 2 - 2 油炭污染布的洗净效率

近年来随着洗衣机的逐渐普及，机洗已成为家庭洗涤的主要方式，采用机洗时，洗涤剂的用量可参照洗衣机的使用指南进行操作。

三、洗涤的温度

洗涤温度及其他条件，随着生活地域及生活习惯的不同而产生差异。中国人的洗涤习惯以低温洗涤为主。一般情况下，洗涤液的温度较高时，洗涤剂的溶解性较好，有利于洗液在微细的纤维间的流动，而且油性污垢将变得较为柔软，黏性减小，水的一时硬度也会随之降低。此外，大多数合成洗剂中配合了生物酶制剂成分，常见的酶制剂有四类：蛋白酶、脂肪酶、淀粉酶、纤维素酶，其中应用最广泛和效果最明显的是蛋白酶。蛋白酶可去除衣服上沾附的血渍、奶渍、尿渍及汤汁等来自食物中的蛋白类污垢。蛋白酶因品种不同，效果也不一样。如：低温蛋白酶就具有在常温下发挥作用的效果，而大多数蛋白酶需要较高的洗涤温度才能发挥较好的作用。但是，当温度超过60℃时酶将失去其活性。

荧光增白剂配合洗涤剂使用时，随着温度的上升染着量也随着增加，可获得较好的增白效果。

合成纤维在高温中洗涤，容易被脱落在洗涤液中的油性污垢再次污染。

阴离子表面活性剂烷基硫酸钠（净洗剂 AS）在较高温度下洗涤时其效果较差，非离子表面活性剂的在水温较高情况下，不溶于水，将造成水溶液混浊。

洗涤物附着有血液、牛奶、鸡蛋等水溶性蛋白质时，洗涤液温度较高将使水溶性蛋白质凝固，而使污垢难以去除。

耐热性较差、树脂加工品及易退色的染色品等，应尽可能地避开高温洗涤。一般在40℃的温度下洗涤较为安全。

图 4-2-3 是使用具有升温功能的滚筒式洗衣机，对含有蛋白类污垢的湿性污染布样所进行的洗净效率测试的结果。结果表明，不论是采用哪一种洗涤程序，洗涤效率均随着洗涤液温度的升高而升高，此外是否使用洗涤剂也直接影响到洗净效率。

四、洗涤的时间

在洗涤过程中污垢的去除是通过洗涤水溶液的吸收、浸透、分散、乳化及可溶化等因素的作用，以及人工或洗衣机的机械力等外力作用下完成的。通常情况下，随着洗涤时间的增加，污垢将逐渐去除。但是，再污染的几率也随之增加。

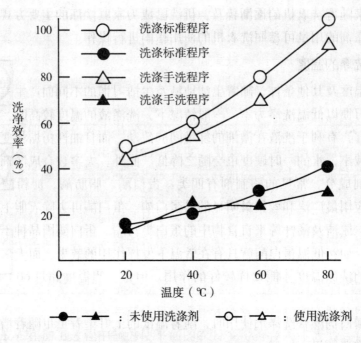

图 4-2-3 洗涤温度的影响

通过对酸化铁粒子污垢的洗净试验表明，随着洗涤时间的延长污垢逐渐去除。但是值得注意的是，随着洗涤时间的延长污垢的去除速度逐渐减慢。实验表明，洗涤时间为 3min 时污垢减少了 1/2，6min 时污垢减少了 1/4，9min 时污垢减少了 1/8，20min 时污垢仅减少了 1/128。从试验结果可以知道，在最初的 9min 洗涤时间内，污垢去除了 7/8，而残存的 1/8 在接下来的十几分钟时间内去除效果较差。

图 4-2-4 是对含有不同脂质与黑炭混合物的污染布样所进行的洗净效率试验，结果表明，不论是粒子污垢还是固体污垢，达到最佳洗涤效率的洗涤时间固定在 5-10min 之间，在此基础上延长洗涤时间，其洗净效率不会随着洗涤时间的延长而增强，一味的延长洗涤时间只会给洗涤物带来无谓的损伤，加快劣化。

此外，通过对 25℃、50℃、75℃的洗涤液对洗涤时间的影响所进行的实验表明，7~10min 为三种温度洗涤液的最适合洗涤时间。

长时间的洗涤，除了增加劳力与电力外，对纤维的损伤也较大，因此家庭洗涤时间控制在 7~10min 之间较为理想。而利用全自动洗衣机进行洗涤时，洗涤时间则由所选择的洗涤程序所控制。

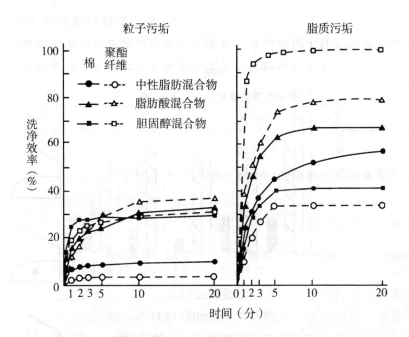

图 4 - 2 - 4　洗净效率的时间变化

五、洗涤液的 pH 值

洗浴的 pH 值与洗净力有着密切的关系。洗涤时，污垢的量较多时洗液的 pH 值呈酸性，洗净效果低下。在这种情况下，为了增强洗剂的洗净效果应将洗浴的 pH 值转为碱性，以增强洗净效果。洗涤剂的 pH 值从 7 ~ 9 以上的中性至碱性时，洗涤效果显著。但是，当洗涤液呈强碱性时将给洗涤物带来极大的损伤。

六、洗涤液的疲劳和再污染

同一洗涤液反复使用后，表面活性剂及 pH 值均会降低，从而导致洗净力低下。同时，随着洗涤液中污垢的溶度的增加而使洗涤液变得混浊，洗涤液的泡沫也随之减少，这种状态被称为洗浴的疲劳。

如果将白色洗涤物放置于经过洗涤后的洗涤液中一定时间后取出，此时脱离于洗涤液中的污垢将附着于白色洗涤物之上，这就是再污染现象的发生。

图 4 - 2 - 5 是利用几种不同类型的洗涤剂对棉布、聚酯纤维布、聚酯纤维与棉的混纺布及锦纶布样所进行的再污染测试的结果。洗涤剂为 0% 时，即仅将水作为洗涤剂时，再污染较为明显，特别是对疏水性纤维聚酯纤维和锦纶的再污染。

图 4 - 2 - 6 为棉布（C）、聚酯纤维与棉的混纺布（P/C 混）、醋酸纤维布

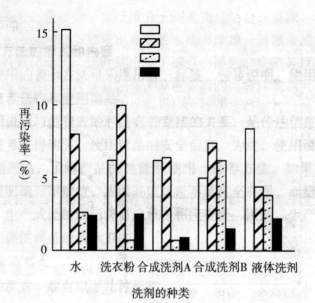

图 4-2-5 洗涤的再污染

（A）、聚酯纤维布（P）及锦纶（N）等五种不同材料的白布与人工污染布共同洗涤后的再污染率，以及洗涤液反复洗涤后累计再污染率的实验结果。从结果中可以看到容易再污染的顺序是聚酯纤维布（P）>锦纶（N）>聚酯纤维布（P）>棉布（C）。

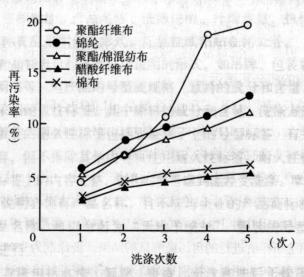

图 4-2-6 累计再污染

家庭洗涤时洗涤液通常反复使用2次，因此可以让合成纤维及混纺纤维等容易产生再污染的纤维制品优先于棉制品进行洗涤。

第三节　洗涤操作

本节主要针对家庭洗涤过程中的洗涤准备、浸泡、预洗、漂洗、脱水等操作过程加以介绍。

一、洗涤的准备

家庭洗涤在准备阶段应对洗涤物进行分类。首先应根据洗涤物的不同类型选择最佳的洗涤方式，对于纤维容易受损、蚕丝、羊毛等制品应采用手洗，对于污染较严重的洗涤物，可先采取局部手洗，然后再用机洗。其次根据纤维不同选择适合的洗涤剂，蚕丝、羊毛、人造丝等纤维应采用中性洗涤剂，木棉、麻、合成纤维制品等可采用弱碱性洗涤剂。

此外，合成纤维较天然纤维容易受到再污染，因此当污染较严重时，合成纤维制品适用于单独洗涤，容易退色的纤维制品应注意与白色洗涤物分开洗涤。

二、浸泡

浸泡是指将洗涤物在含有洗涤剂的水溶液中放置一定时间的操作过程。浸泡多适用于亲水性纤维制品，对疏水性纤维制品则效果较差。一般观点认为，通过一定时间的浸泡可以使洗涤物上的污垢容易去除。但是相反观点认为，一定时间的浸泡可以促进纤维的膨胀，而使污垢侵入纤维内部，反而不易去除。近年来，由于大多数合成洗剂中配合了生物酶制剂成分，而生物酶制剂经过一定时间浸泡后进行洗涤效果更佳，因此许多洗衣机也增设了浸泡程序。

图4-3-1是含有蛋白类污垢的湿式人工污染布，使用含酶合成洗剂进行洗净效率实验结果。结果两种不同类型的洗衣机均显示经过60min浸泡的洗净效率高于标准洗涤程序，而且当温度上升到40℃时，洗涤效率上升显著。

三、预洗

在正式洗涤前先用水或温水进行洗涤的操作被称为预洗。预洗可以去除酸、盐分及水溶性污垢，还可以使纤维及污垢膨胀湿润，这样可以使污垢容易

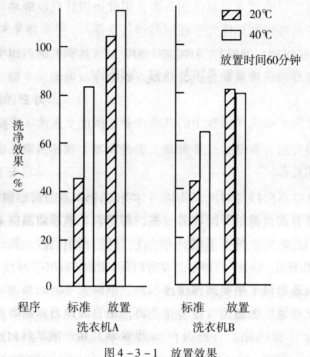

图 4 - 3 - 1　放置效果

去除。预洗对亲水性纤维污垢的去除效果较好，相对于疏水性纤维而言，容易被洗涤液中的污垢再污染，产生反作用。

四、漂洗

漂洗主要是为去除附着在洗涤物上的洗涤剂及残留污垢而进行的操作。洗涤物漂洗的是否充分，其目测方法是观察水中是否还含有泡沫以及水的透明度。漂洗时给水的方法、水的温度、漂洗的时间、洗涤剂的种类以及纤维的种类等因素将影响漂洗的效果。

漂洗效果的定量测定方法常用的有两种，一种是测定漂洗液中表面活性剂的残留量，另一种是将纤维上残存的洗涤剂量抽出测定。

图 4 - 3 - 2 是将穿着后的内衣采用 0.2% 弱碱性合成洗涤剂经过 10min 洗涤后，分别采用 A 和 B 两种不同漂洗方式后，对纤维上残留的表面活性剂的定量测定结果。从结果可以看到，采用 B 方法漂洗 6min 的漂洗效果与采用 A 方法进行两次漂洗后，纤维中表面活性剂的残留量大致相同，在此基础上继续漂洗，其洗净效果没有明显变化。而从节水的角度考虑，达到同样的洗净效果 B 方法较 A 方法多用水 30L，显然 A 方法更加经济实惠。

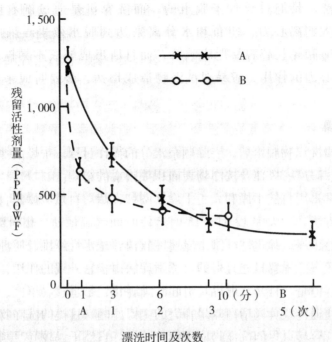

图 4 - 3 - 2　漂洗条件和残留活性剂量的关系

A：25℃管道水使用30L

B：25℃管道水使用30L后，每分钟换水10L

漂洗时间及次数

五、脱水

洗衣机完成一次标准的洗涤过程是洗涤—脱水—漂洗—脱水—漂洗—脱水，可以看出在一次的洗涤过程中要进行多次的脱水，洗涤后的脱水直接影响漂洗的效果，而漂洗后的脱水又直接影响到干燥的效果。

脱水效果的评价通过以下方法进行：

$$含水率 H = \frac{脱水后布的重量 - 干燥布的重量}{干燥布的重量} \times 100 \ （\%）$$

$$脱水率 W = \frac{干燥布的重量}{脱水后布的重量} \times 100 \ （\%）$$

含水率和脱水率之间的关系为：

$$H = \frac{100 - W}{W} \times 100 \ （\%）$$

一般手洗，是通过绞拧来脱水的。而洗衣机是通过洗衣筒的高速回转，产生强大的离心力，使布和水分离来达到脱水效果。采用离心脱水时，脱水的时间越长越容易形成皱纹，而且所形成皱纹不易恢复。此外由于强大的离心力的作用，容易对洗涤物造成损伤，必要时应采用洗衣网加以保护。

六、干燥

干燥是指洗涤物脱水后，去除剩余水分的操作过程。干燥的速度受脱水的程度、温度、湿度、风速及洗涤物表面积等因素的影响。

家庭通常采用自然干燥和人工干燥这两种方法。自然干燥是自古以来常用的一种干燥方法，一天中 12 时 ~ 15 时这段时间气温最高，相对湿度也最低，较适合于自然干燥。疏水性纤维干燥速度较快，亲水性纤维及质地较厚的纤维则干燥速度较慢。采取日光直射的自然干燥法由于紫外线的作用，对洗涤物起到杀菌作用，但是，日光直射也是引起纤维脆化，是蚕丝、羊毛、尼龙等纤维变黄、染色物退色及荧光增白效果丧失的主要原因。这类的洗涤物适用于通风阴凉处晾干，容易退色的洗涤物应里朝外晾干。自然干燥较易受到气候因素的影响且较费时，但是却没有额外的费用支出。

人工干燥主要是利用干燥机加热进行干燥的一种方法。不受气候因素的影响，而且干燥时间较短是其优点所在。但是由于加热的需要，需要一定的费用支出，通常 1Kg 的洗涤物需要 0.4KW 的电力。此外温度控制不当，也会给纤维制品带来变色、收缩等损伤。

干燥机通常有滚筒型与热风循环型两种类型。滚筒型干燥机与滚筒型洗衣机的形式相同，在热风中不断回转洗涤物使其干燥，家庭中较常用的属此类干燥机。热风干燥机则是将洗涤物挂在衣架上，通过热风循环使其干燥。热风干燥机的优点在于洗涤物的皱纹较少、不易变形，但是干燥时间较长。

图 4-3-3 为 100% 棉质衬衣 4 件，毛巾、手绢以 2:1 的比例放入，总重量为 4Kg 的洗涤物，在室内环境温度为 20 ~ 23℃，湿度为 40 ~ 50% 的条件下，放入滚筒型干燥机内进行干燥的试验结果。结果表明煤气干燥机的干燥时间较电力干燥机的时间要缩短一半以上，而且机内温度也较低，洗涤物干燥后所形成的皱纹也较少。

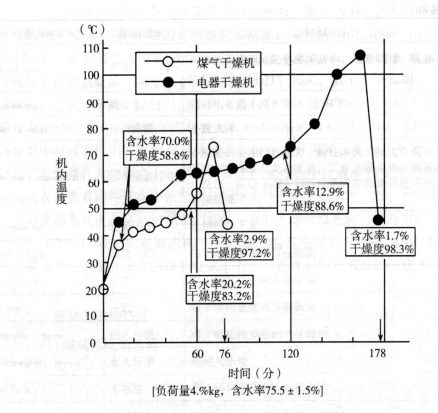

[负荷量4.%kg，含水率75.5±1.5%]

图4-3-3 滚筒洗衣机内温度的历时变化

第五章

服装干洗

第一节　干洗溶剂

干洗是以挥发性有机溶剂作为媒介去污的洗涤方式，因此，在服装干洗中，干洗溶剂起着非常重要的作用。

一、干洗溶剂应具备的性能

干洗实际是用除水以外的其他溶剂作为媒介来去污的一种洗涤方式。这里所说的其他溶剂通常是指有机溶剂，如目前普遍使用的四氯乙烯、石油溶剂，也不排除无机溶剂，如近年来出现的液体二氧化碳。但是，无论是有机溶剂，还是无机溶剂，作为干洗溶剂都应该具备以下几方面的性能：

1. 干洗溶剂不仅能较容易地溶解油脂等物质，还能保证从质地上不伤害被洗织物的染色、印花等。这个其实是包括水在内的所有洗涤溶剂都应该具备的共同性能，虽然水本身不能溶解油脂，但加入洗涤剂的水溶液去除油脂的效果还是令人满意的。"既能溶解油脂，又不易造成缩水或褪色"可以说就是一对矛盾结合体，因为油脂和染料通常都属于有机类物质，而四氯乙烯、石油溶剂和液体二氧化碳可以说是处理这个矛盾的较理想的选择。

2. 干洗溶剂不会从结构上伤害织物。这是有别于水洗工艺的，是干洗溶剂所具有的功能。天然纤维（棉、毛等）由于吸水后易膨胀、干燥后会收缩，但是这类纤维往往膨胀量小、收缩量大，造成衣物的收缩变形，俗称缩水。四氯乙烯、石油溶剂和液体二氧化碳对水的溶解量都很小，以致在洗涤过程中溶剂里的衣物吸收不到足够的水分，从而保证了衣物不会发生收缩变形。

3. 容易挥发干燥，干洗溶剂只需适当的温度，就能从衣物上蒸发，使织物烘干。这里所说的适当温度，实际上就是不超过织物所能经受的最高温度。一般来说，干洗织物的烘干温度都低于60℃。从三种溶剂的可挥发性来看，从易到难，依次是液体二氧化碳、四氯乙烯和石油溶剂。

4. 干洗溶剂应该有较低的蒸发温度，便于蒸馏回收。蒸发温度的高低是衡量干洗溶剂蒸馏回收成本的重要指标，也是干洗溶剂洗涤成本的重要指标。干洗溶剂的特殊性以及高成本，要求它能重复回收使用。

5. 干洗溶剂应无毒性，不伤害操作人员，衣物洗涤后不残留溶剂的气味。

6. 对干洗机设备，包括管道、泵、密封材料、软管等不产生腐蚀。

7. 不易燃，不引起火灾，符合消防安全。

8. 合理的价格。从溶剂的价格上来说，四氯乙烯和石油溶剂大致相当，而液体二氧化碳是最低廉的。但是由于干洗溶剂本身性质的差异，需要机器配备相应的配置来实现其功能，因此从机器价格来说，四氯乙烯干洗机是最低廉的，而液体二氧化碳干洗机由于是高压容器，其制造成本相当高，这也是液体二氧化碳不能在干洗中迅速推广的原因。

二、干洗溶剂的种类

干洗剂主要分为三类，一类是石油溶剂，例如汽油、煤油、1340 等。一类是化学合成溶剂，如四氯乙烯、三氯乙烯、三氯乙烷、三氯三氟乙烷等。第三类称为绿色溶剂，如绿色地球（GreenEarth）、RYNEX 以及液体二氧化碳等。

1. 石油溶剂

石油系溶剂又叫碳氢溶剂，也称烃类溶剂，是石油副产品。石油溶剂由原油精炼而成，其成分基本上是碳氢化合物。石油溶剂中，环烷烃占 52%，烷烃占 30%，芳香族类占 18% 左右。烷烃类比环烷烃和芳香烃溶油能力差，环烷烃与芳香烃溶油能力较强，但对纤维和染料有不利的影响。石油系溶剂的主要优点是：

（1）对环境无污染，用碳氢溶剂洗涤时产生的废物不需作专门的处理；

（2）碳氢溶剂作洗涤介质，无刺激性气味，洗涤后的衣物也没有残留溶剂气味；

（3）碳氢溶剂是一种温和的洗涤介质，不损伤衣物，可减少掉色及渗色程度。

石油系溶剂主要缺点是：

（1）易燃易爆；（2）去污力弱。

石油系溶剂主要由于其易燃易爆而长期未得到大规模推广应用，但其对环境的安全性却又日益引起人们的兴趣。鉴于发生燃烧和爆炸的必要条件是有氧气，易燃物，火花和表面温度，从这些因素出发，针对石油溶剂的特性，在干洗机设计和制造工艺中，采取了以下措施。

（1）真空或以氮气代替空气，以阻止溶剂与氧气接触，也就是降低氧气在机器内的浓度，或降低溶剂气体在机器内的浓度。这样来防止爆炸，因为爆炸只是在易燃物爆炸浓度范围内才会发生。

（2）使用时降低溶剂温度，使溶剂温度始终低于溶剂闪点，从而避免燃烧。

（3）防止被洗物由于摩擦产生静电，使机器运转时不产生火花。

基于这些原则进行的干洗机设计和制造工艺，保证了使用石油溶剂的安全性。

目前常用的石油溶剂是：

（1）120号溶剂汽油：是一种无色透明的液体。可以溶解油脂（蓖麻油除外），燃点低，易挥发和燃烧，用于洗涤文物、字画和真丝绸效果较好。

（2）1340干洗剂：是一种白色透明的液体，闪点在40℃左右，毒性低，腐蚀性小，脱脂能力低，不易损坏纤维和各种纽扣，洗涤羊毛织物效果较好。缺点是易燃。

2. 化学合成溶剂

（1）四氯乙烯：其英文名称是Perklone，简称PER，又名全氯乙烯、过氯乙烯。由炼制石油的副产品乙烯与氯合成而得，分子式为CCl_4，对油脂的溶解力较强，洗涤油类污垢效果好。它的沸点是121.2℃，凝固点是－22.4℃，纯度≥99%（色谱分析），pH值6～11，是一种无色透明、不易挥发的液体，脱脂能力适中，对人体皮肤和呼吸道有刺激性。对水溶性污垢，如蛋白质污垢、糖类去除效果不好。它最大的优点是不易燃烧，易回收。四氯乙烯的KB值较高，可达到90，高于石油溶剂，是一种应用范围很广的、优良的化学清洗剂。四氯乙烯适用于各种天然纤维和合成纤维的洗涤，包括用三氯乙烯干洗发生褪色和收缩的三醋酸纤维，毛皮的清洗脱脂、原毛清洗，纺织品加工整理，尤其用于中、高档裘皮制品的清洗，除此之外，还可广泛用于工农业生产中。由于四氯乙烯具有优良的洗涤去污、消毒杀菌、整理护理性能，如洗涤织物不缩水、不褪色、不变形、不起皱、不伤料，因此，国际上把四氯乙烯作为一种标准干洗剂。国外发达国家有75%以上的四氯乙烯用于服装干洗。

（2）四氯化碳：它是在合成溶剂中较先使用的一种干洗剂。由于长期吸入有害身体，而且腐蚀性强，现在已被其他干洗剂所取代。

（3）三氯乙烷：是一种无色的透明液体，沸点 72～85℃，合成工艺较复杂，国内使用较少。

（4）三氯乙烯：是一种脱脂能力很强的有机溶剂，是皮毛的脱脂剂。由于它脱脂能力太强，目前很少使用。

（5）三氯三氟乙烷：是一种无色、透明的氟利昂溶液。它无毒、不燃、无腐蚀性，洗净度比四氯乙烯效果好。由于氟利昂溶剂有破坏大气臭氧层的问题，面临禁止使用的处境。

3. 绿色溶剂

所谓绿色溶剂是指对环境无污染，对人体无伤害的安全干洗溶剂。有三种干洗溶剂都称对环境无污染，对人体安全，它们是甲基硅氧烷 D5、液体二氧化碳 LCO2 和一种由丙二醇醚和某化学物的恒沸混合物，简称 RYNEX。

（1）液体二氧化碳 LCO2

利用化工领域较成熟的 CO_2 液化技术的原理，近年来开发出液体二氧化碳干洗剂，利用 CO_2 气体和液体的两相转化，再添加必要的助剂，对衣物进行洗涤，可以有效地除去包括油溶性污垢、水溶性污垢在内的各种污垢。液体二氧化碳干洗机能有效地清洁衣物，而不会有任何环境污染及危害人体健康的风险。受到普遍的关注。目前最关键的是 LCO2 干洗机的制造成本和运行成本，需满足洗衣业的要求。

（2）甲基硅氧烷 D5

甲基硅氧烷（methylsiloxane）被称为绿色地球（GreenEarth）的干洗溶剂，由于其几乎没有任何毒性，并常用于化妆品，护肤品和作除味剂；洗涤时无需按衣物颜色深浅分类，洗涤后手感好，无皱折；并具有可以在石油干洗机上使用等优势，很可能成为四氯乙烯或石油溶剂的有效替代物。

（3）丙二醇醚的恒沸混合物（RYNEX）

丙二醇醚与某种化合物的恒沸混合物，简称 RYNEX。由于现有环保法规对其没有任何制约，或者说目前还不存在环保问题，它可以生物降解，阳光也可以分解它，用这种溶剂不存在残渣处理问题。RYNEX 自身含水分，故洗涤时无需添加干洗助剂，洗涤中可除去油溶性污垢外，还能除去许多水溶性污垢，洗涤后衣物手感也好。RYNEX 比水轻，闪点为 95℃。

预计这类环保安全的干洗溶剂，将在未来的洗衣业中受到重视和发展。

三、干洗助剂

干洗用的洗涤剂即为干洗助剂，它对干洗织物污垢的去除、色泽及手感的保持和恢复起着重要的作用。

1. 干洗助剂的作用

干洗助剂也称干洗枧油，是人工合成的表面活性剂，有阳离子型、阴离子型和非离子型之分。枧油分子带有一个亲水性分子，能与干洗液中的水分子亲和在一起，将适量的水分均匀地分布在干洗液中，消除干洗液中的游离水，使干洗液成为有效的洗涤干性污垢与湿性污垢的溶剂。枧油的作用如下：

（1）分离污垢：在枧油中的表面活性剂对污垢产生的吸引力大于织物表面对污垢的粘附性，可将不溶于干洗液的湿性污垢从织物上分离出来，起到有效的清洗作用。

（2）防止二次污染：枧油使污垢具有悬浮性，可使污垢从织物上清洗下来后，悬浮在于洗液中，而不沉积到织物表面．可防止服装洗后出现颜色发灰的现象。

（3）洗后的服装具有抗静电能力：使用枧油后，干洗过的服装具有抗静电能力，不会吸引纤维毛及灰尘。

（4）调整干洗液的 pH 值：干洗液是反复使用的，经过多次加热、冷却、蒸馏、气化以及受到空气、水分、光照的作用，其化学成分不稳定，可从原来的氯化物中生成三氯乙烯、氯化氢等酸性物质，pH 值减小，使成品的 pH 值从 7~8 降至 6 以下，呈偏酸性。干洗液 pH 值的漂移，首先影响干洗液的洗涤效果，有时还会损伤纤维组织；其次对干洗机系统中的黑色金属及有色金属（冷却盘管及加热盘管）有腐蚀作用。补充枧油可以调整干洗液的 pH 值，消除 pH 值变化带来的负面影响。

2. 干洗助剂的使用

（1）浓度选择：干洗溶液中枧油的浓度以 1%~2% 最为理想。当浓度从 0 增至 1% 时，干洗液去污垢能力呈直线上升；如果浓度继续增加，去污效果增加不明显；当超过 3% 的饱和极限时，干洗溶液中多余的水会迅速析出，成为游离水，从而大大降低了洗涤效果。因此，合适的枧油浓度，能够提高干洗溶液清洗污垢的能力。

（2）枧油加入方法：一般干洗溶液每次蒸馏后；要加入 1%~2% 的枧油。每经过一个洗涤程序，枧油的含量会逐渐减少，因此，每洗一车服装，都要添加枧油，补充量按每车服装重量的 0.2% 计算。枧油的加入位置一般为纽扣收集器。

第二节 干洗设备

用化学溶剂对衣物进行洗涤，称为干洗。所谓"干洗"是指衣物进行干洗之前是干的，干洗后从干洗机取出的衣物也是干的，但在干洗过程中，衣物在干洗机内经过化学溶剂的浸泡、洗涤、脱干，再经过烘干，把衣物上含有的化学溶剂进行回收，并将衣物干燥就完成了全部干洗过程，这就是"从干到干"的干洗。

干洗的设备就是干洗机。干洗机常利用干洗剂四氯乙烯去污能力强、挥发温度低的特点，通过各部件的机械作用洗涤衣物、烘干衣物、冷凝回收洗涤剂，使洗涤剂达到循环反复使用的目的。沾有污垢的服装在旋转的流通桶里，经干洗溶剂与污垢进行化学反应。在机械力的作用下，对衣物表面摔打、摩擦、蓬松，使那些不可溶的污垢脱离服装，然后经过离心脱油、干燥蒸发来实现干洗。目前我国干洗行业主要的干洗溶剂为四氯乙烯，由于它对环境，主要是大气的污染和地下水的污染，使得对使用它的干洗机的要求越来越严格。

一、干洗机分类

1. 按结构特点分类

根据干洗机的回收结构，可以分为开启式水冷回收干洗机与全密封式制冷回收干洗机。开启式水冷回收干洗机内衣服的洗涤和甩干在同一个滚筒中进行，在服装洗涤、烘干完成后的冷却过程中。一部分可以回收，一部分则排往大气，这种机器属于被淘汰对象。全密封制冷回收干洗机内洗涤、脱液和烘干在同一个滚筒中进行，蒸发出来的溶剂蒸汽经过加热，然后进过冷却管冷凝。冷凝的溶剂收集起来回流到溶剂箱，以供重复使用。

2. 按控制方式分类

按控制方式分有全自动干洗机与手动（或半自动）干洗机。全自动干洗机由电脑控制其动作（也可以手动操作），在干洗机的面板上有各种功能键与显示区。手动干洗机在操作过程中需要人工来操作完成。

3. 按加热方式分类

干洗机在服装的烘干、溶剂的蒸馏过程中需加热，从加热的形式分有电加热干洗机和蒸汽加热干洗机。

4. 按型号分类

从型号分有 6 型、10 型、16 型、18 型、20 型等，其数字代表单机装衣容量或单机洗涤重量。

二、干洗机原理与操作

无论何种干洗机，其基本原理、基本结构、操作是大致相同的。如图 5 - 2 - 1 所示，从干洗溶剂到干洗剂的回收为一完整的循环，可分为两部分：一是干洗溶剂洗涤服装、排液、过滤、蒸馏、回收；二是干洗溶剂在服装烘干时，蒸发、过滤、冷却、回收。

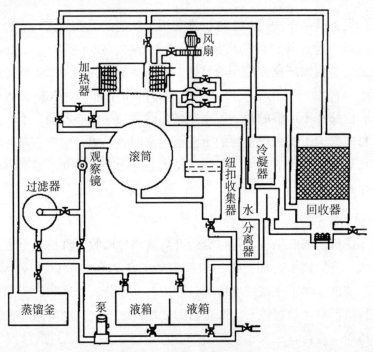

图 5 - 2 - 1　干洗溶剂循环

（一）上液

干洗机有两、三个液箱储存干洗剂。若是两个的，则一个是工作溶剂箱，另一个是清洁溶剂箱；若是三个的，一个是清洁溶剂箱，另两个是工作溶剂箱。在上液过程中，通过液面观察镜选择高、低液位开关来控制液面高度。液位的高、低影响服装干洗时受到的机械力大小，低液位时衣物回落高度较大，衣物回落时的冲击力也大，洗净度较高，一般用来预洗衣物；高液位时由于溶剂量较大，污物沉积的可能性较小，一般用来漂洗衣物。

（二）洗涤

洗涤是将待洗服装放入已加入干洗液的干洗机内，关好安全联锁装置，通过干洗机内滚筒的转动，使服装与干洗剂作用，从而去掉服装上的污垢。

滚筒内装衣量的多少影响着衣物之间的摩擦力，同时也影响着衣物回落的高度。装衣滚筒容量大时若装衣少，服装回落高度大，则服装间的摩擦力不足，因为服装大多浮在溶剂上，而浮着的衣物也不能和其他服装摩擦。装衣滚筒容量大而装衣多时，衣物的回落高度较小，同时服装活动空间太小，同样得不到足够的摩擦力，装衣太多也容易形成衣团，除了外层织物外，其他衣物所受到的机械作用力小，甚至几乎没有。从理论上讲 18～20L 滚筒体积，洗 1kg 衣物为最佳装衣量，正确的装衣量按浸透的衣服算，羊毛占筒体容积的 1/2，丝织物占筒体的 1/3，过多过少都会使机器的洗净度和烘干效率下降。

洗涤时间，即洗涤作用时间长，衣物易于彻底清洁。但也要注意时间范围不要过长，以防止污垢重新吸附到衣物上。洗涤速度决定了衣物从溶剂中抛出来又落回去的速率、随着滚筒被带起来又落到滚筒内衣服上溶剂的量和滚筒旋转中服装跌落下来的角度。高速旋转的滚筒惯性大而将服装贴紧在筒体壁上直到接近溶剂液面时才掉下来；转得慢的滚筒其惯性小，衣物则一离开溶剂就掉下来，也不理想；衣物跌落时的最佳角度位置应该是水平线上 45°。溶剂的量也影响机械作用，溶剂越重则滚筒旋转时落在服装上的机械作用也越大，使用四氯乙烯的机器洗涤运转时间可比用石油类溶剂的机器省一半。

要把衣物上的污垢除掉，一般应有多次循环洗涤。在预洗时，一般用小循环洗涤，洗涤时间为 3min 左右。因为衣物上洗掉的污垢不能迅速地从干洗溶剂中去除，再加上干洗溶剂使污垢悬浮的时间是有限的。这时如果洗涤时间长，则会使洗掉的污垢重新沉积在衣物表面，使服装发灰或失去光泽，所以预洗时间必须短，选择低液位。在漂洗时，衣物预洗完后应再次用大循环对服装进行漂洗，洗涤的时间应利于滚筒内的干洗溶剂进行多次循环，只有这样才能保证衣物上不可溶的污垢去掉。根据沾污程度与服装特点选择循环次数。

通常，干洗机洗涤操作有三种形式。第一是控制滚筒单纯正反转；第二是控制滚筒正反转及洗液小循环：筒体→纽扣收集器→泵→管道→筒体；第三是控制滚筒正反转及洗液循环：筒体→纽扣收集器→泵→管道→旁路阀→过滤器→蒸馏箱→回收。干洗机洗涤流程如图 5-2-2 所示，根据机型不同，有时可以联功控制。

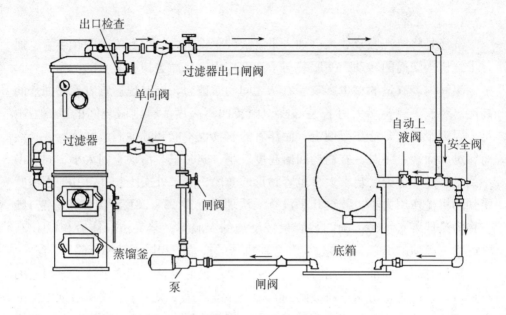

图 5-2-2　干洗机洗涤流程

（三）脱液

脱液的目的是在清洗完成后去掉服装上溶剂。在操作脱液时，应尽量地排液，当溶剂被排出时，服装不再被溶剂浸泡。可通过液箱观察没有溶剂排出再进行脱液，否则对电机造成不良影响。

脱液的时间可根据衣物厚薄、服装牢度的大小进行选择。对于较厚、强度较高的服装脱液时间可长一些，反之脱液时间可少一些，因为衣物起皱和拉伤程度会随着脱液时间的增加而增加。通常，普通衣物 3min，羊毛织物 2min，羊绒织物和丝织物 1min。一般干洗机设计的转速在 400~900r/min 之间，对在含湿量大的溶剂中洗涤的衣服，其脱液速度应低些，对含湿量大的衣物进行强力脱液会导致织物起皱。

（四）烘干与冷却

烘干是在脱液之后进行的，其目的是为了进一步去掉服装上的干洗剂。在脱液时通过离心力使干洗剂脱离了服装，然而服装上仍残留有干洗剂，通过烘干则可依靠加热空气使服装上的干洗剂汽化来去掉服装上残存的干洗剂。冷却是将经烘干处理产生的干洗剂的蒸汽冷却，从而得到正常温度下的溶剂，达到回收的目的；同时被洗的衣物也在空气的循环中得到冷却，消除服装上残留的气味。全密封干洗机与开启式干洗机的烘干与冷却有所不同。

1. 全封闭干洗机烘干与冷却

全密封干洗机的操作有：滚筒正反转、高速风扇、纤毛过滤器、制冷系统、辅助加热系统。如图5－2－3，汽化的溶剂被引入一个封闭的室内，通过冷却盘管冷凝后，经油水分离器分离水分后，再回到干净的溶剂箱中。

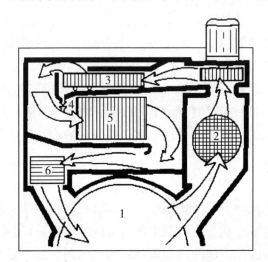

图5－2－3　全封闭干洗机烘干回收过程

1—滚筒；2—纤毛拦截器；3—制冷系统；

4—清洁箱；5—加热器；6—补热器

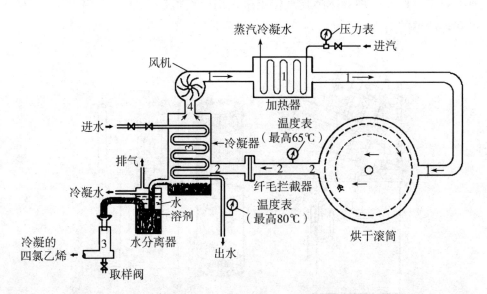

图5－2－4　开启式干洗机烘干回收过程

2. 开启式干洗机烘干与冷却

开启式干洗机的操作有：滚筒正反转、高速风扇、纤毛过滤器、冷却水开关、热交换蒸汽开关。如图5-2-4为开启式干洗机烘干回收过程。

开启式干洗机采用水冷式回收，冷凝器使含有四氯乙烯的热空气受到冷却后由气态变为液态，经管道流至油水分离器分离，实现溶剂的回收。在烘干完成后，通过机内电路的切换，关闭加热器，继续开启高速风扇，水冷盘管继续工作，并开启排气口和进气口，使空气通过进气口进入机内由高速风扇加压，形成强大的气流流经被烘干的衣物，把衣物上的残存气味通过排出（也称为排臭）。这一过程，虽然可以把服装上的残留物——四氯乙烯由空气带走，但对环境造成了一定的污染，同时也造成干洗溶剂的浪费，所以，开启式干洗机正在被淘汰。

（五）回收

回收是指对干洗溶剂的净化回收，可通过过滤与蒸馏实现。过滤是使干洗溶剂通过一种多孔的介质去掉溶剂中不可溶的悬浮物质，并吸附少量的颜色和脂肪，同时可在短时间内消除污垢重新沉积的问题。一般要求滚筒内的溶剂最好能1min过滤一次，也就是说溶剂的流速要快，及时地将洗下的污物带到过滤器里，以保证洗涤的质量。蒸馏是清除溶剂中各种杂质的最彻底的办法，它使溶液中一种或多种液体沸腾汽化出来，杂质被留下，经过水和油分离，从而可获得清洁的溶剂。

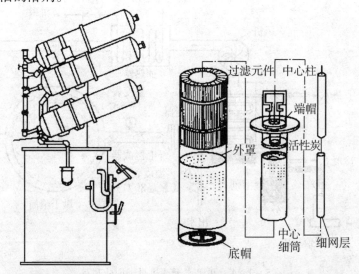

图5-2-5　卡式过滤器

1. 过滤

过滤器有卡式过滤器和离心过滤器，过滤效果的好坏直接决定着干洗质量的好坏。

图 5-2-5 所示的卡式过滤器是由过滤器筒体及若干个标准的过滤芯组成，过滤芯由高质量的过滤纸和粒径约为 0.07mm 的活性炭组成。当脏的干洗溶剂流经卡式过滤器时，脏溶剂中的污垢微粒及色素等被吸附在滤芯上，经过滤的溶剂就会变得相对干净。

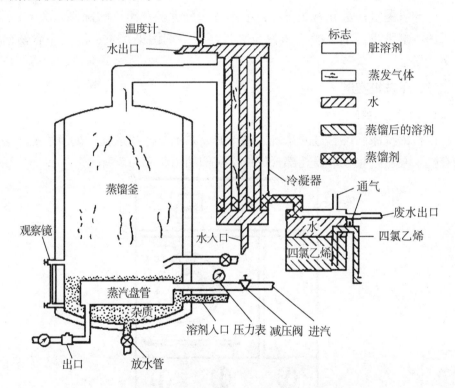

图 5-2-6 四氯乙烯蒸馏水冷过程

2. 蒸馏

通常，蒸馏是在封闭的蒸馏箱内进行。如图 5-2-6，蒸馏水冷系统由蒸馏箱、冷凝器、溶剂水分离器及管道组成。其工作原理是：根据物质的不同蒸发温度，通过加热使那些高于四氯乙烯沸点的物质（例如：干洗剂的残留物、矿物油脂、染料、过滤粉、炭粉、尘埃等杂物）留在蒸馏器内，四氯乙烯及水分受热蒸发成气体被送往冷凝器。四氯乙烯及水分等气体由盘管外部的冷凝器内空间从上向下流动，而逐渐冷却变成液滴状，这些液滴直接流到油水分离器。四氯乙烯的相对密度是 1.61，水是 1。因此水浮在上面，四氯乙烯沉在下面。通过一个虹吸管流入清洁溶剂缸里，水则通过一个直通管排出机外。

过滤只能将污垢粗略地清洁，即把一部分污垢如微粒或色素滤掉，而不能对溶于溶剂的油脂等过滤；通过蒸馏则能对溶剂进行彻底的清洁，使干洗溶剂可以反复使用，间接地降低了干洗成本。常见的蒸馏问题有：从蒸馏箱流出的溶剂减少（可能是蒸汽回水器不起作用；冷却管太脏；蒸汽压力不足；水压不足，水太热或太冷）、溶剂蒸馏后溶剂中有水（呈乳状，可能是蒸汽管道漏气；冷却管漏水；水分离器失灵；溶剂中水分太多；蒸汽吹除阀未关）、蒸馏出来的溶剂脏或仍不干净（蒸汽压力过高；溶剂污染严重；溶剂中含清洁剂太多）等。

三、干洗机实例

1. 四氯乙烯干洗机

该机由洗涤系统、过滤系统、烘干回收系统及冷却系统、蒸馏系统、溶剂储存缸、泵、纽扣收集器几部分组成。实例如图 5 - 2 - 7 所示。

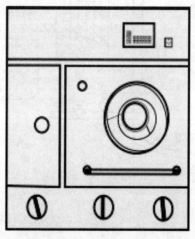

图 5 - 2 - 7　四氯乙烯干洗机实例

干洗机工作时，液泵将干洗液从储存缸抽取至转笼，电机通过皮带带动转笼运转，提供去污所需的机械力。同时在液泵的作用下，干洗溶液从转笼到过滤系统、纽扣补集器再回到转笼的循环洗涤，并将污垢留在过滤器。循环洗涤完成后，经过高速脱液，滚筒内衣物上残余的四氯乙烯洗涤剂几经很少了，最后再经过干洗机的烘干系统进行烘干。与此同时，四氯乙烯气体被烘干系统的冷却装置冷却成为液体回收。这样，衣物的干洗过程便完成了。

由于烘干回收四氯乙烯的能力不同，分为开启式干洗机和全封闭环保型干洗机。这两种干洗机的主要区别在于烘干回收系统的不同。开启式干洗机烘干回收系统的制冷是由水制冷完成。烘干后的排臭是通过开启放风阀，将剩余的四氯乙烯气体排放出机体完成的，这样在污染空气的同时也浪费了干洗液。而全封闭干洗机的烘干系统中的制冷是由制冷机完成的，排臭时，四氯乙烯气体不外排，而是又重新回到制冷回收系统通过再次制冷回收，而使四氯乙烯的排放达到环保的要求，也节约了干洗液的耗量。

洗涤后的洗涤液经过蒸馏系统进行蒸馏，便可以使已经洗过衣物的脏的四氯乙烯洗涤液重新变成干净的四氯乙烯洗涤液了，从而下一次使用时又是洁净的洗涤液。

2. 石油干洗机

石油干洗机分为冷洗式和热洗式两种，冷洗式是指洗涤与烘干分别在两台机器内进行的开放式干洗机。热洗是指洗涤、干燥、蒸馏均在一台机器内进行的干洗机。其中冷洗式干洗机又有烘干不回收和烘干回收两种，其工作原理基本相同，只是烘干过程有所不同，一种烘干机内配置了将石油溶剂气体冷却回收系统；一种则没有烘干回收系统而将石油残留蒸汽完全外排到机体外。具体实例如图 5 - 2 - 8 所示。

图 5 - 2 - 8　石油干洗机实例

（1）冷洗开放式干洗机的基本工作原理：冷洗式是指石油干洗机洗涤衣物由洗涤系统提供机械作用力，过滤系统保障其洗液洁净的状态下，通过各种传感装置，确保其在含氧量低、温度低的安全状态洗涤脱液后，进入另外单独完成烘干工作的机器，经过烘干达到干燥的操作过程。

（2）热洗式干洗机的基本工作原理：全封闭热洗机的工作原理与前者基本相同，不同的是热洗机上已具备了烘干回收和蒸馏回收系统，洗涤完成后衣物直接就在该机体中进入烘干系统，达到干燥，而洗涤液还可进一步蒸馏净化而彻底回收循环使用。

四、干洗机维护

干洗店洗衣是依靠各种洗衣设备进行的，如果洗衣设备处在良好的状态下，将有利洗涤效率的提高。只有正确的操作，才能保证设备处在良好的状态。因此每个洗衣工都应爱护设备，严格按使用说明书进行操作。而干洗设备的维护又很重要。

1. 保养与维修的目的

及时地保养与维修可使设备处在良好的状态；能使设备的能耗降低，包括洗涤剂等；能将可能出现的故障处理在潜伏阶段。

2. 保养维修计划

（1）严格按照设备的操作程序和技术要求来操作和保养设备是重要的；

（2）建立巡视检查制度。听运转的声音；嗅设备的气味；如有异常就可马上发现；要定期检查各线路，特别是电机接线是否松动，查看电接点；各种接头松紧；控制阀是否损坏或失控等；定期清洁电机轴承和回注润滑油、皮带松紧度的验证等。

（3）同供应商保持良好的工作关系，以便及时地得到技术指导和维护，提高零配件的供应速度。

3. 维护保养的内容

维护保养分为日常保养、同步保养、年度保养。

（1）日常保养

a. 洗衣机的日常保养包括：每天洗衣完毕，关闭机内电源开关，目视或手触检查电动机传动系统是否有异常，关闭蒸汽阀、冷热水开关，关闭总电源开关。擦拭机上的水分，尽可能地排泄出管道内的水分及蒸汽，以免产生水锈、水垢等，同时保持房间干燥，以免机器生锈。

b. 干衣机的日常保养：干衣机中纤毛过滤器每烘完一次最好进行一次清理，工作一天后要进行彻底清理；热交换空气过滤器每三天清理一次，以防堵塞过滤器，影响机器正常工作。

c. 烫台的日常保养：烫台表面应时常保持干净，不能有油污、尖硬的物品等。

d. 干洗机的日常保养：每完成一次洗衣循环，应清理一次，特别是干洗机的纽扣收集器，这样可以减小油泵的负担，防止堵塞，延长泵的寿命；每完成两次洗衣循环，应清理一次纤毛收集器，这样可以提高烘干时风的流速，缩短烘干时间，同时可以减少纤毛在回收冷凝器上的附着量，减小回收冷凝器的腐蚀；每天检查气动三联体，将水排出，当油不足时加润滑油；排水是为了防止水分进入电磁阀和气阀，造成生锈，油是润滑气阀活塞的；每天按机器的说明要求给各个加油点加油，这样才能保证各个轴承润滑充分，延长轴承的寿命；随时检查过滤器的工作压力，当压力达到或超过额定位时，应清理过滤器，只有这样才能加速循环过滤的流速和延长油泵的使用寿命；每蒸馏 6 ~ 8 次，清理一次蒸馏箱，这样才能提高蒸馏速度，减小污垢对底板的腐蚀，延长蒸馏箱的寿命。

（2）同步保养

a. 检查皮带的张紧力，只有这样才能保证正常的洗涤转速和甩干转速，并防止皮带磨损；

b. 检查溶剂的 pH 值，如果发现洗涤剂、干洗剂变酸应及时调整，以防止酸对干洗机、洗衣机的腐蚀；

c. 彻底清理机器各处的纤毛，防止纤毛堵塞空气道，而纤毛吸附的污物又会腐蚀机器；

d. 检查各个流水阀的性能，并清理蒸汽路径和冷却水管路上的过滤器，以提高供汽水的能力和效率，节约能源；

e. 检查并清理溶剂泵，防止堵塞在泵内的污物磨损泵的叶片，并使泵的出口压力提高损坏密封件。

（3）年度保养

a. 打开空气道，将附着在冷凝盘管、热盘管和气流通道内的纤毛彻底清理，以提高烘干效率，并减少污物对机器的腐蚀；

b. 清理油水分离器，以保证油水正常分离；

c. 清理蒸馏冷凝器及相关的油路管道，最好用小苏打水清洗以中和干洗剂中的酸；

d. 彻底清理溶液箱，将沉积的污物清理掉，以保证干洗剂的品质并延长寿命；

e. 打开各类电机清理，更换轴承，测量绝缘阻值，确保安全使用性能；

f. 清理检查各类电器开关、中间继电器、交流接触器等的触点、接线，看有无接点松动，并调整精度和安全性能。

总之，年度保养维护是保护设备安全、经济运行的重要上作，它的工作内容较为复杂，零配件必须准备充足，技术含量较高，基本上是解体的一次大检修、大修理的过程，一般情况下由生产厂家或工业件公司承担。

第三节　干洗工艺

干洗是使用化学溶剂对织物进行洗涤。干洗的整个过程与水洗的过程十分相似，水洗是以水作为洗涤媒介配以洗涤剂达到对被洗衣物去污的目的，再经适当的漂洗过程，然后是脱水和烘干；干洗是以挥发性的有机溶剂作为去污的主体物质和洗涤媒介配以适当的干洗助剂达到去污的目的，然后是脱液和烘干。水洗与干洗的区别在于洗涤媒介不同，但洗涤模式大致一样。干洗的洗涤程序：衣物检查→分类→预去污处理→干洗→检查及后处理。

干洗的操作步骤，由于其使用干洗溶剂不同，工艺过程就会有所不同。根据常用的干洗溶剂，可将干洗工艺分为四氯乙烯干洗工艺和石油溶剂干洗工艺两大类，但干洗的洗涤工艺过程是相同的。通常将衣物检查、分类、预去污处理（即去渍）称为前处理，干洗后的检查及去渍称为后处理。以下分别加以介绍。

一、前处理

1. 衣物检查

衣物检查是指进入干洗程序，投放衣物于干洗机滚筒前的检查，它是衣物洗前分检的复查和进一步细化。通常的做法是首先将待洗衣物中有破损、褪色和染色现象的衣物分拣出来。然后，检查衣物内是否有污染性物质，例如唇膏、钢笔、圆珠笔、染色物品等，以防这些东西在干洗过程中污染同批洗涤的衣物。随之，检查衣物上的饰物是否会影响洗涤或伤害衣物，例如胸花、金属纽扣、金属类饰物或其他尖锐性的东西等，这类东西最好在洗前全部拆下，洗后再缝上。对于形状规则的饰物可以用铝箔密封包着洗涤。最后是检查待洗衣物上是否有易被四氯乙烯损伤的部位或部件，如果有，则需要采取必要的措施：

（1）聚乙丙烯纽扣：聚乙丙烯制造的纽扣溶于四氯乙烯，造成纽扣表面失去鲜艳的光泽，易形成花痕。可在纽扣表面用四氯乙烯滴试，苦有溶化现象发生，则在干洗前应将纽扣全部拆除，待洗后再缝上。

（2）衣物上的仿皮物质：仿皮物质大部分是人造皮革制品，这类东西经四氯乙烯洗涤烘干会变得僵硬和收缩。

（3）衣物上的油漆类饰物及油漆印刷团案：这类衣物上含油漆的物质或图案经过四氯乙烯处理会受到严重损害。

（4）带有金属片、珠子饰物的衣物：若在干洗机中处理，即使放在网袋中洗涤，也存在饰物被损坏的可能，有些表面有镀层的聚乙丙烯珠子还会溶于四氯乙烯中。因此，在检查时应以四氯乙烯做滴试，如起化学反应应立即拆下。

（5）绒类织物：绒类织物经不起在四氯乙烯溶剂作用下的机械作用，会磨损衣物。在干洗前应该用干净的白布沾上四氯乙烯在衣物的不显眼处做揩拭试验，若有化学反应则不可以干洗。

（6）比较旧的深颜色衣物：衣物比较陈旧，有的地方可能掉色了，但由于污垢的覆盖作用，在洗前检查难以辨别，而经洗后污垢去除后才发现有掉色现象。发现比较旧的衣物，应做耐心细致的检查。

2. 分类

分类是对衣物检查工作的复查和进一步细化，以确保衣物洗涤的安全，达到最佳洗涤效果，提高工作效率。分类的方法有两类，一类是根据干洗的特点分类衣物，另一类是根据衣物的特点分类衣物。

（1）根据干洗的特点对衣物进行分类

按洗涤机械力作用分类：纤细轻薄的衣物面料，只能承受较缓的机械作用力，可以运用高液位；粗犷厚重的衣物面料可以承受正常的机械作用冲击的。如果把纤细的织物与厚实的织物混合洗涤，就可能造成纤细织物表面起皱纹、擦伤等现象。

按脱液力作用分类：不同的织物只能承受不同程度的脱液力作用。实践证明，在清洗醋酸纤维类的衣物时，只需把溶剂排尽，并不需要脱液直接进入烘干阶段，若是经过高速脱液阶段，就会令它产生皱褶或损伤。此外，若是把厚薄不一的衣物混洗后脱液，为了达到良好脱液的目的，必须迁就厚实衣物而使用相对长的时间，那么就会造成薄衣物较严重的皱褶，不利于衣物整烫，还会对其织物结构有不良影响。

按洗涤时间分类：比较纤细的衣物，为避免因过长时间的机械作用力而影响其结构，可以使用比较短的洗涤时间；而那些结构紧密的衣物，对洗涤时间没有严格的要求。

按烘干温度和时间分类：如比较厚实的毛料大衣，需要较多时间、高温度才能达到好的烘干效果。而对于纤细的衣物，例如丝绸或缎类衣物，只需较低的烘干温度和比较短的时间。如果厚薄不一或质料不同的衣物混合一起烘干，会使那些薄衣物或对温度敏感的衣物过分受热烘干，产生不良后果。

（2）根据衣物的特点对衣物进行分类

按织物颜色分类：以织物的颜色作为衣物分类的一个重要原因是为了在干洗过程中，避免织物颜色可能造成的污染，合理使用干洗溶剂。例如洗涤白色织物或相对浅色的织物，就必须使用蒸馏干净的干洗溶剂。同时，也可避免污垢的再沉积现象。一般情况下，根据织物颜色分类衣物可分成 4 类：白色、浅色和中等浅色、中等深色和暗色、可能掉色的同类同颜色织物。

按织物结构分类：织物结构是指织物的厚薄和结构紧密程度。不同的织物结构在干洗中处理的方式是不同的。例如对于纤细的织物，可以选择比较高的溶剂液位、相对短的洗涤时间，以避免其受到不合适的机械作用力和作用时间而受损等；而对于某些极为纤细的织物，例如花边、网纹、通花等织物，则需要把其放入网袋后投入干洗机中洗涤，同时也应选择高液位和短的洗涤时间，这同样也是为了使其避免过激的机械作用力的影响。对于毛衣类织物，则必须分开洗，避免因静电作用使纤毛沾在其他衣物上，同时为了避免过大的机械作用力的影响，一般毛衣应装入网袋后再投入干洗机洗涤。因此，根据织物的结构，可把衣物分为普通织物、纤细织物、厚实织物、毛衣类织物。

3. 预去污（去渍）处理

预去污处理指衣物在进入干洗机滚筒前对其特别部位污垢严重处提前做局部处理。织物上局部重污处，普通的干洗过程可能处理不够理想。为达到良好的洗涤效果及工作效率，在衣物放进干洗机洗涤前进行预去污处理。同时，有些污渍如果没有做预去污处理而直接进行干洗，不但污渍洗不掉而且在烘干阶段受到热力作用固化成顽渍不易去除。因此，预去污处理衣物对于达到优良的洗涤效果是至关重要的。

二、干洗

目前使用比较多的干洗机可分为两大类，一类以四氯乙烯作为洗涤溶剂；

另一类以石油溶剂作为洗涤溶剂。下面分别介绍四氯乙烯干洗机和石油溶剂干洗机的使用。

（一）四氯乙烯干洗工艺

四氯乙烯干洗机一般可分为开启式和全封闭式两种，现在使用比较多的是全封闭式干洗机。随着环保要求的提高，开启式干洗机将逐步禁止使用。

1. 准备工作

（1）根据洗涤机械的特点及服装的特性，确定洗涤量，确定洗涤服装面料的种类，确定相应的洗涤工艺流程等。

（2）检查供水、供电、供汽等各种外部条件是否满足机械的使用要求。如果各项外部条件均满足机械的使用要求，则可以向机械供水、供电、供汽，使机械处于使用前的准备状态。

（3）检查洗涤溶剂的质量是否能满足使用要求，洗涤溶剂是否充足。

（4）对机械的功能进行检测。

（5）开机之前检查安全保护装置的功能是否完好。

2. 机械的操作

（1）机械的使用应严格按照制造商所提供的用户手册进行。

（2）由于不同洗衣机械的操作方法和使用要求各不相同，因此在机械的使用过程中，要做到专人操作与维护。

（3）操作人员必须经过洗涤机械的操作培训。

3. 使用的基本要求

（1）洗涤前，根据衣物的特点对衣物进行分类，按织物颜色分类后，再按照洗涤物的密度和质地进行分类。一般先洗涤白色服装，再洗浅色服装，后洗深色服装。这样做干洗涤液可重复使用，能延长溶剂的再生蒸馏周期，同时能保证服装洗净度。同时，可避免因面料密度不一而导致烘干程度不一致，避免织物质地不一致对烘干温度要求的不一致。

（2）轻薄或易缠绕的长条状衣物，如领带或只能轻洗的织物，应该装入洗涤网袋洗涤。

（3）洗涤的衣物量不要过多或过少，否则机械工作时产生振动。

（4）处理洗涤溶剂时应戴上手套和口罩。

（5）定时、定期做好蒸馏箱、过滤器的清理和保养，经常做好干洗机回收装置进气口滤网和捕集器过滤装置的清洁工作。

（6）每日洗涤结束，关闭电源开关，关闭冷水阀和蒸汽阀。

干洗操作，还可参照表 5 - 3 - 1 进行必要的检查。

表 5 - 3 - 1　干洗操作对照检查

项目	优秀	良好	一般	差
相对湿度（%）	75	—	—	≤65 或≥85
清洁剂含量（%）	1	—	—	=0 或≥3
脂肪酸量（滴）	8 - 12	13 - 20	21 - 29	≥30
透光度（%）	≥75	>65	>55	≥55
过滤流量（min）	<1	<1.5	<2	>2
蒸馏量（L）	≥45	≥40	≥35	≤30
干洗剂温度（℃）	20 - 30	—	—	≤20 或≥32
烘干温度（℃）	≤55	—	—	≥65

注：①相对湿度：指干洗机内部空间中的相对湿度；
②脂肪酸：表中的滴数是脂肪酸试剂加到一定量溶剂中使溶剂变色的滴数；
③透光度：光线透过溶剂后占原光线的百分比，溶剂清洁的一种表示方法；
④过滤流量：将桶体内溶剂过滤一次所需时间；
⑤蒸馏量：每洗 50kg 服装溶剂的蒸馏量。

4. 常用洗涤工艺流程

干洗机的洗涤有三种基本形式。

（1）滚筒单纯正反转。

（2）滚筒正反转及洗液小循环。洗液小循环流程：筒体→纽扣收集器→泵→管道→旁路阀→筒体。

（3）滚筒正反转及洗液过滤器循环。洗液过滤器循环流程：筒体→纽扣收集器→泵→管道→过滤器→管道→筒体。

5. 服装常用干洗工艺流程

（1）丝织品及棉、麻织物：丝织品或棉、麻织物的干洗，有以下两种情况。

一是春、夏季节穿着的丝织物或棉、麻织物上有比较多的汗液，如果采用普通的洗涤方法，只经过一次或两次的洗涤，服装上的属于水溶性的汗液物质不能去除，明显的表现是衣物洗后会有一股味道。采用加料干洗则会有好的效果，具体工艺流程为：

先是准备溶剂。把符合筒体里高液位的干洗溶剂用液体泵抽进筒体，根据服装的情况加入不大于服装量 0.25% ~ 0.3% 的水（如空气湿度较大，可不加水）和1%~4%的干洗洗涤剂，然后开启小循环系统30s，再把准备好的干洗溶剂泵回工作溶剂缸内备用。然后，把经过预处理的服装放入干洗机，关好门。接着控制液体泵，把已准备好的干洗溶剂泵入洗涤筒体到高液位（相对满负荷量在70%以上）。开启正、反转洗涤，开启液体泵对洗液进行过滤循环，这个过程为4~6min。进入漂洗时，把洗液泵回工作溶剂缸（或蒸馏箱），再从清洁溶剂缸输送溶剂进入筒体高液位做漂洗处理，时间约2min。脱液时，把洗液输送至工作溶剂缸，视服装多少及厚薄，控制高速脱液约30~50s。在45℃下烘干服装约15~25min（视服装量而定，如属全封闭制冷回收，时间约10~15min）。最后，进行3~5min冷却（排臭）处理。

二是秋、冬季节穿着的丝织品或棉、麻织物一般可采用二次干洗法，即通过不循环的洗涤和再漂清洗涤，而获得满意的效果。具体流程可参照上述步骤，直接抽取清洁溶剂清洗，并加入1%的干洗洗涤剂即可。

（2）普通服装：普通服装一般是指西服、裤子、裙子、短外套等。可根据污垢的具体情况，选用二次干洗法或加料干洗法进行洗涤。

二次干洗法方法，根据被洗服装质地、颜色、厚薄将服装分类，做预去污处理。然后，将同一类的被洗物放入干洗机中，开启液体泵，把清洁溶剂输送到筒体至低液位，在纽扣收集器中，加入服装量1%的干洗洗涤剂。采用正、反转洗涤，用泵把洗液经过过滤器循环，洗涤时间5~6min。视服装情况，高速脱液1min。随后，再向筒体泵入清洁溶剂至低液位，用泵把洗液经过滤器循环，洗涤时间2~3min，高速脱液1.5~4min（视服装情况而定）。在55℃下烘干，时间20~35min（视服装情况而定，全封闭制冷式干洗机，时间为15~20min）。冷却（排臭）2~4min。

加料干洗法，首先把刚好够筒体低液位的清洁剂泵进筒体，根据服装状况加入不大于服装量0.25%~0.4%的水和1%~5%的干洗洗涤剂，然后开启小循环（即不经过过滤器的循环）30s，再把准备好的溶剂泵至工作溶剂缸备用。接着把经过预处理的同类服装放进干洗机，把准备好的干洗溶剂泵入仍然入筒体。采用正、反转洗涤，洗涤液经过过滤器循环，洗涤时间4~5min。视服装情况，高速脱液1min。随后，再把清洁剂泵进筒体至低液位。正、反转洗涤，洗液小循环，洗涤时间约3min。高速脱液1.5~4min，在55℃下烘干20~35min，冷却（排臭）2~4min。

（3）厚毛料、大衣类服装：比较厚实的毛料、大衣类服装大多在冬天穿着，污垢程度较严重，污垢成分较复杂。因此，对这类服装一般采用加料干洗法洗涤，可取得好的效果。参考流程为：

根据被洗服装的质地、颜色进行分类，并检查服装袖口、领子、口袋边、前胸等部位，以相应的去污剂做预去污处理。把刚好够筒体高液位的清洁剂泵进筒体，根据服装状况加人不大于服装量 0.25% 的水和不大于 4% 的干洗洗涤剂，然后开启小循环 30s，再把溶剂泵回工作溶剂缸备用。装衣入机后，把准备好的溶剂泵进筒体至高液位。采用正、反转洗涤，洗液经过滤器循环，时间 6 ~ 8min。高速脱液 2min 后，把清洁剂泵进筒体至高液位，再次正、反转洗涤 3 ~ 4min。随后，高速脱液 3 ~ 4min，在 60 ~ 65℃ 下烘干 25 ~ 35min，冷却（排臭）3 ~ 5min。

（4）白色或浅色服装：洗涤纯白色服装需要在干洗机内有一个绝对清洁的工作环境，包括：纤毛过滤器必须干净，有关溶剂所经过的管道必须干净，只有这样才能确保服装洗后洁白不发灰。一般采用二次干洗法洗涤，参考流程为：

首先，更换干净的纤毛过滤器；从清洁溶剂缸内泵出小量溶剂进筒体内，启动泵进行小循环 10s，然后把溶剂泵至工作溶剂缸内。为了确保白色服装在干洗机内有一个绝对清洁的工作环境，这个步骤反复两次。然后，对服装的领口、袖口等易污染的部位进行预处理。装衣入机，从清洁溶剂缸泵溶剂至筒体低液位，并从纽扣收集器加入服装量 1% 的干洗洗涤剂。采用正、反转洗涤。开启泵使洗液小循环，时间约 2.5min。高速脱掖 30s ~ 2min 后，再次从清洁溶剂缸泵溶剂至筒体低液位，正、反转洗涤，开启泵使洗液小循环，时间 2min。随后，高速脱液 1 ~ 4min，在 45 ~ 50℃ 下烘干 15 ~ 35min，冷却（排臭）约 4min。

6. 使用示例

不同的四氯乙烯干洗机操作上有不向的要求。为了更好地了解干洗机的操作，现以 GXZQ - 10 型全自动干洗机为例介绍使用方法。

（1）准备工作

将服装分类、分色。一般洗涤时先洗涤素色服装，然后洗浅色服装，再洗深色服装。每次服装的洗涤量可称重或估计量，洗涤量应以机械额定质量的 90% ~ l00% 为限，即 9 ~ 10kg。不要超负荷洗涤，以防因过载而影响洗净度和烘干效果。

清理并去除回收装置上的滤网灰尘及织物绒毛，清理捕器，调整油水分离器内溶剂与水的比例。如有必要，可清理蒸馏箱。

打开疏水系统的排余水截止阀,排出加热器内的冷凝水,待余水排净后关闭截止阀。如果在前一天工作结束后流水系统截止阀已经打开,则关闭即可。

打开进蒸汽截止阀和冷水阀,通入蒸汽和冷水。

合上总电源和机械控制箱电源,检测门安全装置。

启动空气压缩机,当压力升到 0.5MPa 以上时打开手动球阀,将调压阀调至 0.5~0.7MPa,然后锁紧。

检验机械性能,包括正、反转和脱液性能,高、中、低液位控制装置等。

将准备好的服装投入洗衣机中,关好投料门。

长条物或只能轻揉洗的织物,应装入洗涤网袋后再洗涤。

(2)机械的操作(自动控制程序操作)

按"门锁"键,将门锁紧。根据所洗服装选择"标被""毛巾""台布""床单"其中的一个键。

按"程序"键,进入程序选择状态,通过"上""下""加""减"键选择所需要的程序。

确认后按"运行"键,即进入该自动洗涤程序,完成该程序所确定的洗涤、脱液、烘干、溶剂回收、冷却等全部洗涤过程,直至该程序全部结束。

在执行程序过程中,如对某一工序的时间、温度等参数需要修改,可以在不停机状态下按"时间"和"温度"键进行调整。

洗涤结束后,按"门锁"键开门取出服装。

(二)石油溶剂干洗工艺

石油溶剂干洗机与其他干洗机不同,通常是洗涤与烘干分别进行,即洗涤在一台机械内进行,而烘干在另一台机械内进行。最近几年,也出现了洗涤、烘干、溶剂回收在一台机械内进行的石油溶剂干洗机。

1. 准备工作

(1)根据洗涤机械的特点及织物的特性,确定洗涤量,确定可洗涤织物的种类,确定相应的洗涤工艺流程等。

(2)检查供水、供电、供汽等是否满足机械的使用要求。

(3)如果各项外部条件均满足机械的使用要求,则可以向机械供水、供电、供汽,使机械处于使用前的准备状态。

(4)检查洗涤溶剂的质量是否能满足使用要求,数量是否充足。

(5)按照用户手册对机械的功能进行检测。

（6）开机前检查安全保护装置的功能是否完好。

2. 机械操作

机械的使用应严格按照制造商所提供的用户手册进行。操作人员必须经过洗涤机械的操作培训，并应具备一定的洗涤常识，能根据织物特性选择合理的洗涤工艺流程。

3. 使用的基本要求

（1）使用前应特别注意将衣物进行分类，耍根据服装的颜色、质地和密度，将基本同类的服装放在一起洗，这样可避免因、质地密度不一导致烘干程度和烘干温度要求的不一致。

（2）洗涤时不要超载，以额定容量以下为宜。放入过多服装，不仅干燥不充分，溶剂气体浓度还有可能上升。

（3）随时检查储液箱内的溶剂量是否充足。

（4）要经常做好绒毛过滤器的清理和保养。

（5）随时检查筒式过滤器中溶剂的清洁程度、流量计压力状况，判断是否需要更换。

（6）每日洗涤结束，关闭电源开关，关闭冷水阀和蒸汽阀。

4. 常用洗涤工艺流程

（1）浸洗：仅使用溶剂进行简单洗涤，洗涤溶液不进入过滤器的循环。适用于：洗涤易掉色的织物、预洗比较脏的织物以及第二、第三次的漂洗。

（2）洗涤液经过滤器循环洗：溶剂通过过滤器循环，边过滤边洗涤。适用于一浴式洗涤方式、多浴式的主洗。

（3）淋洗：洗衣滚筒内不存放溶剂，溶剂不断循环的洗涤方式。适用于一浴式过滤器循环洗涤方式的预洗工序、喷射洗涤后的漂洗工序。

（4）喷射洗涤：是向洗衣滚筒内的被洗织物喷射足够使其湿润的溶剂，同时洗衣滚筒旋转的洗涤方式。喷射洗涤的溶剂浓度相当高，洗涤后要进行淋洗（溶剂进入蒸馏箱）和主洗（过滤循环洗）。必要时，还可进行漂洗。

5. 使用示例

不同的石油溶剂干洗机对使用和操作有不同的要求，为了更好地了解干洗机的操作，现以 SCL - 7150 干洗机为例加以介绍。

首先，将被洗服装分类、分色。洗涤时先洗涤素色服装，然后洗浅色服装，再洗深色服装。事先称重被洗涤物，防止因过载而影响洗净度和烘干效果。检查溶剂箱内的溶剂量是否合适，并去除回收装置上的滤网灰尘及织物绒毛；清理捕集器；调整油水分离器内溶剂与水的比例。通气通水，打开进蒸汽截止阀和冷水阀，通人蒸汽和冷水。然后，合上用户总电源和机械控制箱电源，检测门安全装置。启动空气压缩机，当压力刀到 0.5MPa 以上时打开手动球阀，将调压阀调至 0.5MPa. 然后锁紧。将准备好的待洗服装投入洗衣机中，并将投料门关好。按"开始"键，进入自动洗涤程序，直到程序结束。自动程序结束后，蜂鸣器发出鸣响信号，此时可开门取出服装。当设定了防止褶皱的时间后，结束蜂鸣器鸣响后，每隔 15s 滚筒反转 1 次。此功能是为防止运转结束后，服装出现褶皱。当洗涤滚筒内的温度高于 50℃时，将进行冷却操作。在低温烘干过程中，冷却器出口温度达到 18℃ 以上时，将自动停止液体循环，减少冷却装置的负担。

三、后处理

无论用四氯乙烯干洗还是石油干洗，其干洗的过程主要去除了油溶性污垢，但水溶性污垢去除得不够彻底。为了弥补干洗的这个不足之处，就要进行干洗后加工工序，去除水溶性污渍，确保干洗洗涤质量。

1. 所需工具

（1）大棕刷：大棕刷大小与水洗的板刷相同，猪棕毛做的毛刷最好。猪棕毛刷弹性好，而且不损坏衣料，尤其是丝绸衣料就显得更重要了。

（2）小棕刷：小棕刷尺寸与大牙刷相近，棕毛的长短应有两个尺寸，长毛刷用于丝绸衣料，毛长在 12～15mm，短毛刷用于其他衣料，毛长在 6～8mm。

（3）垫板：是用来去除污渍时垫在衣服下面的，袖筒或裤腿处去渍就更显得必要，防止将另一面弄湿。

（4）喷壶：是去除水印的工具，以使衣服上水印不明显。

（5）毛巾：是去渍时吸附污垢及水污的工具。最好用白色毛巾，以防止掉色。

2. 操作程序

（1）检查衣面：浅色衣服可以直接用眼观察到所有的污渍。但深灰色衣服就很难看到，这是由于在干洗时污渍表面的油污被破坏，污渍自然就显露出来。

（2）局部去渍：当发现了水溶性污渍后，要先用小棕刷去污渍，这样有一部分污渍直接就可以刷掉，然后用半潮半干的毛巾擦一擦就可以了。如果干刷刷不掉，就要在刷子上沾点水来刷，这样也可以去除一部分水溶性污渍，然后用蒸汽喷枪在水圈的周围喷点蒸汽，再开压缩空气喷枪用压缩空气吹干。

（3）去除水渍：当污渍去除后经常会留下一个水圈印，它叫做水渍。去除水渍，首先用喷枪在水渍的外边喷一圈，再用蒸汽喷枪从外往内喷蒸汽，然后开压缩空气喷枪用压缩空气吹干及抽风使水分尽量减少。

（4）衣里拔水：是衣里的一种清洗方法。衣里和衣面一样会脏，一般都是下摆部分，尤其大衣更为突出。首先用不太湿的毛巾将衣衬有污渍的部位润湿，但不能把面料弄湿。然后用水稀释后的肥皂沾在毛巾上（量不能多）在污渍处反复擦，直到擦净。用干毛巾吸湿，再用不太湿的毛巾擦，反复几次，这样就相当于投水，最后用干毛巾吸水。接着用蒸汽喷枪在水印的边部喷水，使水分逐渐形成过渡，再用抽风吸湿，衣里拔水就完成了。在阴凉通风处晾干后才能整烫。

洗后加工是比较麻烦的一项工作，既要有耐心，还要多积累经验。此外，如果在干洗后发现还有一些油性污渍及水溶性污渍在干洗过程中并没有去除或者说没有完全去除干净，这时还可以使用一些专业去除污渍的产品，如西施的7支套装、3支套装（V系列）去渍剂，以便达到更好的去渍效果。

四、干洗过程中常见问题

（一）涂层服装在干洗时易出现发硬问题

1. 涂层基本情况

（1）防水透湿涂层织物：是由一定规格的纯棉、涤棉、尼龙、涤纶、麻、羊毛、真丝等织物以特种防水透湿高分子弹性体按特定工艺涂敷而成。这种涂层织物不仅具有优异的防风、防水性能，同时具有很好的透气性，用这种面料做成的服装，克服了以往涂层面料低温僵硬、无弹性、无透气性、穿着闷热等缺点，可用作各类运动服、冬季防寒服及各种作业服。常见的有风衣、短外套、夹克等。

（2）涂层的种类：PA（丙烯酸酯胶）、PU（聚氨酯）、PE（聚乙烯）。

（3）防水涂层面料：大多有涤纶牛津布、锦纶牛津布、尼丝纺、涤塔夫、春亚纺、砂缎防水涂层面料等几大类，既有涂层的，又有涂橡胶的。

（4）涂层的工艺方法：内敷是指在面料内表面涂敷涂层的面料；外敷是指在面料外表面涂敷涂层的面料。

2. 涂层服装的鉴别

如果是外敷，用手摸时会有表面涩、腻的感觉，而且没有普通纺织品的柔软触摸感，如果是内敷，把由料双层捏在指尖，相互滑动，也会有涩、腻的感觉，甚至无法滑动。

3. 涂层服装的处理

这类服装的洗涤标识一般只有"只能干洗"。但经过实践这类服装的最好处理方法是水洗或石油溶剂干洗，因为在四氯乙烯干洗过程中，会对大多数涂层造成伤害，使涂层变硬。洗后涂层一旦变硬，服装只能报废。生产厂家的服装洗涤标识不正确，在涂层服装洗涤质量问题中经常发生。

（二）白色衣物干洗后变暗发灰

白色衣物干洗后变暗发灰这个问题，一直以来是困扰着干洗从业人员的难题。有的从业人员甚至会说，为什么使用刚蒸馏的清洁溶剂洗白色衣物，衣物照样发灰。因此，在洗涤这类衣物时，要么拿去水洗，确实不能水洗时只能接受干洗后效果不佳的现实；这也是广大消费者认为干洗洗衣不干净的主要原因。为什么白色衣物干洗的效果要比水洗的效果差？这要从干洗与水洗的区别去找原因。

水洗是用水作介质使洗涤剂成为洗涤液，在一系列物理和化学反应作用下，使污垢脱离衣物转入水中。水洗中由于衣物上存有洗涤剂，大部分污垢在主洗时随洗涤液排走。另外，在漂洗（过水）过程中，附在衣物纤维表面的固体污垢会随着漂洗（过水）次数增加而减少。漂洗（过水）次数越多，衣物就越干净。

而干洗是用四氯乙烯等化学溶剂作洗涤溶剂，在干洗助剂（枧油）配合机械力作用下，衣物污垢被溶解、冲刷、悬浮在干洗液中。洗涤中溶液通过不断循环过滤，使溶液中的污垢（主要是不溶性污垢）被过滤器阻隔分离，使溶液恢复相对洁净。因可溶性污垢物造成"二次污染"。另外，烘干中衣物之间的转动摩擦造成衣物产生静电，使衣物上脱落下来的部分污垢如灰尘、纤毛等，吸到衣物上重新污染。因此，干洗中洗涤有色衣物只要操作合理不一定表现得很明显。但是，在洗涤白色衣物时易出现"二次污染"。烘干过程中的"静电吸附"现象就会造成内色衣物不洁白而失去原有的光泽。

白色衣物干洗中的不利因素，除了溶液特性无法改变外，可从以下几个方面做好工作，提高白色衣物的洗涤质量。

1. 做好衣物的洗前处理工作：清除衣物上的泥土、油污及色素污渍，彻底清理衣服口袋里的所有杂物，适当放入干洗助剂降低静电吸附和去除水溶性污垢。

2. 保持干洗剂及剂路的清洁：定期清理工作油箱，勤过滤，勤蒸馏，勤清理纽扣收集器、过滤器。根据实践经验，在用干洗机洗涤白色和浅色衣物时，一定要用蒸馏过的干净溶剂，同时，油路采用小循环洗涤，不采用大循环（油路通过过滤器）洗涤。

3. 在干洗过程中必须添加一定量的干洗枧油：一些干洗店认为只要频繁地蒸馏就可以解决此问题，但事实上，这一方面会造成直接经营成本的上升，另一方面，多年的经验证明，如果不使用干洗枧油，也许永远也无法解决此问题。

4. 保持风道、洗涤滚筒的清洁：经常清理风道及清洗纤毛收集袋，定期清洗冷凝器上的绒毛，以确保循环气流的质量。

5. 少量白色衣物的干洗：可采用最保守的方法洗涤，那就是将衣物放入盛有蒸馏过的干洗剂的容器里浸泡，然后用双手（戴上胶皮手套）揉搓衣物，衣物洗净后，再用干净的干洗油洗几遍，然后将衣物放入干洗机内直接进行高脱和烘干，这样处理的白色衣物效果是最佳的。

（三）干洗后西服出现起泡现象

西服的制造过程中有一个工序是向面料上加衬，目前大部分都使用黏合衬，衬里的表面上涂有一层胶，这种胶只有在高温下才能熔化，在黏合机里，在高温高压下，衬里就会十分牢固地黏合在面料上，在这种情况下干洗不会开胶起泡。但是，有许多小的服装厂没合黏合机，而采用熨斗进行手工黏合，无论温度和压力都达不到要求，并且不均匀，因此一洗就起泡了。当然，按规范制衣程序制作的衣服，水洗也可能使衣服开胶起泡。

一些干洗店，用小号注射器对准起泡处抽走里面的空气（注意不要刺伤面料经纬线），用大号针头把胶水（可兑入少量水）或其他无色无腐蚀性、流动性较好的胶黏剂均匀适量地注入起泡处，再用蒸汽熨斗熨干（最好套上蒸汽熨斗套），西服就会挺括如初。

（四）干洗后衣物有异味

很多干洗行业的从业者都遇到过衣服干洗后有异味的情况，俗称发臭，特别是在炎热潮湿的季节比较容易发生。有些干洗人员会认为衣物发臭是因为干洗机故障或者干洗油质量问题。

其实并不是这样的，衣物干洗后发臭的一个主要原因是干洗机中细菌滋生，当细菌含量达到某一个程度后就会产生明显的气味。干洗的衣物本身含有水分、油胎、污渍，随着干洗过程带入到干洗油中，这都给干洗机中细菌滋生创造了条件。细菌分解油脂，其代谢产物会产生臭味。

如何解决这样的问题？首先是建立正确的干洗机操作规程，以合适的频率蒸馏干洗油。四氯乙烯蒸馏时的温度可以杀死细菌，并纯净干洗油。其次是使用干洗杀菌剂或者含有杀菌剂成分的干洗枧油，抑制干洗油中的细菌滋生。

（五）干洗后衣物收缩变形

干洗的最大优点是不变形不缩水。但不少干洗店反映，确实是干洗的衣物收缩变形了，并被有关部门认定为"热缩"。这个问题的解决方法为：首先排除劣质干洗油的嫌疑。"热缩"是由烘干温度过高、时间过长造成的。正确的烘干温度一般衣物控制在60℃左右，丝绸、绒类等可稍低，在55℃左右。烘干时间，采用电加热机型，一般以 30～40min 为宜，采用蒸汽加热不超过60min。

另一种收缩变形的原因是缩水，产生这种问题的原因是干洗油中水分过多、洗涤时间过长造成的。相应的解决方法为：洗前预先用干燥的棉布，把干洗油中过多的水分除去，并缩短洗涤时间。

（六）特殊面料衣物洗涤缩水原因及解决方法

1. 羊毛织物的缩绒

（1）产生原因：含水量太高，特别是洗涤羊毛、开司米、安哥拉棉毛呢等的衣物。

（2）解决方法：避免加入过量的水，如在去渍过程中；用优质的干洗助剂，有助于水分保持在干洗油中而非织物中；如果可能或收集允许，预先干燥衣物，去除天然的潮气；如果可能，将羊毛织物集中在一起清洗。

2. 化纤织物收缩或变脆

（1）产生原因：从 PVC（氯纶）中放出的增塑剂或织物中含有聚丙烯纤维。

（2）解决方法：不应干洗氯纶或含聚丙烯纤维的服装；特别注意服装标签上注明"混合纤维"的服装，这表明可能含有聚丙烯纤维；干洗前应检测是否含有聚丙烯（聚丙烯纤维会浮于水面上）。

3. 丙烯酸酯类或改性丙烯酸酯类纤维服装收缩

（1）产生原因：烘干温度太高。

（2）解决方法：烘干过程中，保证出口空气温度丙烯酸酯类不超过50℃；改性丙烯酸酯类不超过40℃。

（3）其他造成面料回缩的原因：过度的机械作用，特别是在有水存在的情况下；蒸汽也可能加剧回缩。

第六章

漂白、增白与去污

服装在穿着和贮存过程中，浅色或白色的天然纤维、再生纤维和合成纤维织物等会逐渐发生泛黄现象。泛黄原因很复杂，如紫外线照射，大气中 SO_2、NO_2、H_2S、O_3 等污染气体的作用，出汗、家庭洗涤和漂白而产生的残留物等都会引起泛黄，纺织品在染整加工过程中不适当的漂白剂、化学整理剂等也会引起织物的泛黄。在储藏时期，苯酚类的泛黄可能是纺织品出现泛黄的最普通的类型。织物泛黄后白度和鲜艳度都会大大降低，为了恢复衣物原来的白度，需要对其进行漂白和增白处理。

第一节　漂白

漂白的目的就是去除泛黄色素，赋予衣物必要的和稳定的白度，而纤维本身则不遭受损伤。在漂白过程中色素的发色体系被氧化剂或还原剂破坏从而达到消色目的。漂白用到的氧化剂和还原剂统称为漂白剂。

一、漂白剂

根据漂白剂漂白时对有色物质发生氧化或还原反应，分为氧化剂和还原剂。氧化剂漂白通过氧化作用破坏色素，一般这种氧化作用不可逆，即它们破坏的有色物质不能恢复原来的颜色。棉布和涤棉织物的漂白剂主要是氧化剂，如次氯酸钠、过氧化氢（双氧水）、亚氯酸钠、过硼酸钠、过醋酸等。前三种主要用于棉型织物漂白，后两种用于合成纤维漂白。应用氧化剂漂白时，工艺条件要控制适当，否则纤维会被氧化而损伤。

常用的还原漂白剂主要是保险粉、二氧化硫脲等。由于还原漂白后织物白度不稳定，易在空气中氧化泛黄，因此织物漂白时很少用。

漂白剂对织物的漂白过程是在水溶液中完成的，其漂白速度除与其化学结构有关外，还主要决定于漂白工艺条件如溶液的 pH 值、漂白温度、助剂的使用和漂白剂的浓度等。实际漂白时应根据纤维的性质、织物的用途等采用不同的漂白剂和漂白条件进行漂白。

二、漂白方法

（一）棉、麻织物的漂白方法

1. 次氯酸钠漂白

纯棉、纯麻织物的漂白主要使用次氯酸钠漂白工艺。次氯酸钠漂白具有工艺简单、漂白质量稳定、成本低等优点。次氯酸钠漂后的织物白度一般低于过化氢漂白和亚氯酸钠漂白。

次氯酸钠属于弱酸强碱盐，其离解常数 $K = 3.4 \times 10^{-8}$，它的有效成分即有效氯，是由次氯酸盐溶液加酸后释放出氯的数量计算的。

$$2OCl^- + 4H^+ \longrightarrow Cl_2 + 2H_2O$$

次氯酸钠是强氧化剂，有机色素是含有共轭双键结构的化合物，漂白时，次氯酸释放出的有效成分会破坏有机色素结构中的双键，使色素消失。

$$—C = C— \xrightarrow{[O]} —C = O + O = C—$$

为了获得良好的白度而又尽可能减少纤维损伤，棉、麻纤维漂白时漂液的 pH 值控制在 9 ~ 10 之间。在漂液 pH = 7 时，对纤维素氧化速率最大，会造成纤维的损伤，强度下降。酸性条件下漂白虽可增加漂白速率，但有大量氯气溢出。故一般在碱性条件下漂白，pH 控制在 10 左右，但织物的漂白速率却随 pH 的升高而减缓。因此，次氯酸钠漂液 pH 的确定应兼顾纤维损伤和漂白速率两方面的因素。

次氯酸钠漂白的温度、时间和浓度对漂白和纤维素氧化速率有影响。一般来讲，漂白速率和纤维素的氧化速率随漂白温度的上升而增加，漂白时的温度一般为 20 ~ 30℃，时间为 30 ~ 60min，漂液浓度一般为有效氯 1 ~ 3g/L，可加入 15 ~ 20g/L 的纯碱（碳酸钠）调节漂液的 pH 值为 10 左右，最后充分水洗，使织物呈中性，必要时用硫代硫酸钠去除残留的少量氯。

2. 过氧化氢漂白

过氧化氢又称双氧水，是一种优良的漂白剂。过氧化氢漂白产品的白度和白度稳定性都较次氯酸钠漂白产品好，且对纤维损伤小，漂白过程中无有害气体氯气产生。除纤维素纤维外，过氧化氢还可用于蛋白质纤维和合成纤维的漂白。

过氧化氢商品为无色溶液，浓度一般为 3%、30%、50%，能以任何比例溶于水中。过氧化氢为弱酸，在水溶液中可按下式电离：

$$H_2O_2 \rightleftharpoons H^+ + HO_2^-$$

$$HO_2^- \rightleftharpoons H^+ + O_2^{2-}$$

过氧化氢溶液在碱性和强酸性条件下的稳定性都很差，是一个具有复杂成分的多分解物溶液，其发生漂白作用的成分目前还不是很清楚。但 pH 值对其稳定性影响较大。在 pH 值较低时，过氧化氢溶液较为稳定，当 pH 值为 5 时，开始分解，pH 值越高，分解速率越快。除了溶液的酸碱性外，某些金属（铜、铁、锰、镍等）离子及它们的盐或氧化物对过氧化氢的分解有强烈的催化作用，酶以及细小的带有棱角的固体物质（灰尘、纤维屑、粗糙的器壁等）都对过氧化氢的分解有催化作用，在漂白过程中使过氧化氢分解出一些无漂白能力的成分，不但造成无效分解，这些成分还会引起纤维素纤维的严重损伤。

过氧化氢对棉织物的漂白一般在加热条件下进行，漂液 pH 值在 10~11 时，不但漂白白度良好，而且对纤维损伤也小，其他 pH 值条件下，对织物的白度或强力影响较大，因此，用过氧化氢漂白的最佳 pH 值应在 10~11 的弱碱性溶液中进行。漂液浓度一般为 2~3g/L（以 100% 的过氧化氢计），? 为防止纤维脆损，要加入适量的稳定剂如硅酸钠（水玻璃），既可以作为稳定剂，又可以作为碱剂。漂白温度在 70℃ 以上，时间 60~90min。

此外，工业上棉麻织物还可用亚氯酸钠进行漂白，由于亚氯酸钠漂白时释放出具有较强氧化能力的二氧化氯有毒气体，设备需要特殊的不锈钢且密闭性要好。

（二）羊毛织物的漂白

羊毛织物可采用氧化剂如过氧化氢进行漂白，也可采用还原剂如二氧化硫（SO_2）、亚硫酸氢钠（$NaHSO_3$）、保险粉（$Na_2S_2O_4$）、二氧化硫脲（$CH_4N_2SO_2$）等进行漂白。氧化剂漂白的羊毛白度持久，不易泛黄，但应很好地控制工艺条件，否则容易造成羊毛的损伤。还原剂漂白对羊毛损伤小，但漂白后的羊毛在空气中易氧化变色，白度不持久。常用的还原漂白剂为保险粉和二氧化硫脲。

氧化漂白的工艺条件：每 100L 水中加入 32~36% 的双氧水 1L 左右，pH 控制在 8~9 之间，可用小苏打（$NaHCO_3$）或纯碱调节 pH 值，碱性不宜太强，否则易损伤羊毛，漂白温度在 50~60℃ 之间，时间 120min 左右，漂后清洗。

还原漂白的工艺条件：每升水加入 3~5g 保险粉，60~80℃ 漂白 60min 左右，漂后清洗。工业上一般用漂毛粉漂白羊毛织物，漂毛粉的成分为 60% 保险粉和 40% 焦磷酸钠的混合物。为了提高白度，可加入 0.5g/L 的荧光增白剂 WG。

含氯的氧化剂如次氯酸钠、漂白粉（次氯酸钙）等由于能对羊毛纤维发生氯损作用，损伤羊毛质量，一般用于羊毛的漂白。

（三）丝织物的漂白

丝织物的漂白一般常用氧化剂如双氧水漂白，但是，含氯漂白剂如次氯酸钠不能用于丝织物的漂白，因为它们易与丝朊发生氧化反应，损伤丝朊，影响蚕丝的品质。

双氧水漂丝的工艺条件：双氧水（30%）6 ~ 10g/L，硅酸钠（40°Bé）2.5g/L，pH 值为 8 ~ 8.5，浴比 30：1，70℃ 处理 60 ~ 120min 左右，然后水洗干净。

丝织物也可采用还原剂如保险粉进行漂白，漂白工艺与羊毛相似。

（四）化学纤维织物的漂白

化学纤维包括再生纤维（如粘胶、醋酯纤维等）和合成纤维（如涤纶、锦纶、腈纶、维纶等），其漂白原理与天然纤维的漂白基本相同，但由于纤维的化学组成、物理结构不同，漂白工艺条件与天然纤维有一定的区别。

粘胶纤维的漂白方法与棉纤维基本相同，用次氯酸钠漂白时，漂液中的有效氯含量以不超过 1g/L 为宜，漂后要经水洗、酸洗、去氯并充分水洗。

醋酯纤维的漂白可采用过氧化氢漂白，工艺条件为：过氧化氢（30%）5ml/L，肥皂 3g/L，硅酸钠 1g/L，pH 值为 9 左右，于 45℃ 浸渍漂白 45 ~ 60min。

合成纤维的漂白可参照次氯酸钠或双氧水漂白棉织物的方法。

第二节　增白

织物经漂白后白度虽有所提高，但有时仍不够理想，为了进一步提高织物的白度，一般采用荧光增白剂对服装进行增白处理，这不仅避免漂白的不利影响，而且可使某些浅色（如浅粉、浅绿等）服装色泽更为鲜艳。荧光增白剂是一种近似无色的染料，对纤维具有一定的直接性能，不同结构的荧光增白剂适合不同种类的纤维。

通常，白度一直被认为是完美地清洗衣物的一种标志。但是，洗涤过的白织物带有一种很淡的黄色调，这是由于植物污染后在光、热等因素作用下，反射光中蓝色波段的光线相对缺损而引起的。洗涤剂用荧光增白剂的吸收波长为300~400nm，发射波长在400~500nm之间，这种蓝色或紫蓝色的波长正好与织物反射出的黄色光是互补色，混合成白光。含有荧光增白剂的洗涤剂使洗后织物泛白，服装更加洁白悦目，同时提高色泽鲜艳度，倍显亮丽色彩。

一、荧光增白剂的分类和适用纤维

荧光是一种特殊的发光现象。当某种光线照射到能够发射荧光的物质时，这些物质会发射出不同颜色、不同强度的光，同其中大部分是可见光，也有小部分不可见的紫外光和红外光。荧光增白剂是一种能够吸收紫外光，发射出蓝色或紫蓝色的荧光物质。其之所以有增白的作用，原因是吸附有荧光增白剂的物质不仅能将照射在物体上的可见光发射出来，而且还将不可见的紫外光转为可见光反射出来，这样就增加了物体对光的反射率。由于反射出来的可见光量的增加，反射光强度超过厂投射在被处理物体上原来可见光的强度，所以眼睛感觉物体被荧光增白剂增了。

荧光增白剂可视作染料，根据其应用性能，主要分为以下几种：

（一）直接性荧光增白剂：如荧光增白剂VBL（又称荧光增白剂BSL），主要用于棉、粘胶等纤维素纤维。

（二）酸性荧光增白剂：主要用于羊毛、蚕丝、锦纶纤维。

（三）阳离子荧光增白剂：由于含有阳离子基团，主要用于腈纶纤维，也可用于羊毛、蚕丝、锦纶纤维。

（四）分散型荧光增白剂：主要用于涤纶纤维，也可用于锦纶、三醋酯纤维、腈纶等疏水性纤维。

棉织物常用的荧光增白剂VBL，性质类似直接染料，溶解于水后溶液透明澄清，pH值以8~9为宜，最高用量为织物重量的0.6%，用量太多，织物会呈现青黄色，达不到增白目的。荧光增白剂VBL也可以与双氧水漂白同浴。浸渍法增白时温度为20~40℃，时间为20~30min。

羊毛及丝织物增白时，可将漂白粉（含有保险粉成分）和荧光增白剂VBL同浴使用，用量分别为织物重量的1%和0.3%，温度40~60℃，浸渍时间30~40min。

涤纶、锦纶及其混纺织物一般使用荧光增白剂DT，其性能与分散染料相似，在涤纶上牢度最高。增白时浸渍增白剂后织物必须经高温焙烘才能发挥增白效果，焙烘温度为160℃，时间1min。

二、增白剂的使用注意事项

荧光增白剂 VBL 在水中溶解后属于阴离子型，带有负电荷，不宜与阳离子染料或阳离子表面活性剂同浴使用；对于阳离子型荧光增白剂，则不宜与阴离子型染料如直接染料、酸性染料、活性染料和阴离子型表面活性剂同浴使用，否则都会引起沉淀，降低增白效果

荧光增白剂不属于漂白剂，为了提高白色织物的增白效果，使用前织物应洗净污垢，才会起到很好的增白作用。

第三节　去污

一、去污方法

衣物沾染上污渍后，由于大多数污渍不溶于水，与纤维之间结合力强，一般很难通过简单的水洗法去除，必须采用一些化学药剂进行处理，使污渍变成可溶于水的状态，才能将其洗除。去除衣物污渍的方法主要有以下几种。

（一）水洗法。对于那些易溶于水的污渍，首先可考虑在水介质中加入洗涤剂进行洗涤去污，该方法只适合亲水性、与纤维结合力弱的污渍。

（二）溶剂法。采用一些有机溶剂使织物上的污渍溶解于其中，使污渍与衣物分离。

（三）喷射法。可采用蒸汽喷雾去渍枪或气动喷雾去渍枪利用压缩空气、蒸汽、专用去渍液及清水等，利用喷枪的喷射力，去除衣物上的污渍。具有去渍快，除污能力强，有效节约成本等特点。

（四）化学法。利用一些氧化还原剂对不溶于水的污渍进行化学反应，使其变成可溶于水的状态，再进行水洗去除。

去污时，还需掌握去除服装污渍的科学原则。服装沾上污渍是不可避免的常事，但除渍方法若不科学合理，不仅影响服装美观，还会损伤衣料，影响服用。去除污渍应掌握下列原则：

（一）及时、尽早地除渍。污渍沾上服装后，一经发现应尽快去除，否则渗入纤维内部或发生化学反应会难以去除。

（二）正确识别污渍类型和服装中纤维类别。可采取针对措施，既不会加剧污渍程度，又不致因除渍剂使纤维受损或色泽变化，

（三）操作方法要正确合理。用毛刷或软布刷擦时，应先轻后重，先外缘

后中心，防止衣面起毛和污渍扩散。

（四）除渍后服装应洗净，避免除渍剂残留和损伤衣料、留下色圈。

二、日常去污

一般污渍可分为三大类：生物污渍—茶渍、咖啡渍、咖喱渍、血渍、蛋渍、草（蔬菜）渍、霉斑等；矿物污渍—圆珠笔渍、墨水渍、锈渍、水粉画渍；油渍—动植物油渍、鞋油渍、矿物油渍等。

（一）生物污渍去除法

茶渍：刚染上的茶渍可用 70～80℃ 的热水揉洗去除，还可以用布或棉团蘸上淡氨水擦拭茶渍处，或用 1：10 的氨水和甘油混合液搓洗去除。对于羊毛织物，应采用 10% 的甘油溶液揉搓，再用洗涤剂搓洗，最后用清水漂洗干净。

咖啡渍：衣物上咖啡渍的去除与茶渍相似，可先用洗涤剂洗涤，然后加几滴氨水再洗。羊毛织物不可用氨水洗涤，以免损伤羊毛纤维，可采用甘油液洗涤。

蛋液渍：若衣物上沾了蛋黄，可用稍热的甘油进行擦拭，再用温水、酒精洗刷，最后清水漂洗干净。丝绸衣物上的蛋黄可用棉团蘸上 1：20：20 的氨水、甘油和水的混合液擦拭，再用清水洗净。若蛋清沾在衣物上，先用冷水浸泡，然后用茶水搓洗，即可去除。

血渍：衣服上沾了血渍，应立即放入冷水中洗涤。因为血液未凝固时，血红素中的铁是以亚铁形式存在，能溶于水。时间久了，血红素里的亚铁被氧化成为三价铁，并与蛋白质共同凝固，沾在织物上形成血斑就难于洗掉。所以刚沾上血渍后，应立即用冷水清洗（千万不能用热水，因为血液遇热凝固），然后再用肥皂或 10% 的碘化钾溶液清洗，即可清除。如果衣服上的血渍已经凝固成为陈迹，应该先用冷水进行长时间浸泡，搓洗，除去表面污垢。要除去纤维间的血渍，可以用加酶洗衣粉继续浸泡、搓洗。加酶洗衣粉中的碱性蛋白酶可以将血渍中的蛋白质松弛、解体，从织物上剥离，然后再用 10～15% 的草酸溶液搓洗 1～2min，因为草酸是还原剂，能将不溶于水的三价铁还原为能溶于水的二价铁。再用清水洗涤就可以将污渍清除干净。

对于较长时间沾染血渍的白色涤棉和尼龙织物，先冷水浸泡，再用低温肥皂水洗涤，而后用 1～3% 的次氯酸钠低温漂白。若血渍去除较困难（白色织物），可在血渍处放上草酸晶体，然后浸入到次氯酸钠溶液中，草酸与次氯酸钠反应后产生强氧化剂，从而去除血渍，最后清水漂洗干净。

　　奶渍：新奶渍可放少许食盐末，用冷水搓洗，再用清水漂洗干净即可。陈奶渍可先用洗涤液刷洗，再用淡氨水清洗，最后用清水漂洗干净即可。

　　草渍：可先用食盐加少量氨水的混合水溶液洗涤，再用热肥皂水洗涤，最后用清水漂洗干净。白色织物上的草渍，可采用次氯酸钠、双氧水等进行氧化漂白，对于白色羊毛和丝绸织物，要用双氧水去除。

　　霉斑：服装上长霉应先晾晒刷除，留下的霉斑一般可用肥皂的酒精溶液轻轻擦拭，再用稀的次氯酸钠擦洗去除（不适用丝绸、呢绒服装），或用3%的过氧化氢溶液擦洗去除。棉纤维服装也可用2%稀氨水擦拭，再用清水漂净。麻纤维服装也可用10~15%的酒石酸溶液擦拭。丝绸、呢绒服装最好用松节油擦拭。

（二）矿物污渍去除法

　　圆珠笔油渍：可采用棉花团蘸有机溶剂苯、四氯化碳或丙酮擦拭，然后用洗涤液洗涤，温水冲洗。

　　墨水渍：红墨水渍可先用温热的肥皂水洗涤，再用酒精水擦拭。蓝墨水汁可先用盐和石灰水溶液浸渍半小时，然后浸在稀释的草酸液中浸泡搓洗，最后用洗涤剂洗涤。

　　铁锈渍：浸在1%的热草酸溶液中或15%的醋酸水溶液中，也可浸在盐和柠檬酸溶液中，最后用清水漂洗干净。

　　油彩、油墨、油漆渍：可采用有机溶剂苯、橡胶水、四氯化碳和二甲苯等，用小毛刷轻轻刷洗，然后肥皂水洗涤，清水洗干净。

（三）油渍去除法

　　油渍不溶于水，一般要用有机溶剂如汽油、三氯乙烯、四氯乙烯、酒精、丙酮、香蕉水、苯等通过溶解的方法去除，也可以采用能够溶解油渍的表面活性剂进行洗除。如动植物油渍一般采用汽油或四氯乙烯有机溶剂擦洗。

第七章

服装的整理熨烫与收藏

第一节　服装的整理

为了解决服装经过洗涤后，尤其经过水洗后，织物纤维的吸湿，加上洗涤剂和机械力的作用会发生褶皱、缩水及变形走样现象，因此，需要对服装进行整理。

整理的目的是通过物理的、化学的和物理—化学的加工，旨在改善织物的外观和内在质量，提高服用性能或赋予其特殊功能。下面具体对几种常见的整理进行说明。

一、服装的易保养功能整理

服装的易保养功能整理在很大程度上是为了延伸服装的穿着功能。属于此范畴的整理有很多种，如防污易去污整理、拒水拒油整理、防蛀整理、阻燃整理等。需要指出的是，以上各种延伸功能并不可能（也没有必要）全部体现在某一服装上，常常需要根据服装的穿着环境、质地及其要求有选择地进行一种或两种整理。

（一）拒水拒油整理

在服装上施加一种具有特殊分子结构的整理剂，改变纤维表面层的组成，并牢固地附着于纤维上或与其进行化学结合，使之不再被水和常用的食用油所润湿，这样的工艺称为拒水拒油整理，所用的整理剂分别称为拒水剂和拒油剂。

服装经拒水整理后，仍保持良好的透气、透湿性，不会影响其手感和风格。

（二）防污及易去污整理

所谓防污整理，实际上只是一种降低污物沾污速度及程度和容易除污的方法，即包括易去污和拒污两种整理手段。这类整理既是消费者的需要，又是商业上提高商品档次的一种手段。

1. 防污及易去污原理

（1）防污原理

污垢一般是由液体污垢和颗粒状污垢所组成，对于液体污垢可通过降低纺织品或纤维的表面张力（即拒水拒油整理）达到防污的目的。而对于颗粒状污垢，则采用在易于沾污的部位预先用化学物质占领，使不规则的纤维或织物表面变得光滑，以达到防污的目的。

（2）易去污原理

易去污主要是去掉服装上的油性液体污垢，因为液体污垢常常作为颗粒污垢的载体和胶结剂，若液体污垢易于洗去，则颗粒污垢也易于去除。

在洗涤过程中，污物脱离纺织品的表面，除了与洗液组成和洗涤条件等因素有关外，主要决定于纺织品的表面性质。

总之，织物要既有易去污性又有防污性，则它在液相介质中要有很高的可湿性，而在空气介质中又对常见的油性污有很低的表面能。

2. 防污和易去污整理工艺

（1）防污整理工艺

拒油剂的防污整理工艺：含氟烷基拒油剂曾用于防污整理，它对日常生活中常见的各种污渍有良好的防污性。含氟烷基拒油剂作为防污剂不仅可用于一般的服装面料，在室内装饰织物上也获得了广泛的应用。例如地毯的防污，用含氟烷基拒油剂整理是一种重要的工艺路线。一般以 1% ~2% 浓度的含氟拒油剂 AG800 溶液喷雾在衣物上，经 130℃ 焙烘 15min 后具有显著的防污和易去污效果。

预沾污防污整理工艺：一般用于绒面纺织品，特别是地毯或粗纺毛呢服装的防污整理，可用无色的颗粒进行预沾污处理，减少它在使用过程中对灰尘的吸附。预沾污的颗粒有一定要求：既不会被灰尘磨掉，也不易在洗涤中脱落。作为预沾污剂的颗粒大小很重要，当粒子直径为 0.1~0.2μm 时，能赋予纤维表面良好的防污性和耐久性。从耐久性、重现性和防污效果综合考虑，氧化铝和氧化硅的混合的效果最好，颗粒大小以 0.1~0.4μm 为佳，增重为 0.65% ~1%。硅—铝分散体典型的工艺是：服装在室温下用稀明矾液处理 3~5min，再在 1% ~3% 硅—铝氧化物的混合物溶液中，在温度约 80℃ 时，搅拌处理 20min，然后进行脱水、干燥、整烫处理。

（2）易去污整理工艺

嵌段共聚醚酯型易去污剂的整理：聚醚酯有易去污性能是由于嵌段共聚物均匀地分布在疏水性涤纶表面，使之亲水化所致。因嵌段共聚物中的聚氧乙烯基中的氧原子能与水分子形成氢键之故。

聚醚酯易去污剂的应用工艺主要为浸渍法，对涤棉混纺织物服装增重1%～3%。其整理工艺流程为：

浸渍整理液（吸液率70%）→烘干（120～130℃）→热处理（19℃，30s）→水洗→烘干→整烫浸轧液组成：Pemalose TG60g/L。若与树脂DMD-HEU、PU等混用，以氯化镁为催化剂，可获得耐久压烫与易去污两种功能。

聚丙烯酸型易去污剂的整理：这类易去污共聚物是由具有亲水基团的丙烯基单体（如丙烯酸、甲基丙烯酸等）和具有疏水基团的丙烯基单体组成。整理剂在织物表面成膜后，纤维表面的凹凸不平之处及纱线之间的孔隙被聚合物填平，防止了"微吸附"和"巨吸附"。此外，由于聚丙烯酸型易去污剂具有亲水基团，对油性污的亲和力较小，故污物在洗涤时容易按"卷珠"机理从纤维上去除。

其整理工艺流程为：浸渍整理液（吸液率70%）→烘干（80～90℃）→热处理（155～165℃，3～5min）→水洗→烘干→整烫。

浸轧液组成：聚丙烯酸型易去污剂3%～5%、防凝胶剂适量。

（三）防蛀整理

毛织物易受蛀虫蛀蚀，造成不必要的损失，因此羊毛防蛀整理具有重要意义。侵蚀羊毛的蛀虫可分为两类，即鳞翅目蛾类的衣蛾和鞘翅目甲虫类的皮囊虫等，它们在温暖气候下活动和繁殖。常用的羊毛防蛀剂有熏蒸剂、触杀剂和食杀剂三类。对氯二苯，萘和樟脑等为常用的熏蒸剂，利用其挥发性杀死蛀虫，常用于密闭容器中保存或贮藏羊毛制品。但它们逐渐挥发完后，即失去防蛀作用。氯苯乙烷（DDT）是一种有效的触杀剂，谁于汽油或用乳化剂乳化后喷洒到服装上，杀虫力强，但不耐洗，且会引起公害。

目前生产上常用的防蛀剂有米丁（Mitin）、尤兰（Eulan）和除虫菊酯等类物质。米丁FF可看作是一种无色的酸性染料，无臭无味，易溶于水，在酸性液中对羊毛有较大的亲和力，可与酸性染料同浴染色，也可单独处理羊毛。其常用的整理工艺有如下三种：

1. 强酸浴酸性染料和米丁防蛀剂同浴处理

此整理工艺过程为：在30～40℃（不超过40℃），加入元明粉、染料及米丁溶液（用量约为衣物重的 1% ~ 3%）处理 5 ~ 10min，使防蛀剂被衣物均匀吸收，然后加入适量硫酸或蚁酸，按染料上染速率升温至沸，沸染 40 ~ 60min。清洗出机。

2. 染色后防蛀处理

此整理工艺过程为：在 30 ~ 40℃时加入米丁溶液、硫酸溶液 2%（98% 浓度），运转均匀后，在 30min 内升温到 50 ~ 60℃，处理 30min，清洗出机。一般处理温度高，防蛀效果较好，但要注意产品的染色牢度。

3. 漂白产品防蛀处理

漂白后羊毛吸收米丁较快，开始处理时温度不宜超过 20 ~ 25℃，在冷液中处理 10min，加入 2% 硫酸或蚁酸，pH 值 3.5 ~ 4，30min 内升温到 60℃，处理 30min，清洗出机。漂白后防蛀处理，易影响原有白度，最好在漂白前进行。

尤兰 U33 能与碱作用生成可溶性盐，对温度和 pH 值适应范围广，可在染浴或整理浴中混合使用，用量约为 1.5%，较耐洗，对衣峨类和甲虫类蛀虫均有效。

二、服装的柔软及硬挺整理

服装的手感是由织物的某些物理机械性能通过人手的感触所引起的一种综合反应。手感在不同程度上反映了服装的外观和舒适感。人们对织物手感的要求随织物的品种和用途不同而异，如作为服装面料织物一般要求柔软舒适，而作为衬布等的织物则要求硬挺。所以，常常需要对织物进行柔软整理或硬挺整理。

对服装的手感整理来说，无论是柔软整理还是硬挺整理，一般都是先浸渍整理液（或将整理液喷雾在衣物上），而后进行脱液、烘干、整烫。另外，柔软或硬挺整理也可与增白、树脂整理等同时进行。

1. 柔软整理

棉及其他天然纤维都含有蜡脂类物质，化学纤维上施加有油剂，因此都具有柔软感。但服装经过练漂及印染加工后，纤维上的蜡质、油剂等被去除，衣物手感变得粗糙发硬，故常需进行柔软整理。

柔软整理有机械整理和化学整理两种方法。机械方法是通过对织物进行多次揉搓弯曲实现的，整理后柔软效果不理想。化学方法是在织物上施加柔软剂，降低纤维和妙线间的摩擦系数，从而获得柔软、平滑的手感，而且整理效果显著，生产上常采用这种整理方法。

柔软剂的种类很多，如表面活性剂，石蜡、油脂等乳化物、反应性柔软剂及有机硅等。石蜡、油脂及表面活性剂等物质沉积在织物表面形成润滑层，使服装具有柔软感，但它们均不耐洗，效果不持久。反应性柔软剂，如柔软剂VS、柔软剂ES、防水剂RC等，它们的分子结构中具有较长的疏水性脂肪链和反应性基团，能与纤维上的羟基和氨基等形成共价键结合，不但耐洗涤，而且还有拒水效果。

有机硅柔软剂是一类应用广泛、性能好、效果突出的纺织品柔软剂，发挥着越来越重要的作用。有机硅柔软剂分为非活性、活性和改性型有机硅等。非活性有机硅柔软刑自身不能交联，也不与纤维发生反应，因此不耐洗；活性有机硅柔软剂主要为羟基或氢硅氧烷，能与纤维发生交联反应，形成薄膜，耐洗性较好；改性有机硅柔软剂是新一代有机硅柔软剂，包括氨基、环氧基、聚醚和羟基改性等，其中以氨基改性有机硅柔软剂为最多，它可以改善硅氧烷在纤维上的定向排列，大大改善织物的柔软性，因此也称为超级柔软剂。它不但可以应用于棉织品，也能应用于麻、丝、毛等天然纤维织物服装以及涤纶、腈纶、锦纶等化纤及其混纺织物服装。

2. 硬挺整理

硬挺整理赋予服装以平滑、硬挺、厚实和丰满等于感。由于硬挺整理所用的高分子物多被称为浆料，所以硬挺整理也叫做上浆。

硬挺整理剂有天然浆料和合成浆料两类。天然浆料有淀粉及其变性物、田仁粉、橡子粉、海藻酸钠及动植物胶等。淀粉上浆的织物手感坚硬、丰满；田仁粉成糊率高，整理后织物弹性较好，但硬挺性较差。采用淀粉等天然浆料作为硬挺剂的整理效果不耐洗涤。为了获得比较耐洗的硬挺效果，可采用合成浆料上浆，合成浆料的浆膜具有较高的强度和较大的延伸性。应用较多的合成浆料有高聚合度、部分或完全醇解的聚乙烯醇以及聚丙烯酸酯等。另外，采用混合浆料进行硬挺整理，例如淀粉与海藻酸锅、纤维素衍生物、聚乙烯醇或聚丙烯酸酯等混合，可以使各种浆料的优势互补，获得良好的整理效果。

进行硬挺整理时，整理液中除浆料外，一般还加入填充剂、防腐剂、着色剂及增白剂等。填充剂用来填塞布孔，增加织物重量，使织物具有厚实、滑爽的手感，应用较多的有滑石粉、膨润土和高岭土等。天然浆料容易受微生物作用而腐败变质，加入防腐剂可防止浆液和整理后衣物贮存时霉变。常用的防腐剂有苯酚、水杨酰苯胺和甲醛等。此外，整理液中加入某些染料或颜料可改善服装色泽。

三、服装的制旧与翻新技术

（一）服装的制旧技术

1. 石磨法

石磨法制旧整理技术系借鉴牛仔服装的经验，在衣料或裁片表面均匀地刮上一层涂料，制成服装后，使其在松弛状态下进行砂洗加工。在加工过程中通过化学助剂使纤维膨化松弛，再通过特殊的机械及助剂产生的动态阻尼摩擦作用，使得服装一方面由于涂料的部分膨化脱落使服装具有洗旧、粗矿、色柔的独特风格；另一方面，洗后的服装辅以特殊的柔软处理，可使织物获得松软、柔糯、抗皱、尺寸稳定等效果。

此法对织物的重量、厚度有一定的要求，太稀疏、轻薄的织物易渗浆，洗后服装疲软而无身骨，达不到外穿的要求，因此在刮印涂料前需特别注意对衣料的选择。印后的衣料手感不宜太硬，刷洗牢度达 2 级即可，级数过高，则难以获得洗旧感，反之脱色、沾色严重。印后的衣片也不宜高温长时间熔烘，70℃左右蒸汽烘干即可。多套色满地条（花）纹织物采用手工台板刮印于裁好的衣片上，要求横直条及满地花的对花准确，尽量避免搭色或露白，印制时要避免同批量衣片的色泽差异。涂层水洗前后色调及缩水的变化规律是要掌握的一个技术关键，因此水洗打样机是必要的。

2. 生物酶磨洗法

牛仔服装要求具有返旧的外观。为了得到这种外观效果，必须用石磨或生物酶磨洗工艺对牛仔服装进行洗旧处理。

用于牛仔服装生物酶磨洗的是由非病原菌的微生物在水中发酵而成的一种特殊维素酶。中性纤维素酶的最佳作用 pH 值为 6~7，酸性纤维素酶的最佳作用 pH 值为 5。

纤维素酶对纤维素的作用过程为：首先，酶吸附到纤维表面，然后纤维素开始水解，吸附速度大于水解速度 2~3 倍。酶分子很大，不能渗透到织物内部，水解作用仅在织物表面进行，使牛仔织物表面的靛蓝染色层变松，同时削弱了纤维表面突出的小纤维，使小纤维极易从纤维上折断。变松的染色层再经石磨机转鼓壁摩擦和织物间的相互摩擦而被磨损，未摩擦到的地方，经水溶液的冲击，也能去除一部分纤维表面的靛蓝染料。

经纤维素酶洗旧的牛仔服装比浮石磨要柔软，表观深度浅，泛白明亮，服装各部分强力下降较为均匀，无绒毛，表面光滑，无局部损伤。但如果过分延长纤维素酶的作用时间，则会引起织物强力损伤。用洗涤剂洗涤能终止其继续作用，避免织物纤维强力的下降。

（二）服装的翻新技术

1. 皮衣的保养和刷染上光：

（1）皮衣保养

皮制品经过穿、戴后，会使皮革沾上各种污垢、灰尘或其他杂质，这样就需要进行清洗保养。其方法为：用肥皂洗，将皮服装浸没于冷水中（切不可用热水），用尼龙刷擦上肥皂刷洗，刷洗后用冷水清洗，晾干；用酒精、水或氨水清洗局部油污、污垢；将氨水润湿皮装上的油污渍，然后用水洗或用潮布擦拭，如一次不能除尽，可重复使用，但要防止皮革褪色。

防霉变：皮件服装在穿着过程中保养不好，就会霉变，遇到这种情况，可采用以上清洗办法处理。

防曝晒：皮件服装不可在阳光下曝晒，因为曝晒会减少皮革内的油脂和水分，造成皮革干裂、不柔软，影响皮革服装的服用寿命。

调色上光：皮件服装清洗后，应根据其颜色，进行调色上光，增加皮装亮度，并达到防潮、防腐等效果，提高皮革质量，延长皮装的服用寿命。

（2）皮衣刷染、上光工艺

皮装上光原料主要有：皮革擦光浆、树脂（皮革光亮剂）、水、氨水、苯甲酸（代替甲醛）等。下面给出几个常用的皮革擦光浆配方：

白色：硫酸化蓖麻油1.35份、棚砂2份、铁白粉14份、酶素12份、苯酚1.2份，加水至100份；

红棕色：硫酸化蓖麻油16份、硼砂2.2份、氧化铁红11份、酶素12份、苯酚1.2份，加水至100份；

黑色：硫酸化蓖麻油16份、棚砂2份、炭黑1.6份、酶素11份、苯酚1.1份、甘油1份，加水至100份；

金黄色：硫酸化蓖麻油14份、棚砂2份、汉沙黄G1份、酶素12份、苯酚1.2份、络黄12份，加水至100份。

皮革光亮剂配方：醋酸丁酯25份、醋酸乙酯17.5份、甲苯21份、正丁醇10份、丙烯酸树脂20份、邻苯二甲酸丁二酯3~4份、硝化棉2份、蓖麻油1.5~2.5份。

2. 工艺流程

皮衣清洗→晾干→将擦光色浆与树脂、皮革加脂剂混合、搅拌调色→刷涂→撑目晾干

（1）调色：根据皮衣原有的颜色进行调色。用几只小容器或碗，倒些选择的色光探光浆液备调，按照皮衣颜色，先倒主色于调色容器内，然后再倒些其他色的擦光液调配，直至色光接近皮衣颜色，再加入皮革光亮剂（树脂）和皮革加脂剂 SN，搅拌均匀备刷染（刷涂）。备刷染的料不可多调，随用随调。多调会使料干硬，失去使用价值。

（2）刷涂程序：

先刷涂皮衣的反面皮革。反面领头→反面袖口→反面皮袋口→皮衣下摆

刷涂毕，用衣架吊起，让其自然吹干。

反面吹干后，再刷涂皮衣正面。正面皮领头→左衣片→背面衣片→右衣片

用衣架悬空吊起，再用一根小竹竿（1.2m 左右）顺衣架平行穿着两只皮衣袖，使皮袖撑起，再分别刷涂两只皮袖。

刷涂毕，让其自行吹干约 1h 再抽去小竹竿，目的是为防止刷涂上光后的衣袖与 衣服粘在一起，避免粘搭，影响光洁、美观，以提高上光效果。抽掉小竹竿，将衣架叉起吊到横竿上，自行阴干数天即可。

四、服装的香味整理

香味整理技术在我国 20 世纪 50 年代末就开始应用，最早使用这种技术加工的产品是花布。由于整理后的织物香味持久性较差，因此目前市场上少有香味整理的面料及服装面市，只有少量密封包装的手帕和袜子类商品。

香味整理的主要原料是天然香料和合成香精。近年来由于各种原因，天然香料在世界上处于供不应求的状态，所以价格较贵，用于纺织品整理的还是以合成香精为主。香味整理选择的香精，不能或者少用化妆品方面的香精，因为这不但难以显示香味整理的特征，而且很容易和消费者所喜爱的化妆品香型类同或冲突，应该做到色、花、香的和谐统一。

（一）一般整理方法

香味整理最简单的方法就是将香精制成乳液和溶液，并加入低温黏合剂如KG - 101 类，采用浸渍或喷雾方式将这种乳液和溶液加到服装上，然后烘干或晾干而成。这种方法比较简单而且香味较浓，只是持久性较差。加入黏合剂

的目的是在织物上形成一层薄膜，延缓香精的挥发。黏合剂不能选用高温型的，因为高温焙烘时香精会因大量挥发而受到损失。

为了延缓挥发，也有将香精与树脂制成混合体应用，或用非水溶性香精与淀粉制成开孔型微囊。具体制造方法为：囊壁采用 20% 淀粉液，在室温时加入 10% 香精，充分搅拌混合后冷冻干燥成片状，然后用球磨机粉碎到 39.4 网孔数 /cm（100 目）左右备用。

（二）微胶囊香味整理

这种整理方法是采用微囊香精，也就是在整理前需要将香精包囊。包囊的目的很多，如可以长期存放、定期释放、改变物体形态及增加香味的持久性等。只有穿着后人体运动时，囊壁受到温度、摩擦或压力时，使之破损后才能将香味释放；或者是在外界条件作用下，通过半透膜性质的囊壁缓慢释放香味。相对静态存放时，香味基本上不会散佚损失。

一般微胶囊的直径在 $1 \sim 1000\mu m$ 之间，有的囊壁还具有透膜或半透膜的特性。微囊的种类有很多，主要有单芯型、多芯型和复合型三种。

微囊化香精的制造需要四个过程：

1. 内芯物质：香精中加入阴离子扩散剂，使香精呈分散状态。

2. 包囊材料的导入。

3. 包囊材料在内芯周围集合、沉淀、包围，形成微囊。

4. 硬化囊壁。

其中包囊材料常用的是明胶，此法是利用明胶在等电点以上为负电荷时与香精及阴离子分散剂共处于水浴中，待高速搅拌均匀，香精高度分散时调节水浴的 pH 值，使明胶呈正电荷，这时与阴离子的分散剂产生凝聚而使香精包囊。

硬化囊壁可采用甲醛处理，形成坚固的醛化蛋白质。但不能过度固化，以防造成香味释放困难甚至产生异味。

具体操作方法：将明胶、合成龙胶、香精、阴离子分散剂混合在一起，水浴温度不要低于35℃，边搅拌边加入盐酸溶液至 pH 值为 4 左右，此时形成粒子，然后加入甲醛（约为总量的 3%），搅拌片刻后冷却到 10℃，然后继续搅拌 0.5h。如发粘，可加水冲淡，最后用氢氧化钠调节 pH 值至 7 ~ 8，静置待用。

微囊香精的包囊率与生产成本有关，因此虽然香味持久性有所提高，但总的成本较高。另外控制香味的释放技术还不很成熟，而且微囊放香在服装上并不均匀，有效利用率也不高。由于洗涤搓擦和穿着时动态摩擦难免造成微囊脱落。因此香精微囊化并不是一种理想的留香方法。比较理想的方法是织物上存在两种或两种以上的特定物质，当暴露在空气中受到紫外线、温度和湿度等外界条件作用时，能发生产生香味的某种化学反应。这样可以避免非穿着时香味的无效释放。

（三）香味的持久性

香味的持久性是香味织物的成功关键。从理论上讲要求很长的持久性是不可能的，但是一定的持久性还是十分需要的。香味的产生是靠香精的各种组分分子的挥发扩散。当这种作用停止后，香味也就不复存在。香味持久性与下列因素有关：

1. 香精中备种组分的相对分子质量及沸点

凡相对分子质量小和沸点低的组分，持久性就差，反之则较好。为此，有意识地加入某些高沸点和高相对分子质量的组分，以降低挥发和扩散速度，称这类组分为定香剂，在实际应用中有一定价值。

2. 穿着及洗涤方式

一般来说，有机酸对香精的影响不大，因此穿着出汗不会加速香味的消亡。但是应尽量避免带碱性的肥皂和洗涤剂搓洗，因为香精大多不耐碱剂。洗涤时也切忌用高温处理。洗后应在阴凉处晾干，千万不要在日光下暴晒，也不宜在大风中晾干。

3 产品包装和存储

这类产品适宜密封包装，以防止香味的挥发与扩散。市售香味手帕及袜子一般都有塑料袋包装。因此香味散失比同类花布为少。这类产品要求周转快；随产随销；不要久储，不宜存放在高温环境。

五、服装的防缩及耐洗养护

所谓服装的防缩整理，就是防毡化处理。处理后的服装即使采用水洗涤方式也不会产生严重的收缩变形。耐洗养护技术，即超级耐洗加工技术则是更高标准的防缩整理（机可洗整理）。

国际羊毛局规定的机可洗标准为：在规定洗液中按规定洗涤程序，40℃下洗涤180min，其面积收缩率低于8%。

（一）羊毛的毡化

毛织物在洗涤过程中受到机械作用而发生面积收缩变形，原因主要有两个方面：

1. 松弛收缩

毛织物在染整加工过程中虽然大多数是在松弛或张力较小的设备上进行，但或多或少地受到经向张力作用而使织物伸长，在某种程度上存在形态不稳定性。当去除经向张力后，织物会逐渐回缩，但伸长部分不会发生全部回缩，即存有潜在收缩。潜在收缩在湿洗、干洗及熨烫过程中便会表现出来。为了使织物具有一定的形态稳定性，降低缩水率，防止羊毛织物的松弛收缩，生产中常常将织物给湿或浸水，然后在松弛状态下以较低温度缓慢烘干，使其自然收缩，这便是毛织物的预缩整理。

2. 毡缩

毛纤维被一层重叠的鳞片所覆盖，表面鳞片所暴露的部分指向纤维尖端。这种表皮结构导致了纤维的定向运动。因此，毛织物在湿热状态下受外力作用时，不规则的力引起纤维之间相互滑移，优先的是根部方向的运动。由于羊毛鳞片的相互咬合，使织物面积收缩变形、形状改变、绒毛突出、织纹模糊不清、弹性下降、手感粗糙、服装外观和服用性能恶化（即毡缩）。毡化是一种不可逆现象，缠结的纤维不能恢复到它们原来的形态。

（二）防毡缩整理

羊毛鳞片层的存在是羊毛具有缩绒性的根本原因。因此，设法破坏羊毛纤维的鳞片层、降低其弹性及限制其相对移动都能使之获得防毡缩的效果。羊毛纤维防毡缩整理方法有两种，一是"加法"，使树脂沉积于纤维表面，减少羊毛纤维的定向摩擦效应，达到防毡缩的目的；二是"减法"，破坏羊毛的鳞片层，以达到防毡缩的目的。目前，后一种方法在实际生产中应用得较多。

1. 减法处理

其原理是羊毛用氧化剂等处理，使羊毛鳞片层中的部分蛋白质分子降解，形成大量亲水性基团，从而使鳞片软化并部分被剥除，纤维的定向摩擦效应减小，毡缩性降低。常用的防缩剂有氯及其衍生物、高锰酸钾、过一硫酸及其盐等。其中以氯及其衍生物对羊毛处理的氯化法应用较为普遍。

应用次氯酸钠溶液对羊毛进行防毡缩处理，方法简单，成本低，但处理工艺较制难控制，容易造成处理不匀和纤维过度损伤。氯化加工时，毛织物先在含有效氯3%～5%（对织物重）的次氯酸钠酸性溶液中浸渍20min左右，然后水洗，再用亚硫酸钠等溶液进行脱氯处理，除去纤维上的残留氯，最后进行水洗、中和。

为了获得均匀的氯化效果，减少纤维的损伤，可以采用释氯剂对羊毛进行处理。常用的释氯剂为二氯异氰尿酸（DCCA）或其盐，它在水中发生水解，逐渐释放出次氯酸，使羊毛在较低浓度的有效氯中缓缓反应。处理过程和次氯酸钠处理基本相同，DCCA 用量为 3% ~ 6%（对织物重），pH 值为 4.5 ~ 5，30℃左右处理 45 ~ 60min，然后脱氯水洗。

羊毛氯化防毡缩的缺点是纤维的损伤较大，强力下降较多，纤维易泛黄，手感粗糙。另外，氯化过程中产生的有机氯化物（AOX）会造成严重的环境污染。因此采用无氯的防毡缩整理越来越受到人们的关注。其中过一硫酸及其盐、蛋白酶及等离子体处理被认为是有可能替代氯化法防毡缩的有效途径。

2. 加法处理

加法处理也称树脂法，其防毡缩原理与减法不同。少量树脂通过"焊接点"或形成纤维—纤维交联，将纤维黏结起来，或者在纤维表面形成一层树脂薄膜把鳞片遮蔽起来，或者是大量树脂沉积于纤维表面，从而防止相邻纤维鳞片之间的相互咬合，使纤维的定向摩擦效应减小，从而获得防毡缩效果。常用的树脂有 Hercosett57、Dylan GRB 和 Badan SW 等。树脂用量根据纤维状态和加工方法不同而异。树脂处理后羊毛手感较硬，通常都要经过柔软处理。

六、毛料服装的耐久定形整理

煮呢、蒸呢、罐蒸等是毛织物常用的定形方法，而采用化学处理，可获得较强的定形效果，而且处理的时间也可缩短，因此已在部分产品中采用。经耐久定形的服装能获得形态稳定、防皱、耐久性光泽等方面的优良效果。使用的助剂是还原剂，如亚硫酸钠、酸性亚硫酸钠、乙醇胺亚硫酸盐（MEAS）、乙醇胺双亚硫酸盐（MEABS）等。

（一）预敏化处理法

毛织物用 2% ~ 3% 亚硫酸氢钠、5% 尿素和 2.4% ~ 4% 的三乙醇胺碳酸盐溶液，在室温下浸渍并脱水（脱水率 60% ~ 80%）后，在 80℃以下烘干。做成成衣后，喷上适量的水（对织物重 30%），在潮湿状态下进行汽蒸压烫，可使衣料平整，尺寸稳定，且可使需要的折痕、褶裥持久稳定，此种整理称为耐久定形整理。

也可以采用如下方法：织物用 5% 尿素和 2.4% ~ 4% 的二乙醇胺碳酸盐溶液在 30℃ ~ 35℃下二浸二轧（轧余率 60% ~ 65%），然后在 70 ~ 80℃烘至半干，再在 19.6MPa 的压力下不加温冷压两次，每次不少于 6h；做成成衣后，喷上适量的水，再汽蒸压烫。

（二）后处理法

成衣用一定药剂喷洒需要压烫定形的部位，再进行汽蒸压烫以形成耐久定形的处理方法。一般纯毛织物用硫代乙醇酸胺、亚硫酸氢钠、单乙醇胺亚硫酸盐等水溶液喷洒再经汽蒸压烫即可。例如，配置乙醇胺亚硫酸盐 3% ~ 5%、非离子渗透剂 0.1% 的溶液，用 40% ~ 45% 的溶液量喷洒在布面上，经汽蒸压烫或高压釜定型处理，即得褶裥定形效果。

对毛/涤（55/45）、涤/粘（65/35）混纺织物只需汽蒸处理即可得到充分的耐久压烫效果，折痕保持较长久。通常用纸板将已经压形的织物夹住，置于密闭汽蒸装置中，夹蒸处理一定时间即告完成。

毛/涤处理条件：压力 10 ~ 20KPa，100 ~ 115 ℃汽蒸 10 ~ 30min。

电热压时，汽蒸温度 135 ~ 140℃，压力 147.3kPa（1.5kgf/cm2）以上，汽蒸时间 40s，熔烘 30s，抽真空数秒钟。

高压釜定形时，抽真空 5min［94.6kPa（真空度 710mmHg）］，汽蒸 15min（110℃），再抽真空 5min［86.6KPa（真空度 650mmHg）］。

（三）全定形法

全定形法是不采用还原剂而获得耐久性褶裥的定形整理方法。该方法将织物或衣片放进蒸箱挤压板中，减压后，在 120℃下汽蒸 30min，最后急冷即得。

七、纯棉服装的形状记忆整理

消除纤维和织物中存在的内应力，使之处于较为稳定的排列状态，从而减少织物及服装的形变因素，这样的加工过程称为定形整理。

将未经树脂整理的面料做成服装，然后浸渍树脂整理剂，再进行脱液、干燥、压熨、熔烘。整理的目的是在不损害服装服用性能的前提下使服装不易起皱、保持褶裥、外观平滑漂亮。

（一）传统的抗皱整理理论

织物产生折皱可简单地看成是由于外力作用，使纤维弯曲变形，外力去除后形变未能完全恢复造成的。从微观上讲，则是由于纤维大分子或基本结构单元间交联发生相对形变或断裂，然后在新的位置上重建而引起的。就纤维素分子而言，大分子链上有许多羟基，并在大分子之间形成氢键交联。当受到外力作用时，纤维发生形变，大分子间原来建立的氢键被拆散，基本结构单元发生相对位移，纤维大分子在新的位置上形成新的氢键。外力去除后，由于新形成的氢键的阻碍作用，使纤维大分子不能完全恢复到原来的状态，此时织物便在宏观上表现出折皱的效果。

树脂整理剂能够与不同纤维素大分子中的羟基结合而形成共价键，或者沉积于纤维大分子之间，从而限制了大分子链间的相对滑动，提高了织物的防皱性能，同时也可以获得防缩效果。

（二）成衣抗皱整理工艺

按赋予服装整理液方法的不同，成衣抗皱整理工艺可分为：浸渍式和计量加液式两种。

1. 浸渍式

服装浸渍树脂整理液→离心脱水→转鼓烘干→樊烫→熔烘

浸渍式成衣抗皱整理的工艺流程：在浸渍式成衣整理工艺中，对服装施加整理剂是在工业洗衣机或商用浸渍—脱水设备中进行。将配好的树脂整理液放入洗衣机中，投入一定数量的衣服并使之随着洗衣机的运转而翻动，直至衣物充分吸收整理剂（过量的整理液可以回收再利用）。然后将衣服放入离心脱水机中脱液，使之达到约 50%～70% 的吸湿率。吸湿率主要根据织物的组织结构及防皱要求决定。

脱液后的衣服在转鼓式烘干机中烘干。对经树脂整理液浸渍的服装进行烘干是关键的一步。如果起褶裥的地方太干、太热，树脂就会发生某种程度的交联固化。过种提前固化现象将会阻碍褶裥的形成，因此干燥温度应低于 65℃，并且其待形成的褶皱区域的湿度不应低于 8%～10%。另外，还必须注意衣服的领子、袖口等多层处的带液量要均匀。

压烫后的衣物在熔烘前要挂起来。压烫的温度应介于 155～165 ℃之间（压头温度），压力介于 80～85Pa。"无皱免烫" 整理剂在 150～160℃间会产生化学反应。换句话说，在压烫时先进行部分的化学反应，确保衣服在熔烘前保持特定的形状，尤其是在褶裥部分，能更加挺直。至于压力的功能，则是确保压褶部分挺直。如果压力不足，则在家庭洗涤后，便会使压褶部分渐渐消失。所以蒸汽与电热相结合的压烫机是生产的必要工具。

成衣抗皱整理工艺的最后一步是焙烘。焙烘的作用是使衣服上的树脂充分交联固化，达到抗皱和褶裥得以固定的目的，并产生由交联树脂带来的滑爽柔和、抗缩水等良好的服用性能。焙烘在烘房或烘箱中进行，间歇或履带式均可。要求焙烘炉内上下左右温度一致。焙烘温度取决于所采用的树脂整理剂和服装本身，一般为 150 ~ 160 ℃，熔烘时间 15min。对白色服装，可以适当降低烧烘温度，以防衣料变黄。

浸渍法是目前国内进行成衣抗皱整理的普遍方法。这与厂家继续利用原有工业洗衣机和脱水机有关。其缺点是有污水排放、污染环境及工艺流程长等。

2. 计量加液式

计量加液式成衣抗皱整理的工艺流程：服装计量加液→转鼓烘干→熨烫→焙烘

计量加液技术采用喷淋系统。将所需量的整理液以雾状形态均匀地喷射在转鼓容器内的衣物上。转鼓容器为封闭式，它能够正转或反转，可使鼓内的衣服随意改变转动方向，以有利于均匀上液。

喷液完毕后，由于整理液在衣料上的分布是不均匀的，因而应继续开动转鼓，使鼓内衣物上下翻动。通过混合、渗透和扩散作用，使整理液在衣料上的分布逐渐均匀，控制吸液率达90%。其他步骤与树脂浸渍式成衣抗皱整理工艺相同。

衣料上整理液分布的均匀程度直接影响到服装的抗皱整理效果。喷液完毕后，整理液的吸收平衡时间一定要充足。影响平衡时间的因素较多，主要有衣料性能、整理液树脂浓度、喷液速度、雾珠大小及喷雾方式等，应根据实际生产情况确定合适的时间。

计量加液式成衣抗皱整理工艺具有工艺流程简洁、无废物、无废液、无污染的特点，整理液的利用充分，十分适用于无湿加工设备、无三废处理设施的服装厂。

（三）整理剂的选择

近年来在生产上获得广泛应用的低甲醛或超低甲醛树脂大多为 DMDHEU 的 G 改性衍生物，这类整理剂反应性能低，需要很高用量或高效催化剂才能获得较好的整理效果。此外，应用多元羧酸类物质作为防皱整理剂正日益受到人们的关注。它能够在一定条件下与纤维素大分子中的羟基形成交联，从而提高织物的防皱性和尺寸稳定性。多元羧酸的种类很多，目前研究较多的为三元竣酸和四元竣酸，如丁四酸（BTCA）、两三酸（PTCA）和柠檬酸（CA），其中 BTCA 被认为是效果最好的多元羧酸防皱整理剂。

用 BTCA 整理织物时，以次磷酸钠为催化剂，在 180 ℃焙烘 90s，可获得很好的耐久压烫整理效果，而且耐洗涤性能也很好。

八、服装的卫生功能整理

随着科技的发展，人类征服自然的空间进一步扩大，特殊环境下的作业也获得了进一步的拓展。因此对具有各种防护功能且具有良好穿着舒适性的服装的研究越来越受到服装科技工作者的重视。这类服装主要分为两类：一可抵御物理性外部作用的服装，如防寒、阻燃、抗静电、防辐射、防尘等；二可抵御化学性外部作用的服装，如防（耐）化学品、防毒、抗（耐）微生物等。

（一）抗菌整理

纺织纤维属多孔性材料，通过纤维叠加编织又形成无数空隙的多层体，因此织物容易吸附菌类。人体排出的汗液、脱落的皮肤和皮脂等都为菌类的繁殖提供了丰富的营养。菌类的滋生容易造成交叉性感染而传播疾病，抗菌整理的目的就是使纺织品具有杀灭或抑制病菌的功能，并防止微生物通过纺织品传播，保护使用者免受微生物的侵害。

1. 有机硅季铵盐抗菌整理剂

防菌整理主要采用美国道康宁公司研制的抗微生物药剂 Dow Coming 5700（DC5700）为整理剂，以有机硅树脂为媒介，使抗微生物药物与纤维形成接枝共聚，从而获得耐久的抑菌防臭效果。它安全性好、抗菌谱广，是目前优良的抗菌整理剂之一。可对棉、羊毛等天然纤维及涤纶、锦纶、腈纶、氨纶等合成纤维及其混纺织物进行整理。我国的同类产品有 SAQ – 1、STU – AM101 等。

DC5700 左端的三甲氧基硅烷中的甲氧基水解后放出甲醇而形成硅醇。硅醇与纤维素羟基脱水缩合形成共价键，硅醇彼此之间也能发生脱水缩合反应，在纤维表面形成牢固的薄膜。

另一方面，DC5700 中的阳离子（N＋）也能与纤维表面所带的负电荷形成离子结合，因此整理效果具有较好的耐洗性，不仅能耐家庭洗涤，而且能耐各种条件的灭菌消毒处理及商业上的溶剂洗涤，洗涤 40 次，灭菌率仍在 98% 以上。

DC5700 的整理工艺较简单，常采用的工艺为：

服装浸渍整理液→离心脱水→烘干（80～120 ℃）→整烫

一般不需特殊的热处理。

2. 其他抗菌整理剂

二苯醚类抗菌防臭整理剂的化学结构为 5 – 氯 –2 –（2，4 二氯苯酚基）

苯酚，不溶于水，商品为水分散乳液，对纤维素无亲和力，需要与 2D 树脂或氰醛树脂拼用，但对涤纶有亲和力，可用于纤维素纤维或涤纶服装的抗菌防臭整理。我国的 SFR－1 整理剂就属此类。

其整理工艺流程为：

浸整理液→离心脱水→烘干→压烫→焙烘

芳香族氯化物抗菌防臭整理剂以 α—溴代肉桂醛为代表。这类整理剂可用于纤维素纤维、维纶、腈纶纶等织物。其整理工艺流程与二苯醚类抗菌防臭整理剂相同。整理液中添加氰基甲醛树脂以增加固着。α—溴代肉桂醛上的醛基可与纤维素上的羟基及树脂上的 N－羟基反应。

除了前面介绍的几种抗菌防臭整理剂之外，尚有以下常用的抗菌整理方法，BCA1747 法、碱性绿—铜盐法、铜锆盐法等。

（二）防臭整理

防臭整理目前主要是抗菌法，即通过整理使杂菌无法在织物上繁殖生长，也就不能对汗液和皮屑分解。从而杜绝臭味的生成。除抗菌法外，还有吸收法和氧化法。

1. 吸收法

采用涂料印花或涂层的方法把微粒型活性炭附着于织物上，形成包覆层。这种产品虽然外观不雅，但却有效。经过洗涤和干燥后，活性炭能重新活化，因此具有较好的持久性。除活性炭外，还可采用碳酸钙和硅藻土等活性物质。

2. 氧化法

氧化法是在一定条件下，在织物上聚合过氧化氢，使它缓慢释放氧原子以分制气。这种方法目前尚处于研究开发阶段，具有发展潜力。

（三）防霉腐整理

长期处于潮湿状态或放置在不通风场所的服装很容易受微生物作用而发霉或腐烂，降低了服装的服用性能。当织物上含有淀粉浆料时，这种发霉或腐烂的过程则进行得更快。织物发霉的原因在于霉菌对纤维素纤维的侵蚀。霉菌在纤维素中生长时分泌出酵素，酵素把纤维素分解或水解成葡萄糖作为霉菌的饲料。为了使服装不发生霉烂，必须对其进行防霉腐整理。

所谓防霉腐整理就是防止霉菌的蔓延和生长。其主要途径是杀灭霉菌、阻止霉菌生长或在纤维表面建立屏障，阻止霉菌与纤维接触。防霉腐整理的另一个途径是改变纤维的特性，使纤维不再成为霉菌的饲料，而使其具有抵抗霉菌的能力。

1. 含铜化合物对服装进行防霉腐整理

纤维素纤维材料若含金属铜 0.35% 以上就具有防霉腐作用。但织物经含铜化合物处理后，常常带有蓝绿色和棕色，故不适于白色或浅色服装的整理。常用的铜化合物有以下几种：单宁铜铬络合物、8—羟基喹啉铜、碱式碳酸铜。

2. 合成树脂对服装进行防腐整理

合成树脂能沉积于棉纤维的细胞壁上，形成障碍物，使霉菌不易与纤维素接触从而达到防霉的目的。例如，以甲酸的三聚氰胺胶体用于棉织物防霉腐整理的具体方法是：将17% 三短甲基三聚氰胺和20% 甲酸的新鲜混合液处理到服装上（采用计量加液式），然后转鼓烘干（大约80 ℃，4min），再在140 ℃下熔烘 4min（之前应经过熨烫，以使服装在焙烘前保持一定形状）。处理后的服装增重约12%，若将它埋在土层中147 天后，其抗张强力无明显变化。另一种方法是采用二甲基化的三羟甲基三聚氰胺、酸催化剂和硫尿，采用两种加液方式均可，具有极佳的抗霉腐性能。

（四）防紫外线辐射整理

紫外线具有光化学作用，常年受日光照射，会使皮肤癌变；眼睛的晶状体吸收大量紫外线，会造成机体蛋白质变性和凝固型损伤，引起自内障和部分失明。紫外线对人们的伤害不仅限于夏天，秋天的紫外线透过力更强。

各种纤维吸收紫外线的性能差异很大。棉织物是紫外线最易透过的面料，而纯棉服装又是回归自然最受欢迎的消费品，更是夏季的首选衣着，因此纯棉服装是防紫外线整理的主要对象。由于人体各部位对紫外线的抵御能力不同，其中上身最差，因此纯棉衬衫、纯棉 T 恤等更需要防紫外线辐射整理。

防紫外线剂主要有两大类，即紫外线反射剂（紫外线屏蔽剂）和紫外线吸收剂。紫外线反射剂能将紫外线反射折回空间。这类反射剂主要是金属氧化物，例如氧化锌、氧化铁、氧化亚铅和二氧化钛。另外一些陶瓷物质也有良好的屏蔽作用，而且还有抗菌效果。近年来很多工厂用这些无机物质和有的紫外线吸收剂合用，相互有增效作用。紫外线吸收剂能够将光能转化，即将高能量的紫外线转化成低能量的热能或波长较短、对人体无害的电磁波。目前还没有理想的紫外线吸收剂品种，常用的品种主要是二苯甲酮类和苯并三类。它们能够转移紫外线能量并放出荧光或热量而恢复到基态，从而将吸收的能量消耗。

对服装进行防紫外线整理的方法主要为采用溶剂或分散相溶液的浸渍法。对好纤维没有反应能力的防紫外线剂需要在工作浴中添加黏合剂，合成纤维服装则可以采用高温吸尽法。

九、服装上特殊污迹的处理

（一）去污前应注意的问题

1. 污迹的种类及纤维的性能——最合适的方法去除。

2. 去污剂的选择，水——肥皂——洗涤剂——其他试剂。

3. 使用化学试剂时要注意试剂的物理化学性质，试剂有无毒性，可燃性，是否对服装具有腐蚀性。

4. 弱酸，弱碱，有机溶剂和漂白剂等进行试验。

（二）去污过程重注意的问题

1. 软刷，勿损伤纤维。

2. 使用有机溶剂去除污迹时切忌近火，防止损伤纤维或发生火灾。

3. 两种以上溶剂去污时，要充分考虑试剂间是否发生化学反应。

4. 污迹去除后，必须将服装放在亲水中漂洗干净。

（三）污迹去除的方法

1. 文化用品污迹去除

（1）红墨水：2%酒精或2%次氯酸钠。

（2）蓝墨水：新迹用2%草酸，陈迹用高锰酸钠，再用2%草酸。

（3）墨汁：丙酮。

（4）红圆珠笔油：用汽油去除油成分后，用苯或醋酸擦洗。

（5）蓝圆珠笔油：用汽油去除油成分后，用丙酮擦拭或95%酒精擦拭。

2. 食品污迹的去除

（1）酱油：2%氨水或2%硼砂溶液洗涤 丙酮。

（2）茶叶，可乐，咖啡迹：几滴草酸或氨水，羊毛织物不能用氨水。

（3）酒迹：柠檬酸与酒精的混合液（1∶10）。

（4）果汁迹：新迹用食盐水，陈迹先用氨水，再用洗涤剂洗涤。

（5）动植物油：可用洗洁净洗涤或用香蕉水，汽油，松节油擦洗。

（6）番茄酱迹：汽油与酒精交替擦拭。

（7）冷饮迹：四氯化碳。

3. 其他污迹的去除

（1）化妆油：10%氨水润湿 再用4%草酸溶液擦拭，然后用洗涤剂洗涤。

（2）粉底膏：汽油，松节油，苯或四氯化碳擦拭。

（3）药膏迹：酒精或汽油擦拭——洗涤剂清洗——水洗净。

（4）霉斑：新斑，酒精洗除陈斑2%氨水浸泡——KMnO4 溶液洗涤——草酸脱色——水漂洗

（5）青草、花迹：食盐溶液和热肥皂液洗除。

（6）毛、丝成衣汗斑：浸没再7.5/L 的柠檬溶液（600C 左右温水溶解）不断翻滚，2h 后取出。

（7）汗黄渍：0.5g/L 草酸、2% –5% 氨水或生姜汁。

（8）烟熏渍：松节油、肥皂水或10% 草酸溶液。

（9）烫发水渍：醋酸稀释。

第二节　服装的熨烫

一、熨烫的任务

1. 恢复原样

恢复原样是熨烫的主要任务。欲完成此任务需满足如下三个要求：

（1）平整是要将服装的里、面及衬等要熨烫平整。不论是洗涤还是穿着出现的褶皱都要将其烫平。

（2）挺括是要在平整的基础上将服装熨烫得更加板实、有筋骨。这就要根据不同的服装面料施以不同的熨烫条件才能达到的挺括效果。

（3）曲线造型是指服装熨烫后的曲线造型，要符合人体曲线及服装原设计的造型要求。如：胸、腰、髋、肘、臀等部位该凸出的要凸出，该凹进去的要进去。

2. 有益健康

服装洗、烫的重要目的就是保证穿衣人的健康。所以人们夏季要每天换洗衣服，在服装的洗涤过程中由于面料材质及颜色等原因洗涤温度会受到限制，服装上的病菌、病毒就不可能全部消灭，但在熨烫的过程中使用的熨斗温度是比较高的，如蒸汽熨斗在0.3Mpa 时的温度能达到140～150℃，这个温度就完全可以将病毒消灭，保证身体健康。

另外，由于服装大部分是有颜色的，使用消毒剂会造成服装褪色，即使是白色的面料也不是都能使用含氯消毒剂的。为什么宾馆、饭店和医院的公用物

品，如：床单、被罩、毛巾等等大部分都是用纯棉的织物呢，原因就是要用双重消毒法（高温消毒和次氯酸钠消毒）以保证公用物品的清洁，防止交叉感染。

二、熨烫设备

1. 人像整烫机

人像整烫机是一种先进的自动熨衣设备。它不仅省时省力又能保证整熨质量。人像整熨机有人形模具，整熨时，把衣服穿在人像模具上，开足蒸汽，衣服在强大压力蒸汽的冲击下，膨胀伸展开来。然后加风，使水汽比例逐渐降低，再关闭汽阀就变成冷风，使衣服迅速冷却即定型。这种设备虽然优越性很多，但价格很高。

2. 夹板熨烫机

夹板熨烫机主要用来熨烫裤子，也可以熨烫干洗后的衣服大片。通过蒸汽、机械弹簧和冷风的配合，能使水汽、温度、压力协调融合，冷却定型良好。自动化程度高，由它处理过的裤线笔挺耐穿。

虽然自动化程度很高，但对于水洗衣物出现的小褶皱熨烫效果不佳。因此只应用于干洗衣物的熨烫。

3. 蒸汽喷雾电熨斗

这种熨斗把水加入通电后，就会产生蒸汽，按下喷汽开关，蒸汽就能够从熨斗下面喷出。这个开关同时也是关闭开关，不需要蒸汽时可以关闭，蒸汽就停止喷出。熨斗上还装有强汽开关，按下这个开关时熨斗就会喷出强汽。在熨斗前方还装有喷雾嘴。通过按下喷雾开关，就能喷出水雾。在熨斗上装有调温刻度盘，通过转动刻度盘上的旋钮，就可任意选择熨烫温度。800～1000瓦的熨斗使用范围比较广泛，可以熨烫丝、毛、棉、麻及化纤各类织物。

4. 蒸汽熨斗

蒸汽熨斗需要配有提供蒸汽汽源的锅炉，或蒸汽发生器等装置。蒸汽熨斗与供汽装置间用管线连结，蒸汽发生器通过管线把蒸汽输送到熨斗中去。在蒸汽熨斗上装有一个控制曲柄。可以使蒸汽从熨斗下面孔隙中喷出，或使蒸气从排气管排出，根据需要来进行调节。

蒸汽熨斗适用于各种面料服装的熨烫。蒸汽熨斗的工作气压应在0.2MPa以上。气压不足时，蒸汽就会变成水从熨斗孔中流出。此熨斗不易烫伤面料，安全。蒸汽熨斗最好与吸湿烫案配套使用。

5. 普通烫案

普通烫案的面积与写字台差不多，高度不应超过1米。案上应铺一层较薄的海绵泡沫板、棉毯等，用白色棉布做案面罩上。可用来熨烫各种较大的衣物及织品。

6. 吸湿烫案

吸湿烫案的尺寸与普通烫案相似，叹湿烫案的案面中间是空心的。是用铁、铝或丝网为骨架上面铺一层泡沫，再罩上白棉布案面。吸湿烫案空心处的下方安装一台涡轮抽风机或真空机，当机器启动后，就可以把案面上衣服中的水汽吸去，同时起到冷却降温的作用。因吸湿烫案有机械冷却装置，所以定型效果良好。

7. 穿板

穿板比普通烫案窄一半左右，一头为尖圆形，穿板面上铺设与普通烫案面相同。可以用来熨烫上衣的肩部、胸部，还可以把裤腰穿上去熨烫，故称为穿板，使用方便灵活。

8. 袖骨

袖骨形状与穿板相似，但比穿板细小。一般袖骨长600毫米，宽120毫米，两头都是圆形，可放入衣袖中熨烫，起到骨架的作用，故称为袖骨。

9. 棉馒头

棉馒头，直径为250毫米圆形，厚50毫米，内填充棉絮，面用白棉布缝制。适用于肩部或胸部的熨烫。

10. 定型板

熨烫定型板是用5层的胶合板根据毛衫规格制成的熨烫板。分为身板和袖板配套使用，是熨烫毛衫时用作定型的模具。由于毛衫的尺寸大小不等，因此定型板又分为大、中、小号三种型号。在熨烫毛衫时，根据毛衫的不同规格分别选用。

三、熨烫要素

熨烫能使衣物挺括平整，其中必需具备水分、温度、压力、迅速冷却四个方面的因素。这些因素之间还有着密切的内在联系。由于这些因素及其间协调情况的不同。使熨烫效果也有所不同。

1. 熨烫中的水分

水分在服装的熨烫中是不可缺少的重要因素。

（1）水分在熨烫中的作用：服装是由各种纤维织物制作而成的，就纤维而言，无论是天然纤维还是化学纤维，都是由线形分子组成。这些分子在纤维中是自由排列的。在纤维内部，把分子排列紧密整列度高的部分，叫做结晶区或称为定型区，把分子排列松散整列度低的部分，叫做无定型区。当纤维遇水时，水分子就会沿着纤维中无定型区中的微小空隙进入纤维内部，使纤维发生膨胀、疏松、伸展、而在自行干燥后，又会恢复原来蓬松卷曲的状态。

熨烫就是利用这个规律，把织物润湿让其膨胀伸展，在熨斗的温度和压力的作用下，将织物迅速干燥、从而把织物的无定型状态变成了定型状态，达到熨烫整形的目的。故此水分是先决的条件，没有水的作用就无法完成。

（2）熨烫中的水分用量：在织物的熨烫过程中，对水分的需要量是有一定限度的。水分少了，织物纤维就不能膨胀和伸展，这样就无法达到熨平的目的，甚至会将织物烫伤。水分多了，织物经熨烫后水分未能全部蒸发，即使织物被烫平了，过一会就要出现反性，织物又要回到原来蓬松收缩的状态。因此织物在熨烫中所用的水分必须适量。此外，由于织物品种的不同、吃水量也有所不同。厚织物的用水量偏多，薄织物的用水量偏少。同时，水分的多少与温度有关，温度度高了供水量应大些，温度低了供水量应小些，要根据温度的不同调整相应的供水量。

2. 熨烫中的温度

织物熨烫是热效应的一种体现，温度对于熨烫至关重要。

（1）温度在理烫中的作用：热能使织物纤维内部的反应更加强烈，由于纤维中的无定型区结构松散，分子间作用力相对较小，分子链段在受热后活动能力相应加大，在应力的作用下就会产生形变。但这种热现象是有限度的，纤维在70℃以下变化不大，如果温度继续升高，分子活动开始加剧而产生形变。这种形变是不可逆转的形变。

根据这个道理，可以用加热的方法来加速织物中纤维分子链的运动。并在相应力的作用下，使纤维分子链定向排列在新的位置上，把无定型区变成了定型区，从而达到熨烫的效果。

（2）熨烫的温度标准：在织物的熨烫中，对温度是有一定要求标准的。由于织物种类的不同，其纤维的性质也有所不同，因此所需要的熨烫温度也各不相同。温度过低，就不能使纤维分子产生运动，水分不能及时干燥，也不能达到熨烫的目的。相反，温度过高，就会使纤维发黄、纤维收缩，甚至炭化分解、熔蚀。也就是说很容易把织物烫煳。

由此可见，在织物的吸烫过程中，温度不能过低，又不能过高，要根据织物纤维的性质，使用合适的烫烫温度。只有掌握和运用合适的熨烫温度，才能获得理想的熨烫效果，同时也避免烫伤衣物，造成不必要的损失。根据实践测定的各种纤维织物的熨烫温度列入表7-1-1中供参考。

表7-1-1　各种织物熨烫温度　　单位:℃

织物名称	温度/℃	织物名称	温度/℃
纯棉织品	175～195	维棉细布	100
纯麻织品	185～205	涤毛花呢	160～180
纯毛厚呢	180～200	涤腈中长	150～160
纯毛薄呢	160～180	涤棉府绸	100～120
纯毛薄料	165～185	纯涤纶丝	130±10
桑丝织品	165～185	纯锦纶丝	100±10
柞丝织品	155～165	混纺丝绸	130±10

3. 熨烫中的压力

在织物的熨烫中，压力能迫使纤维分子做定向排列，是织物熨烫不可缺少的因素。

(1) 压力在熨烫中的作用：水受热后会急骤蒸发，定向的水蒸气具有很强的穿透性和扩散性。能给织物纤维润湿和加热，使纤维分子和水分子加速运动，在熨斗压力的作用下，使纤维分子链段做定向运动，有次序整齐地排列起来。当熨斗离开织物表面时又受到急骤冷却，纤维分子就在新的位置上固定下来，使织物原来的无定型区变成了结晶区，从而达到了熨烫的目的。

(2) 熨烫中压力的强度：用人像整烫机贸烫时，压力来源于蒸汽的冲击波。用夹板熨烫机熨烫时，压力来源于弹簧的机械力。在使用熨斗熨烫时，压力来源于熨斗的自身质量加上人在操作时对熨斗推、压的作用力。熨烫织物时，所用的压力越大越好，压力越大熨烫后的织物就越平整。在熨烫织物时，不要对局部用力过大而出现畸形，影响织物的总体效果。总之，在用熨斗熨烫织物时，用力要适度、均匀。

4. 熨烫中的冷却

冷却能抑制纤维分子的运动，从而达到定型的目的，是熨烫织物时不可缺少的因素。

（1）冷却在熨烫中的作用：当织物纤维分子在水分、温度、压力的作用下、在新的位置上进行整齐排列，受到急骤冷却时会使其固定下来，从而达到织物定型的目的。如果没有急骤冷却，这些纤维分子将继续运动，就不会突然固定下来，就无法定型。如果织物经过缓慢的降温，那么运动着的纤维分子就会回到原来的位置上，使织物又处在无定型区的状态，也就不能达到熨烫定型的目的。

（2）熨烫冷却的方法：熨烫的冷却是采用流体降温的方法，利用高速气体流动来达到冷却降温的目的。常用的方法有两种：一种是机械冷却法，另一种是自然冷却法。

机械冷却法又可分为冷风型和吸湿型两种方法。用夹板熨烫机或人像整烫机熨烫衣物时，使织物在水分、温度、压力的作用下产生结晶效应后，开动冷风机同时关闭热蒸汽，使织物在瞬间迅速冷却，使衣物即时定型。这种冷却法都属于冷风型冷却。吸湿型冷却就是利用吸湿烫案上的抽风机冷却。吸湿烫案案面下方装有一台抽风机或真空机，当开动抽风促或真空机时，就会将烫案上衣物中的水汽和余热全部抽掉，即可迅速冷却。这种方法不仅简便易行同时熨烫效果也很好。

在家庭熨烫，或在没有冷却设备的条件下，只能采用自然冷却的方法处理。当熨斗离开衣物时，衣物将自然冷却降温，为了加快自然降温的速度，应把衣物上的水分烫干，要在熨斗刚走过的地方用口吹气，或用双手将衣物拿起来摆动，也可以达到加快冷却降温的。通过扩大空间与熨烫之间的温差也可达到迅速冷却的目的。

5. 熨烫因素间的应变性

熨烫衣物时在冷却方式不变的情况下，在水分、温度和压力三者间，对一些特殊的织物可以采取一定的灵活性。如在熨烫丝绸织物时，对白色和深色所用的水分、温度和压力可以有所变化，熨烫白色丝绸温度高了易使织物发黄，所以温度可稍低一些，相对水分也要少一些，但压力要加大一些。只有用压力加大的办法才能克服温度和水分的不足，从而达到熨烫定型的目的。相反，在熨烫深色丝绸织物时，温度可以稍高一些，水分也可稍大一些，但压力相应要小一些。由此可见，在熨烫衣物时要根据客观实际情况，适当调整水分、温度、压力三者之间的相应关系，在保护织物质料的前提下达到最佳的熨烫效果。

四、服装熨烫操作法

下面就具体的服装款式说明、讲解服装熨烫操作方法。限于篇幅，以男衬衣和男西裤为例说明。

1. 男衬衫的熨烫

男式衬衫面料的品种很多，有纯棉、丝绸、麻纱、的确良 以及混纺或交织的织物。使用蒸汽熨斗时，要把蒸汽压力提高到 0.2MPa 以上时才能进行熨烫。使用蒸汽喷雾电熨斗时，要根据男式衬衫面料纤维的种类，把熨斗上的刻度调到所需的熨烫温度。

熨烫男衬衫的原则是先熨小片，后熨大片。程序如下：

（1）衣袖：见图 7 - 1 - 1，将衬衫的前襟合上，背朝上平铺在熨案上，把

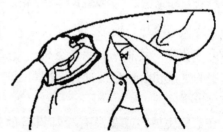

齐缝线

图 7 - 1 - 1　衣袖的熨烫　　　　图 7 - 1 - 2　覆肩的熨烫

两袖的背面分别熨平后再熨袖口。最后翻过来把袖的前面找平。

（2）后背：先将衬衫左右前襟打开，在后背内侧从下摆至覆肩一次熨平。

（3）覆肩：见图 7 - 1 - 2，男衬衫的覆肩是由里外两层面料制成的。把覆肩部位平铺在烫案上，用熨斗把上下双层覆肩一次烫平。

（4）前襟：见图 7 - 1 - 3，将左右前襟分开，先烫平内侧褶边，然后分别把左右前襟烫平。

（5）衣领：见图 7 - 1 - 4，衣领在男衬衫上的地位极其显著。衣领能体现出男衬衫的风格，因此对男衬衫衣领的熨烫非常重要。在熨烫衣领时要把正反两面一起拉平，从领尖向中间熨烫，然后翻过来对领背重烫，趁热再用双手的手指把衣领搣成弧形，把折后衣领的中间部位烫牢，领尖部位不烫。

（6）折叠。为了放置或携带方便，可以把熨烫好的衬衫折叠起来存放。折叠方法是将前襟纽扣扣好后，衬衫背朝上平展在案台上，将左袖在与前后身

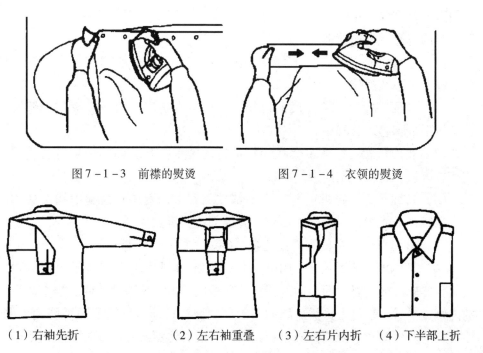

图7-1-3　前襟的熨烫　　　　　　　图7-1-4　衣领的熨烫

（1）右袖先折　　　（2）左右袖重叠　　（3）左右片内折　　（4）下半部上折

图7-1-5　衬衫折叠方法

缝合处为轴向左横折，然后左袖的下半部在后身中线处作90°角下折，并要使下折部分的袖中线与后身中线重合［图7-1-5（1）］。右袖也用同样的方法向左折、然后再把右袖的下半部分下折，使下折部分的袖中线也与后身中线重合，也就是说使左右袖的下半部分在衬衫的后背处做到重叠［图7-1-5（2）］。然后分别把左右半身在衣边线与后背中线的1/2处向内折［图7-1-5（3）］。再把折叠后的下摆在底边与袖口的1/2处向上折［图7-1-5（4）］。最后再取折叠后的衣长1/2处为轴将下半部上折。为了增加挺度，可在中间放置一张厚纸板，再用大头针牢固定位。

在熨烫男衬衫的过程中，用力要均匀，防止搓死褶。熨斗的运行要稳中求快，不能忽快忽慢，防止水热比相对不均影响熨烫效果。

2. 男西裤的熨烫

使用蒸汽喷雾电熨斗时，要根据裤子面料纤维的种类调整准确的熨烫温度。在熨烫浅色毛料西裤时，最好垫上一层白棉布，避免使浅色毛料发黄。在熨烫化纤织物时，也必须垫上一层白棉布，避免烫伤面料。垫棉布熨烫时，如果温度不够，可把调温旋钮向上调一格，以满足温度的需要，达到热量平衡。

使用蒸汽熨斗要升足气压。

男西裤熨烫程序如下：

（1）反面裤腰：先将裤子翻过来让内侧朝外，把裤腰部位套在穿板上烫平裤缝、贴边及裤袋。

（2）反面裤腿：把烫完反面裤腰的西裤放在烫案上，烫平裤腿中缝及内缝，烫平裤脚卷边及胶布。

（3）正面裤腰：将裤子套在穿板上转动烫平裤腰及前门。袋口及袋盖要重点烫牢。左后腰、左前腰同右部。

（4）裤腿正面：将裤前面朝上平铺在烫案上，熨斗在裤腿中间由裤脚向裤腰运行，不能将两边缝合线压死，膝盖部位要重点烫平。

（5）裤腿背面：将烫完前面的裤子翻过来烫平裤腿背面。

（6）裤侧面：将两裤腿的中缝对齐，侧放在烫案上，先烫平上面裤腿的侧面，然后将烫完侧面的上面裤腿折起，再烫平下面裤腿的内侧，当下面裤腿的内侧烫平后。翻过去再烫裤腿的另一个侧面，折起后再烫下面裤腿的内侧。当裤腿的两外侧及两内侧都烫平后，压死裤线。注意千万不要烫出歪裤线或双裤线。见图 7 - 1 - 6。

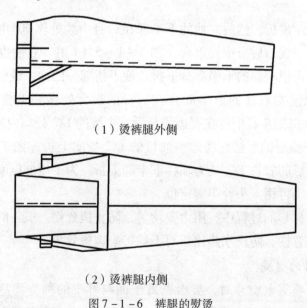

（1）烫裤腿外侧

（2）烫裤腿内侧

图 7 - 1 - 6　裤腿的熨烫

男西裤的熨烫要求：裤线笔育，裤腿、裤腰平挺。袋盖平整，全裤无亮光。

第三节　服装的收藏

一、服装的霉变与虫蛀

（一）服装霉变与虫蛀原因

衣柜里的衣物发霉或是被虫蛀了，是由于箱、柜内有了霉菌和蛀虫。衣物发霉或被虫蛀后，不仅影响外观和质量，严重时还会变得无法继续使用。

霉菌、蛀虫的生长繁殖是要具备一定条件的。这就是要适宜的温度，一定的湿度和可摄取的养料。在我们穿用的衣物中，除合成纤维纺织品外，其余的棉、麻、丝、毛和人造纤维的纺织品都可以为霉菌和蛀虫的生长繁殖提供所要的养料。加上黏附于衣物上的油垢、浆料等，更为它们提供了滋生、繁衍的良好环境。

（二）服装霉变与虫蛀的预防

樟脑丸是来源于天然樟树，除能驱虫外，还是塑料的增塑剂，是贵重的化工原料。市售的卫生球只是樟脑丸的代用品，它是从煤焦油中提炼出来的一种有机化合物——萘，也有驱虫作用。

防止衣物被虫蛀，可以用樟脑丸或卫生球。因为它们都是有效的驱虫剂。蛀虫一闻到它们的气味后，就会中毒，直至死亡。

丝绸中的纱、绉、纺、罗等品种和浅色丝绸服装，如果长期接触樟脑丸或卫生球，会使衣物变黄，严重的还不易洗净，所以对这类衣物不宜多放卫生球或樟脑丸。

在使用樟脑丸或卫生球时，应该用干净的纱布袋或白色薄纸包好，放在箱柜的四周，或吊挂在箱柜中，免使织物沾上斑点。

二、服装的收藏方法

各类衣物在收藏前，都要洗涤干净，不要上浆。收藏保管的衣物要经常通风晾晒，检查有无异常情况。晾晒过的衣物要保持衣物彻底凉透后，再放入箱柜内。翻晒衣服要避开阳历五月底到六月初这段时间。因为在这个时期内，正是雌虫产卵季节，晾晒时，要选择阳光充足的天气，一般可在上午十点以前和下午两点以后。下面简单介绍各类衣物收藏时应注意的事项。

（一）棉、麻衣物的收藏

洗涤干净，熨烫后叠放平整，深浅颜色分开存放。针棉织品或带有金属物的加拉链、裤带扣、金属纽扣、鞋带头等最好用塑料袋包好。

（二）化纤衣物的收藏

洗后也要熨烫叠好平放。不宜长期吊挂在衣柜内，长期吊挂会使衣物悬垂伸长。与天然纤维混纺的衣物（或人造纤维衣物）可放少量卫生球或樟脑丸，但不要接触，因这些药剂会使化纤溶胀而降低强度，甚全使衣物粉碎，无法穿用。

（三）呢绒服装的收藏

各种毛料衣服穿着一段时间后应晒晒拍拍。不穿时放在干燥处，存放前要洗涤干净。毛线或毛线农裤混杂存放时，应用干净的布或纸包好，以免绒毛沾污其他衣物。呢料服装存放前一定要去掉污渍和灰尘，通风晾放一天，保持清洁。干燥后，再用干净的布或纸包好放人箱柜内。最好每月透风 1 - 2 次，以防虫蛀。

（四）皮毛、皮革类制品的收藏

毛皮大衣（袄、裤、褥）在阴凉通风处晾放若干个小时，轻轻掸掉尘土，再放入箱柜内。伏天要勤晾几次，以防皮板发霉变硬。

真皮服装怕潮，受潮后会使衣服表面涂层发粘，因相互发生粘连而形成脱色，或失去光泽。因此存放真皮服装的空间要保持一定的干度。真皮服装不能折叠存放，折叠会使服装出现难以烫平的褶印。或折叠时因受潮面发生粘连。真皮服装在收藏前要清洗干净，经熨烫定型，复染或上光后挂起单独存放。收藏存放中要适时进行通风去潮，防止粘连现象的发生。

皮帽应先取下帽衬，洗净汗污，掸去落尘后装盒，可隔两个月阴凉一次。

皮夹克、皮手套和皮棉鞋应用软毛刷刷净革面上的尘土污痕，均匀地涂上一层薄薄的鞋油，然后放入衣柜或鞋盒内。一个月后将革面用软布或鞋刷打出光亮来，再抹油存放，每月一次。泡沫人造革夹克、手套革制品应用清水擦净表面，阴凉风干后收放在温度适中的地方。除人造的革制品外，其他毛皮、皮革制品皆宜放些卫生球或樟脑丸，以防虫蛀。

第八章

服装的翻新染色

第一节　染色的基本知识

一、染料概念

（一）染料的定义

染料是指使纤维染色的有色有机化合物，但并不所有的有机化合物都可作为染料。

颜料有些有色物质不溶于水，对纤维没有亲和力，不能进入到纤维内部，但能靠黏合剂的作用机械地粘着于织物上，这种有色物质称为颜料。

（二）染料的分类

应用分类：根据染料的性能和应用方法进行分类。

按应用方法分类：直接 活性 还原 可溶性还原、硫化、不溶性偶氮、酸性、酸性媒染、两性含媒、阳离子、分散染料等。

化学分类：根据染料的化学结构或其特性基因进行分类，偶氮染料（ $-N=N-$ ），品种多约占60％、三芳甲烷燃料等

（三）染料的命名

每个染料根据其化学结构都有一个化学名称、国产染料采用三段命名方法命名，如酸性红3B。

酸性是冠首表示酸性染料。

红是色称，说明染料在纤维是染色后所呈现的色泽是红色的。

3B是字尾，"B"说明染料的色光是蓝色的，"3B"比"B"更蓝，是个蓝光较大的红色染料。

（四）染色牢度

染色牢度是指染色产品在使用过程中或染色以后的加工过程中，在各种外

界因素作用下，能保持其原来色泽的能力。

保持原来色泽的能力低，即溶易褪色，则染色牢度低，反之染色牢度高。

染料在某一纤维上的染色牢度，在很大程度上取决于它的化学结构。染料在纤维结构上的状态，染料与纤维的结合情况，染色方法和工艺条件等对染料色牢度以很大影响。

二、染色方法

按纺织品的形态不同，主要有：

散纤维染色，多用于混纺织物，交织物和厚密织物所用纤维。

纱线染色，主要用于纱线制品和色织物或针织物所用纱线的染色

织物染色，应用最广，北染物可以使机织物，可以纯纺或混纺。

原液着色，在纺丝液中加以颜料，制成有色厚料进行纺丝。从而得到有色纤维的加工方法。

成衣染色，纺织品制成衣服后在染色

染色方法的实施是在染色设备上完成的。染色设备是染色顺利进行的必要条件和手段，对染料的上染速率、匀染性、染色坚牢度、色差、染料利用率、劳动强度、生产效率、能耗及染色成本等都有很大的影响。纺织品可以以不同的形态进行染色，如散纤维染色、纱线染色、织物染色等。其中织物染色应用最广，包括各种纯纺、混纺或交织的机织物和针织物。纱线染色主要用于纱线制品和色织物或针织物所用纱线的染色，其应用也比较广泛。而散纤维染色主要用于一些具有特殊效果的纺织品，应用范围最小。目前又出现了成衣染色，即将白坯织物制作成服装后再染色，由于其具有适合小批量生产、交货迅速、可快速适应市场的变化、产品具有良好的服用性能等特点，而引起了人们的重视。根据把染料施加于染色物和使染料固着在纤维上的方式不同，染色方法可分为浸染和轧染两种。

（一）浸染

浸染是将纺织品浸渍于染液中，经一定时间使染料上染纤维并固着在纤维上的染色方法。浸染时，染液及被染物可以同时循环运转，也可以只有一种循环。在染色过程中，染料逐渐上染纤维，染液中染料浓度相应地逐渐下降。浸染方法适用于各种形态的纺织品的染色。如散纤维、纱线、针织物、真丝织物、丝绒织物、毛织物、稀薄织物、网状织物等不能经受张力或压轧的染色物的染色。浸染一般是间歇式生产，生产效率较低。浸染的设备比较简单，操作

也比较容易，常用的主要有散纤维染色机、绞纱或筒子纱染色机、经轴染色机、卷染机、绳状染色机、喷射溢流染色机、气流染色机等。气流染色机属于新一代喷射染色机，其所需水和热量只是传统喷射染色机的一半，生产效率却比后者高100%，并且广泛适用于各种纤维和织物。浸染时染液质量与被染物质量之比称为浴比。由于染色介质一般为水，则习惯上将染液体积（L）与被染物质量（kg）之比称为浴比。染料用量一般用对纤维质量的百分数（o. m. f.）表示，称为染色浓度。例如，被染物50 kg，浴比20∶1，染色浓度为2%（o. m. f.），则染液体积为1000 L，所用染料质量为1kg。

　　浸染时，首先要保证染液各处的染料、助剂的浓度均匀一致，否则会造成染色不匀，因此染液和被染物的相对运动是很重要的，同时要尽可能地保证染液均匀流动。上染速率太快，也易造成染色不匀，一般可通过调节温度及加入匀染助剂来达到控制上染速率的目的。调节温度时应使染浴各处的温度均匀一致，升温速率必须与染液流速相适应。加入匀染剂可控制上染速率，或增加染料的移染性能，因此获得匀染。另外，为了纠正初染率太高而造成的上染不匀，也可以采用延长上染时间的办法来增进移染，但对于移染性能差的染料很难有效。浴比大小对染料的利用率、匀染性、能量消耗及废水量等都有影响。一般来讲，浴比大对匀染有利，但会降低染料的利用率及增加废水量。为了提高染料的利用率，在保证匀染的情况下，可加用促染剂以提高染料的利用率。纺织品在纤维生产和纺织加工过程中会受到各种张力的作用，为了防止或减少在染色过程中发生收缩和染色不匀，应预先消除其内应力。例如，棉织物染色前应用水均匀润湿，合成纤维织物染色前经热定形处理等。

（二）轧染

　　轧染是将织物在染液中经过短暂的浸渍后，随即用轧辊轧压，将染液挤入纺织品的组织空隙中，并除去多余染液，使染料均匀分布在织物上，染料的上染是（或者主要是）在以后的汽蒸或焙烘等处理过程中完成的。和浸染不同，在轧染过程中，织物浸在染液里的时间很短，一般只有几秒到十几秒。浸轧后，织物上带的染液（即带液率或轧余率，织物上带的染液质量占干布质量的百分率）不多，在30%～100%之间。如合成纤维的轧余率在30%左右，棉织物的轧余率在70%左右，粘胶纤维织物的轧余率在90%左右。不存在染液的循环流动，没有移染过程。

　　浸轧有一浸一轧、一浸二轧、二浸二轧或多浸一轧等几种形式。织物厚，渗透性差、染料用量高，则不宜用一浸一轧。织物经过轧点时，多余的染液大部分被轧去,但也有一部分染液在织物经过轧点后被重新吸收。经过轧压以后,织物上的染液可以分为三部分,即被纤维所吸收的染液,留在织物组织的毛细管空隙中的染液,留在织物间隙中、在重力作用下容易流动的染液。烘干时,织物表面的水分蒸发,后两部分染液通过毛细管效应,向织物的受热表面移动,产生"泳移"现象,造成色斑。所谓泳移是指织物在浸轧染液以后的烘干过程中染料随水分的移动而移动的现象。泳移不但使染色不匀,而且易使摩擦牢度降低。很显然,织物含湿量越大,染料就越易泳移,因此浸轧时轧余率越高,烘干过程中产生泳移的情况越严重,织物上含湿量在一定数值以下时(例如棉织物大约在30%以下,涤棉混纺织物大约在25%以下),泳移现象就不显著。除了降低轧余率防止泳移外,加人防泳移剂也是一个有效的途径。

一般染料对纤维都有一定的直接性,在浸轧过程中会对纤维发生吸附,因此轧余回流下来的染液浓度降低,结果轧槽里的浓度也随之而下降,造成染色前浓后淡的色差。染料对纤维的初染率越高,前浓后淡差别越大。一般可通过开车初期适当冲淡轧槽染液浓度的方法来避免。反之,如果染料对纤维没有直接性而又不能随水一起扩散进人纤维,那么回流下来的染液浓度反而增加了,结果会产生前淡后浓的现象。一般可提高开车初期的染液浓度而减少这种色差。浸轧后的织物烘干一般有红外线烘燥、热风烘燥、烘筒烘燥三种,分别属于辐射、对流、传导传热方式。前两种属于无接触式烘燥,烘干效率较低,最后一种属于接触式烘燥,烘干效率最高。热风烘燥是利用热空气使织物上的水分蒸发,一般采用导辊式热风烘燥机(有直导辊式和横导辊式两种)。空气先经蒸汽管加热,由喷风口送人烘箱内,各喷风口的风量要相等,左右要一致,以免引起烘燥不匀。由于从织物上蒸发的水分直接散逸在热空气中,使热空气的含湿量增加,又由于其属于对流传热,因此烘燥效率较低。烘筒烘燥是将织物贴在里面用蒸汽加热的金属圆筒表面,使织物上的水分蒸发。烘筒烘燥是接触式烘燥,烘燥效率高。由于烘筒壁的厚薄不一致以及表面平它整程度的差异,织物浸轧染液后直接用烘筒烘干,极易造成烘干不匀和染料泳移,因此一般烘筒烘燥往往与热风或红外线烘燥结合起来使用,待用热风或红外线烘至一定湿度后再使织物接触温度高的烘筒。轧染中使染料固着的方法一般有汽蒸、焙烘(或热熔)两种。汽蒸就是利用水蒸气使织物温度升高,纤维吸湿溶胀,染料与化学药剂溶解,同时染料被纤维所吸附而扩散进人纤维内部并固着。汽蒸在汽蒸箱中进行,根据所用染料,有时用水封口,有时用汽封口。汽蒸时间一般较短,约50s左右,温度为 100~102℃。除这种常压饱和蒸汽汽蒸外,还有常压高温蒸汽（即过热蒸汽）和高温高压蒸汽汽蒸。常压高温汽蒸是用温度高于100℃的过热蒸汽汽蒸，常用的温度范围约在170～190℃之间，一般用于涤纶及其混纺织物的分散染料热熔染色，也可用于活性染料常压高温汽蒸固色。高温高气压蒸是用150℃左右的高压饱和蒸汽汽蒸，可用于涤纶及其混纺织物的分散染料染色。焙烘是以干热气流作为传热介质使织物升温，染料溶解并扩散进入纤维而固着。焙烘箱一般为导辊式，与热风烘燥机相似，但温度较高，一般是利用可燃性气体与空气混合燃烧，也有用红外线加热焙烘的。焙烘法特别适用于涤纶及其混纺织物的分散染料热熔染色，也可用于活性染料的固色。焙烘箱内各处温度及风量应均匀一致，汽蒸箱内各处湿度及温度也应均匀一致，否则固色条件不一致就会造成色差。汽蒸或焙烘后再根据不同要求进行水洗、皂洗等后处理，最后经烘筒烘干。此外，轧堆染色是在浸轧后堆置过程中固色的一种半连续染色方法，主要用于活性染料对棉织物的染色，如活性染料的冷轧堆染色。

三、染色基本理论

（一）染料在溶液中的状态

按其溶解度的大小可分为：1. 水溶性染料　含有水溶性基因，如磺酸基、羧基等。2. 难溶性染料　分散染料，还原染料

水溶性染料都是电介质，如直接、活性、两性、等染料在水中离解为：

$DM \leftrightharpoons D- + M+$

D－代表染料阴离子（通常含有—COO－，—SO3－），M＋表示伴随的金属离子。

阳离子染料在水中离解为：$DX \leftrightharpoons D+ + X-$

D＋代表染料阳离子，X－代表伴随的阴离子（多为Cl－，少数为1/2 SO42－等）

（二）上染过程

所谓上染，就是染料含染液（或介质）而向纤维转移，并使纤维染透过程。染料上染纤维的过程大致可以分为以下三个阶段：

1. 吸附：染料从染液向纤维表面扩散、并上染纤维表面。

2. 扩散：吸附在纤维表面的染料向纤维内部扩散。

3. 固着：染料固着在纤维内部。

四、染料与纤维的结合力

染色过程就是染料上染纤维并与纤维结合的过程。结合力的强弱与染料的分子结构、纤维的化学结构与物理结构以及染色条件有关。结合力一般分为物理化学性质的范德华力、氢键力和化学性质的离子键结合力、共价键结合力、配价键结合力等。

（一）范德华力

它是一种分子间的作用力，包括定向力、诱导力和色散力三种。范德华力比较弱，这种引力在各种纤维染色时都存在，以分散染料疏水性纤维表现最为突出。

（二）氢键力

在染色过程，氢键的产生必须是由染料或是纤维双方中，一方含有供氢基团，另一方必须含有受氢基团。氢键的强弱和氢原子两边所连接的原子的电负性大小有关。电负性越大，形成的氢键越强。在染料分子和纤维分子中都含有供氢基因及受氢基团，只是氢键力的大小及重要性不同而已。

除了染料与纤维之间发生氢键结合外，染料分子之间、纤维分子之间、染料分子与水或与助剂、纤维分子与水或与助剂之间都可能发生氢键结合。当染料与纤维发生氢键结合时，会削弱它们之间的氢键结合。

（三）离子键

纤维和染料都会因某种基团的离解而带有电荷。当它们带有相反电荷时，就会产生静电引力，发生离子键的结合。例如用酸性染料染羊毛，在强酸性介质中，溶液中的氢离子浓度较高，羊毛上羧基的电离被抑制，而氨基离子化，酸性染料上磺酸基的电离使染褂带负电。结果，染料与纤维正负离子间形成离子键。

（四）共价键

活性染料可与纤维发生反应而形成共价键结合。共价键的键能较高，稳定性较大，染料与纤维结合牢固。

（五）配价键

配价键发生在金属络合染料与羊毛纤维之间，如 1∶1 型金属络合染料中的金属离子与羊毛纤维上未离子化的氨基形成配价键的结合。配价键的键能较高，染后织物的染色牢度也较高，但因染料中引入了金属离子，染色织物的鲜艳度下降。

第二节　常用染料

一、直接染料

使一类应用历史较长，应用方法简便的染料。

特点：品种多，色谱全，用途广，成本低，分子结构中大多具有磺酸基。羧基等水溶性基因。能溶于水，在水溶液中可直接上染纤维素纤维和蛋白质纤维，可用于纤维素纤维和蛋白质纤维的染色。

二、活性染料

使水溶性染料，分子中含有一个或一个以上的反应性基因，在适当条件下：能与纤维素纤维中的羧基，蛋白质纤维及聚酰胺纤维中的氨基发生反应而形成共价键结合。

特点：制造较方便，价格较低，色泽鲜艳度好，色谱齐全，一般无需与其他类染料配合使用，而且染色度好，尤其使湿牢度。

三、还原染料

在还原染料的分子结构中含有两个或两个以上的羧基，没有水溶性基因，不溶于水，对棉纤维没有亲和力。

染色时需要在强还原剂和碱性条件下，将染料还原称可溶性的隐色体钠盐才能上染纤维，隐色体上染纤维后再经氧化，重新转变为染料而固着在纤维上。

特点：还原染料色泽鲜艳，染色牢度好，具有耐晒，染色牢度好，为其他染料所不及，价格较高，红色品种较少，缺乏鲜艳大红色。

四、硫化染料

硫化染料时严重含有硫的染料，分子中含有两个或多个硫原子组成的硫键，其分子结构式可用通式 R—S—S—R 表示。

硫化染料不溶于水，染色时，应先用硫化钠将染料还原成可溶性的隐色体，硫化染料的隐色体对纤维素纤维具有亲和力，上染纤维后再经氧化，在纤维上形成原来不溶于水的染料而固着在纤维上。

特点：硫化染料制造简单，价格低，水洗牢度高。

五、不溶性偶氮染料

不溶性偶氮染料分子中含有偶氮基，但不含水溶性基因，不溶于水。它是用两类中间体以一定的方法在染物上合成的 染料，一类中间体是耦合剂（色酚），另一类中间体是色剂（色基）。

染色过程：

被染物用色酚溶液处理——色基的重氮盐溶液显示处理——被染物上色酚和色基的重氮化合物发生偶合反应生成色淀——固着在纤维上显色时用水冷却，又称冰染料。

特点：染色量高，颜色鲜艳，成本低，皂洗牢度较高，大都能耐氯漂。

六、酸性染料

这类染料可溶于水，分子结构中有磺酸基或羧基。随染料品种的不同，可在酸性或中性介质中直接染蛋白质纤维，湿处理牢度随品种而异。

七、媒染染料

这种染料能借媒染剂的作用固着在纤维上。媒染剂是金属盐类，其离子和染料在纤维上形成不溶性的络合物，湿处理牢度较好，但因染色手续繁复，故目前很少应用。

八、酸性媒染染料

这类染料在染色前或上染在纤维上以后，需将织物用媒染剂处理，才能获得良好的染色牢度和预期的色泽。这类染料的日晒牢度和湿处理牢度均较酸性染料为好，但色泽较暗，主要应用于羊毛染色。含有媒染剂的络合金属离子的酸性染料，称为酸性含媒染料。

九、氧化染料

指某些芳香胺（例如苯胺）经氧化能在纤维上缩合，形成颜料而固着在纤维上，主要用于染黑色棉织物。

十、碱性染料（阳离子染料）

这类染料在分子结构上有氨基，成铵盐。它们的色素离子带阳电荷，可在弱酸性介质中直接染蛋白质纤维，但各项牢度差。在纤维素纤维上，需借单宁酸等媒染剂，才能固着于纤维。染色手续麻烦，皂洗、日晒牢度低劣，对棉纤维已失去价值。合成纤维发展后，发现腈纶可以用这类染料染色，而且染色牢度也比较好。染料品种有了新的发展，研制了一批色泽鲜艳、牢度好的染料，成为腈纶的常用染料，称为阳离子染料。

十一、分散染料

这类染料在水中溶解度很低，是非离子性染料。它们是涤纶和腊酯纤维染色的最常用染料，染色牢度较好。

各种不同类别纤维制品，根据所需染色色泽、染色牢度和染色成本，可选用的染料应用类别是多种的。纤维素纤维染色可用直接染料、活性染料、还原染料、暂溶性还原染料、硫化染料和不溶性偶氮染料。蛋白质纤维中，羊毛染色可用酸性染料、酸性含媒染料和酸性媒染染料；蚕丝染色可用酸性染料、酸性含媒染料、直接染料和活性染料。合成纤维中涤纶染色用分散染料，锦纶染色可用酸性染料、酸性含媒染料和分散染料；腈纶染色用阳离子染料；维纶染色可用硫化染料、还原染料和酸性媒染染料，也可用直接染料和分散染料。

第三节　染料的颜色与染色制品的颜色

一、染料颜色

（一）颜色基础

1. 颜色的物理学原理

(1) 光与色：人眼能看到色彩是由于光的存在，颜色都是光作用在物体表面后，发生了不同的反映，再刺激了人们的眼睛而产生的。不同的光产生不同的刺激，人们便得到不同的颜色感觉。光与色，光是人们感觉所有物理形态和颜色的惟一物质，色是由物体的化学结构所决定的一种光学特征。颜色是光作用于物体后的结果，所有颜色都离不开光。颜色在物理学上是可见光的特征。

可见光谱：光是一种电磁波，有着极其宽广的波长范围，只有波长在380～780nm的电磁波，对人类的视觉神经有刺激作用而称为可见光。光谱中每一颜色的光只含有一种波长或对应于同一频率，此光称为单色光。可见光谱的波长变化呈连续性，光谱的色彩变化也是逐渐过渡的，由于人眼的分辨能力有一定限度，波长在一定范围内变化就很难区分，平时所谓单色光实际为波长在一定范围内的光，由单色光混合而成的光称为复色光。

物体色、固有色、环境色：日常所见到的非发光物体会呈现出不同的颜色即物体色。固有色是指在正常的白色日光下所呈的色彩特征。物体受到周围物体色彩的影响，周围邻近物体的色彩称为环境色。

(2) 颜色的属性：色调、明度、饱和度就是颜色的三属性，也称为色彩三要素。

色调又称色相、色别、色名，是色彩最主要的特征，色与色的主要区别，如红、橙、黄、绿等。一定波长的光或某些不同波长的光混合，呈现出不同的色彩表现，这些色彩的表现就称为色调。

明度对于色调相同的颜色来说，如果光波的反射率、透射率或是辐射光能量不相等时，最终的视觉效果也不相同。这个变化的量称为明度（V）。

饱和度亦称纯度、艳度或彩度。指反射或透射光线接近光谱色的程度。某颜色的色相表现越明显，它的饱和度就越高。在纯色颜料中加入白色或黑色后饱和度就会降低。

（3）颜色的混合：色彩在视觉外混合后进入视觉，如加法混合与减法混合。色彩还可以在进入视觉之后才发生混合，称中性混合。

加法混合指色光的混合。两种以上的光混合在一起，光亮度会提高，混合色总亮度等于相混各色光亮度之总和。色光混合中三原色光是红光（700nm）、绿光（546.1nm）、蓝紫光（435.8nm）。

减法混合指的就是对不同波长的可见光进行了选择性吸收后，呈现各种不同色彩的颜料或染料等物质。减法混合主要指的是色料的混合。其三原色是加法混合三原色的补色，即品红、黄、青。

中性混合是基于人的视觉生理特征所产生的视觉色彩混合，而并不变化色光和发色材料本身。由于混色效果的亮色既不增加也不减低，而是相混各亮度的平均值，故将色彩的这种混合称为中性混合。视觉混合方式有两种：色泽并置于圆盘上旋转混合；不同颜色并置在一起色之间空间混合。

2. 颜色的生理学原理

引起视觉的外周感受器官是眼睛，它由含有感光细胞的视网膜和作为附属结构的折光系统等部分组成。人眼的适宜刺激是波长 380～780nm 的电磁波，在这一可见光谱范围，人脑通过接受来自视网膜的传入信息，可以分辨出视网膜像的不同亮度和色泽，从而看清视野内发光物体或反光物体的轮廓、形状、颜色、大小、远近或表面细节等情况。

人眼外形呈球状，故称眼球。眼球内具有特殊的折光系统，使进入眼内的可见光汇聚在视网膜上。视网膜上含有感光的杆形细胞和锥形细胞。这些感光细胞把接受到的色光信号传到神经节，再由视神经传到大脑皮层枕叶视觉中枢神经，产生色感。眼内锥形细胞能感觉色彩信息，杆形细胞能辨别明暗关系，对色彩的明暗感觉反应敏锐，但不能分辨色相关系。

颜色视觉现象包括：

（1）颜色辨认：正常人的视觉在一定亮度的条件下，能看到可见光谱中的各种颜色，随着波长的不同可看见红、橙、黄、绿、青、蓝、紫等色，而且还能看到两颜色之间的各种过渡颜色。人眼看出颜色的差别、辨认波长微小变化方面的能力，称为辨认阈限。

（2）颜色对比：颜色对比指在视场中，相邻区域的不同颜色的相互影响。其能使颜色的色调向另一颜色的补色方向变化。颜色对比有同时对比和连续对比两大类。

（3）颜色适应：颜色适应指人眼在颜色刺激的作用下所造成的颜色视觉变化。

（4）色域：人眼对色彩敏感区域，称之为色域。

（5）颜色错觉：人眼具有特定的趋向，同一种形与色的物体处于不同的位置或环境，会使人产生不同的视觉变化，这种现象称为错觉。

（二）染料和颜料光物理、光化学

1. 色素发色理论

（1）发色团、助色团学说：有机化合物的颜色与分子中发色团有关，含发色团的分子称发色体。如偶氮基、羰基、亚硝基等。增加共轭双键，颜色加深；羰基增加，颜色也加深。引入另外一些基团时，也使发色体颜色加深，这些基团称之为助色团，如氨基、羟基和它们的取代基等。

（2）醌构理论：有色有机化合物分子中含有邻醌基或对醌基形成的结构。其成功地解释了三芳甲烷类及醌亚胺类染料的发色。但不能解释偶氮染料、多次甲基染料等的发色，它对于某种分子能否成为染料的预测极有帮助，也有人认为醌构学说实际上是发色团的特殊情况。

（3）分子轨道理论：根据量子化学的分子轨道理论，分子轨道可用原子轨道的线性组合表示。在碳原子为偶数的共轭体系中，一半分子轨道具有较低能量，称为成键分子轨道；另一半分子轨道能量较高，称反键分子轨道。在基态分子中，两个自旋相反的 pg 电子占据成键分子轨道 π，此时反键分子轨道 π* 则是空轨道。但是当有机化合物吸收可见光或紫外线后，σ、π 和 n 电子要迁移到高能量的反键轨道 σ* 或 π* 轨道上去，成为分子激发态。

2. 色素的光化学、光物理作用

（1）佛兰克—科顿定律：在特定的振动能级中，当一个分子是围绕平均原子核间距离的原子振动时，原子核间距离的波动力学预测振动应耗去其大部分的时间。电子跃迁到反键轨道所需时间仅 10 - 15s，比分子振动（原子核之间的往复振动）时间约 10 - 13s 快得多，这样当分子进入受激状态后，电子跃迁的过程中，核间距离还来不及发生改变，这就是佛兰克—科顿定律的基本论点。

（2）荧光增白剂与荧光染料：荧光增白剂亦称光学漂白剂，其分子中都含有共轭双键系统，具有良好的平面性，在日光照射下能吸收日光中的紫外线（300～400nm），发射蓝紫色光（400～500nm），蓝紫色的光与纤维或织物上的黄光混合而变成白光，从而使稍稍发黄的纤维和织物明显变白。

荧光增白剂的存在，若超过其泛黄点，非但对白度没有提高反而要降低，即通常所说的纤维和织物的泛黄。荧光增白剂在可见光范围没有吸收光谱，荧光染料在可见光范围有最强吸收光谱，有黄、橘黄、红、绿、蓝等色谱。

（3）光褪色：染料和颜料的颜色是由于它们吸收了照射到它们表面的可见光而产生的。当一个染料分子吸收一个光子能量后，将引起分子的外层价电子由基态跃迁到激发态，而处于激发态的分子可经过下列几个过程转化其能量回到基态。

ⅰ 激化的色素分子迅速将激化能转化为热能。

ⅱ 激化的色素分子经发射荧光或磷光回复到基态。

ⅲ 激化的色素分子与其他分子发生光化学反应。

ⅳ 激化态的染料分子与其他分子碰撞，将能量传递给其他分子。

上述ⅰ、ⅱ即光物理过程，ⅲ、ⅳ将导致纤维的光脆损和染料光褪色，光褪色是处于激发态的染料分子分散与其他分子发生光化学反应所引起的，有光氧化、光还原两个重要途径。

（4）光脆损：还原染料在织物上染色和印花在各方面均具有优良的色牢度，但这类染料中的黄色和橙色染料用于防染印花的织物暴露于光下，受到吸收光的激发可使织物形成氧化纤维素，这种因氧化纤维素形成而降解的产物可溶解在热的碱性肥皂溶液中。这种纤维因光氧化的原因而降解的现象称为脆损。有光敏脆损现象的染料对棉纤维、粘胶、醋酯纤维、丝、尼龙等有作用。部分还原、硫化、碱性染料，个别活性染料有脆损现象，解释光脆损的原因有夺氢说和活性氧理论。

（三）颜色表示法

1. 颜色的命名

（1）颜色的系统命名：系统方法对消色类颜色是以色相修饰语加消色基本色名，色相修饰语有带红的、带黄的、带绿的、带青的、带紫的等，消色基本色名分为白、明亮、灰、暗灰、黑五个等级。

系统方法对彩色类颜色是以色相修饰语加明度、饱和度修饰语加彩色基本色名而得。

（2）颜色的习惯命名：以花、草、树木、果实的颜色命名，以动物特色命名，以天、地、日、月、星辰、山水、金属、矿石的颜色命名，以地域流传广泛使用最多的地方名称命名，以染料或颜料色的名称命名，以形容色调的深浅、明暗等形容词命名，以古今文言中常用的一些抽象名词或形容词命名。

2. 色谱表示法

（1）普通色谱：一种以基本色分量来表示颜色的色谱。1957 年中国科学院出版的色谱彩色与消色两部分共计 1631 个颜色，其中 625 个颜色命了名，其余的以数字符号表示。

（2）纺织印染用色谱：有染料和颜料制造厂家的色卡、纺织品销售和染料销售企业色谱、行业协会或生产厂制作的色谱。

染料和颜料制造厂家的色卡主要以单一染料的颜色介绍其应用方法，只有 1~3 种浓度。染色用涂料或印花用涂料也按其所适用的范围制有样本供生产厂家选用。化学纤维原液着色用的色浆、色粉、色母粒等着色剂，都有按纤维类型不同、用途不同而制成的着色色谱，并附有各着色物的物理性能或化学性能。

纺织品销售和染料销售企业制有专门的色卡，一般按棉、毛、麻、丝、化纤分类，每一类色卡编有序号，数量在 80~100 不等，作为委托生产厂家生产的配色图标样。染料销售企业制成的色卡与染料生产企业提供的色卡类似，只是进一步强调了应用方法。

行业协会或生产厂制作，按针织、印染、色织、毛纺、丝绸、纺织装饰等行业的不同，均有行业制作的专门色谱，这种色谱附有染色配方和染色方法、所用染料类型、色牢度等。色谱有针织布、印染布、色纱、色丝、散毛等，色谱的实用性极强。

（3）非纺织工业用色谱：彩印网纹色谱、阳极铝染色色谱、塑料和橡胶色样、陶瓷彩烧色样板、涂料色样。

3. 光谱表示法

以分光光度曲线来表示颜色特性的方法即光谱表示法。将可见光谱的波长作为横坐标，将绝对能量单位或相对能量单位作为纵坐标，即可绘制分光光度曲线。从分光光度曲线可以粗略地判别出该颜色的色调、明度、饱和度。

4. 颜色空间表示法

中国颜色体系由无彩色系和有彩色系组成。以色立体表示，采用 CIE 标准照明体 10°视场作为照明观察条件。

无彩色由黑、白及黑白两色按不同比例混成的灰色组成，统称中性色，用 N 表示。中性色是一维的形成色立体的中心轴。彩色系由颜色三属性（色调、明度、饱和度）组成，色调用 H 表示。有 5 种主色、5 种中间色组成基本色，再以 10 进制细分。明度以符号 V 表示，共分 11 级。饱和度以符号 C 表示，以色立体的中心轴为起点，随色调环的扩大，饱和度也随之变大。颜色样品在中国颜色体系中的标定和表示方法为 HV/C（色调·明度/饱和度）。

二、染色制品颜色的测定

1. 颜色测量原理

颜色并不是物质的固有特性，颜色既与物质本身的分光特性等性质有关，又与照明条件、观察条件、观察者的视觉特性以及其他因素有关。颜色是一种受物理学、视觉生理学、心理学影响的综合量，颜色测量是建立在对以上认识的基础上的。

2. 测色方法

颜色的测量随被测颜色对象的性质不同而分为自发光体颜色的测量和物体色的测量。如光源、电视机等所表现的颜色是其自身辐射而成，所以这类颜色的测量主要是确定其光谱功率分布；而物体受到光源照明后经过自身的反射从而形成人眼观察到的颜色，这种颜色实际上是物体表面的反射光度特性对照明光源的光谱功率分布进行调制而产生的，因此物体表面色的测量主要是测定物体色的光谱反射率。颜色的测量方法有目视法、光电积分法和分光光度法三种。

（1）目视法：是一种古老的基本方法，利用人眼的观察来比较颜色样品和标准颜色的差别，通常是在某种规定的 CIE 标准光源下进行，如标准光源 A、D65 或"北窗光"等。这种测量方法需要借助于人眼的目视比较，要求操作人员具有丰富的颜色观察经验和敏锐的判断力。现在，这种目视测色方法的应用已经越来越少了，取而代之的是采用仪器的物理测色方法。

（2）光电积分法：通过把探测器的光谱响应匹配成所要求的 CIE 标准色度观察者光谱三刺激值曲线或某一特定的光谱响应曲线，从而对探测器所接收到的来自被测颜色的光谱能量进行积分测量。这种方法的测量速度很快，也具有适当的测量精度，所以广泛应用于现代工业生产和控制过程中。但是，这类仪器无法测出颜色的光谱组成，而在如纺织印染的自动配色等应用中必须获得颜色样品的光谱功率分布或物体本身的光度特性，因此这时应该采用分光光度法来进行颜色的测量。

（3）分光光度法：测量颜色主要是测定物体反射的光谱功率分布或物体本身的反射度特性，然后根据这些光谱测量数据可以计算出物体在各种标准光源和标准照明体下的三刺激值。这是一种精确的颜色测量方法，由此制成的仪器其成本也较高。

通常分光光度法可分成光谱扫描和同时探测全波段光谱两大类。目前，国际上作为产品真正用于自动配色的颜色测量系统都是采用多通道技术。多通道快速测色系统的照明光源可以采用脉冲式和直流式两种类型。两种照明光源的选用各有利弊，只要设计合理，应用得当，都能获得满意的结果。脉冲光源大多选用脉冲氙灯，其光谱功率分布与 D65 比较接近，它的应用大幅度地提高了光源的强度，充分利用了作为光电探测器的列阵图像传感器的灵敏度和线性度，没有发热问题，有效地改善了测量精度，但是光脉冲的能量波动直接影响系统精度的稳定性，特别是系统的长期重复性。因此，这类仪器的新型产品往往设计成双光路结构，使颜色测量的准确度和重复性都非常令人满意，当然其成本要高一些。直流式照明光源通常都采用其色温接近 A 光源的卤钨灯，由仪器内置稳压电源供电，驱动和控制比较简便，没有充放电过程，连续测量时速度更快，光源稳定，只需单光路结构加监视光源波动的参考通道。但是光源功率的提高将直接导致明显的光热效应，需对光源进行周密的散热和隔热考虑，而且由于卤钨灯的光谱功率分布更靠近 A 光源，其短波段的能量很小，不利于该光谱区的测量，从而影响到整个测色系统的精度，所以这类仪器在自动测色与配色领域中应用得越来越少。

第四节　染色制品的色牢度

经过染色、印花的纺织品，在服用过程中要经受日晒、水洗、汗浸、摩擦等各种外界因素的作用。染色、印花以后，有的纺织品还要经过另外一些后加工处理（如树脂整理等）。在服用过程中或加工处理过程中，纺织品上的染料经受各种因素的作用而在不同程度上能保持其原来色泽的性能叫做染色牢度。

一、染色牢度的测试分类

染料在纺织品上所受外界因素作用的性质不同，就有各种相应的染色牢度，例如日晒、皂洗、气候、氯漂、摩擦、汗渍、耐光、熨烫牢度以及毛织物上的耐缩绒和分散染料的升华牢度等。纺织品的用途不同或加工过程不同，它们的牢度要求也不一样。为了对产品进行质量检验，参照国际纺织品的测试标准，我国制定了一系列染色牢度的测试方法。

日晒牢度分8级。1级为最低，8级为最高。如表8-3-1，每级有一个用规定的染料染成一定浓度的蓝色羊毛织物标样。它们在规定条件下日晒，发生褪色所需的曝晒时间大致逐级成倍地增加。这些标样称为蓝色标样。测定试样的日晒牢度时，将试样和八块蓝色标样在同一规定条件下进行曝晒，观察其褪色情况和哪一个标样相当而评定其日晒牢度。

表8-3-1　蓝色标样所用染料及其结构类别

级别	染料（染料索引编号）	结构类别
1	酸性蓝104	三芳甲烷类
2	酸性蓝109	三芳甲烷类
3	酸性蓝83	三芳甲烷类
4	酸性蓝121	吖嗪类
5	酸性蓝47	蒽醌类
6	酸性蓝23	蒽醌类
7	暂溶性还原蓝5	靛类
8	暂溶性还原蓝8	靛类

皂洗牢度分5级。以5级为最高，在规定条件下皂洗后，色泽看不出有什么变化；1级最低，褪色最严重。测定试样皂洗牢度时，将试样按规定条件进行皂洗（根据品种的不向，皂洗温度一般分为40℃、60℃、95℃三种），经淋洗、晾干后，和衡量褪色程度的灰色标准样卡（褪色样卡）对照而评定。在试验时，还可以将试样和一块白布缝叠在一起，经过皂洗以后，根据白布沾色的程度和衡量沾色的灰色标样对照，评定沾色牢度级别。5级表示白布不沾色，1级沾色最严重。

汗渍牢度是指染色织物沾浸汗液后的掉色程度。汗渍牢度由于人工配制的汗液成分不尽相同，因而一般除单独测定外，还与其他色牢度结合起来考核。

汗渍牢度分为 1~5 级，数值越大越好。

摩擦牢度是指染色织物经过摩擦后的掉色程度，可分为干态摩擦和湿态摩擦。摩擦牢度以白布沾色程度作为评价原则，共分 5 级（1~5），数值越大，表示摩擦牢度越好。摩擦牢度差的织物使用寿命受到限制。

熨烫牢度是指染色织物在熨烫时出现的变色或褪色程度。这种变色、褪色程度是以熨斗同时对其他织物的沾色来评定的。熨烫牢度分为 1~5 级，5 级最好，1 级最差。测试不同织物的熨烫牢度时，应选择好试验用熨斗温度。

升华牢度是指染色织物在存放中发生的升华现象的程度。升华牢度用灰色分级样卡评定织物经干热压烫处理后的变色、褪色和白布沾色程度，共分 5 级，1 级最差，5 级最好。正常织物的染色牢度，一般要求达到 3~4 级才能符合穿着需要。

评定染料的染色牢度应将染料在纺织品上染成规定的色泽浓度才能进行比较。这是因为色泽浓度不同，测得的牢度是不一样的。例如浓色试样的日晒牢度比淡色的高，摩擦牢度的情况与此相反。为了便于比较，应将试样染成一定浓度的色泽。主要颜色各有一个规定的标准浓度参比标样。这个浓度写为"1/1"染色浓度。一般染料染色样卡中所载的染色牢度都注有"1/1"、"1/3"等染色浓度。"1/3"的浓度为"1/1"，标准浓度的 1/3。

二、染色牢度的控制

当前，人们对纺织品色牢度的普遍关注，不仅是因为色牢度差的纺织品易褪色、沾污其他织物，而是近来研究表明，织物由于色牢度差，人体通过摩擦、出汗等形式使染料溶落，通过皮肤被人体吸收。染料分子进入人体后，会在人体酶的作用下分解、还原成有害成分，形成如致癌芳香胺等化学物质危害于人。在实际的检测工作中，确实存在纺织品的摩擦牢度、水浸牢度普遍较差问题。

（一）造成染色牢度不好的原因

1. 染料本身问题。如染料的纯度、染料存放时间等。染料的结构性质也会在部分的色牢度指标上表现得不够好。如酸性染料染丝、毛纤维，其本身的湿摩擦、碱性汗渍色牢度总体较差；偶氮型结构的染料，日晒牢度普遍较低。

2. 染色工艺控制上的问题。染色过程中染液酸碱度、升温速度、温度、染色助剂的用量、染色时间、染后水洗程度等参数直接会影响染料坚牢度。

3. 染色后成品存放环境的问题。染后成品的存放环境对染色牢度也会有一定影响。如环境的相对湿度、酸性空气、与氧化剂还原剂同处、烈日曝晒等。

(二) 染色牢度瑕疵的补救

如果已是成品，发现染色牢度不好，可采取如下的方法做一定程度的补救。

1. 对织物染后进行充分的水洗，可去除织物表面的浮色，提高摩擦牢度、水洗牢度、水浸牢度。

2. 利用染色牢度增进剂，可提高部分染色牢度。如常用的固色剂可提高水洗牢度、水浸牢度；紫外线吸收剂对提高日晒牢度有帮助；降低织物表面摩擦阻力，覆有能成膜的树脂材料可提高织物的耐摩擦色牢度。

总之，要提高染色牢度，关键是事前控制，染料的筛选要做好。一般来讲，酸性、直接染料色彩鲜艳，色谱齐，但总体色牢度略差；活性染料、还原染料牢度好，但深色、艳丽色少；日晒牢度与染料结构有关，一般含蒽醌类结构的染料，日晒牢度强于杂环结构的染料，杂环结构又强于偶氮结构的染料。

第九章

皮革服装的养护

第一节　裘皮与皮革的初步认知

动物的皮毛经加工处理可作为服装材料的有裘皮和皮革两类。一般将从动物身上剥下的带毛生皮经鞣制后得到的毛皮称为裘皮，而把经过鞣制加工处理的光面或绒面皮板称为皮革。

一、裘皮

裘皮皮板紧密，防风、保暖和吸湿透气性较好，是冬季防寒服装理想材料，在服装中既可作面料，又可作里料和絮料。同时，裘皮在外观上可保留动物皮毛的原有花纹，若再辅以挖、补、镶、拼等工艺，就能获得多种多样绚丽多彩的花色，因此深受人们喜爱，是一种高档服装材料。

（一）裘皮的构成

裘皮的原料是直接从动物身上剥下来的带毛生皮，需经过预处理（包括浸水、洗涤、去肉、毛被脱脂及浸酸软化）、鞣制、染色与整理等一系列加工，才能获得柔软、防水、无臭、坚韧、不易腐烂的可供服用的裘皮制品。

裘皮由毛被和皮板组成。毛被主要由针毛、粗毛和绒毛组成。针毛数量少、较长、呈针状、富有光泽，有较好弹性，毛皮的外观毛色和光泽，靠针毛表现；绒毛数量多，短而细密，呈卷曲状，起到保暖作用，且绒毛的密度、厚度越大，毛皮的保暖效果越好；粗毛数量介于针毛和绒毛之间，粗毛的下半段（接近皮板部分）像绒毛，上半段像针毛，粗毛和针毛一起作为毛皮表现外观毛色和光泽的主要部分，同时还具有防水和保护绒毛作用。

毛皮的皮板由外及内依次由表皮层、真皮层和皮下组织组成。表皮层较薄，仅占皮板厚度的 0.5% ~ 3%，又可分为角质层、透明层、粉状层、棘状层和基底层。真皮层是皮板的主要部分，也是制革部分，占全皮厚的 90% ~ 95%，可分为乳头层和网状层。表皮层在加工中被除去后，显露出乳头层，不同的动物因其构造各异，各自形成独特外观的皮革的"粒面"，可作为区分皮源的依据。网状层由胶原纤维、弹性纤维及网状纤维构成。胶原纤维占真皮纤维的 95% ~ 98%，它决定了毛皮的坚牢程度；弹性纤维占真皮的 0.1% ~ 1%，决定了毛皮的弹性；网状纤维在真皮中含量较少，但贯穿于真皮全部，有耐热水、酸、碱及胰酶的作用，并使皮革具有强韧性能。总之，毛皮的结实与否，强韧与否，弹性的好坏主要决定于真皮层。皮下层主要是脂肪，制革时需除去，以防止脂肪分解对毛皮产生损害。

（二）裘皮的种类和性质

根据毛被的长短、颜色和外观质量、皮板的大小和厚薄、毛皮的价值等，可将裘皮分为小毛细皮、大毛细皮、粗毛皮和杂毛皮四大类。细毛皮类中的毛皮大部分都属于名贵品种，毛绒细密，色泽光亮，价格都十分高昂。其中，小毛细皮和大毛细皮属于高级毛皮，适于制作皮帽、长短皮大衣等，区别在于小毛细皮毛短而细密、柔软。而大毛细皮毛较长，张幅大。粗毛皮属于中档毛皮，毛粗而长，张幅也较大，适于制作皮帽、长短大衣、坎肩、衣里、褥垫等。杂毛皮属于低档毛皮，毛长、皮板较差。根据动物种类不同，毛皮的品种很多。

1. 小毛细皮

（1）紫貂皮：毛被细而柔软，底绒丰厚，御寒能力特强。皮板鬃眼较粗，底色清晰光亮，坚韧有力，是一种十分珍贵的毛皮。

（2）水獭皮：毛皮的脊背呈深褐色，腹部色较淡，针毛粗糙，少光泽，无明显的斑点和花纹。单底绒却非常美丽、稠密细软，不易被水浸透。绒毛细软丰厚，且直立挺拔、耐磨性较佳，皮板柔韧性好。

（3）黄狼皮：皮形较小，脂肪多，绒毛短而稠密，针毛有极好的光泽，有整齐的毛峰和细绒毛。特别是冬季捕获的黄鼠狼，皮板厚实，毛绒丰满、有关泽，毛的弹性也好，防水又耐磨。

（4）海龙毛：针毛和底绒部柔软、油滑明亮，绒毛厚且细密，有很大的拒水性，皮板坚韧，弹性好，是一种昂贵的毛皮。

（5）扫雪皮：针毛呈棕色，绒毛呈乳白或灰白色，皮板的鬃眼比貂皮细，针毛的峰尖长而粗，光泽好，绒毛丰富光润，价值仅次于貂皮。

（6）黄鼬皮：毛呈棕黄色，腹部色稍浅，针毛峰尖细软，光泽较好，绒毛短而稠密，皮板厚实，防水耐磨。

（7）猾子皮：毛呈灰色，微带棕色，针毛较粗，而底绒较细。

（8）小灵猫皮：毛色灰黄带褐，有黑白相间的波状纹，毛被坚挺，有弹性，底绒较细。

（9）艾虎皮：艾虎的背部与尾部为淡黄色，腰部有些黑尖长毛，故此处为浅黑色。艾虎是面部为棕或黑色，耳缘近白色，冬天的毛被呈灰色，这种毛皮较为醒目。

（10）灰鼠皮：冬季的毛皮质量好，皮板肥壮，毛多绒厚，呈素灰色。

（11）银鼠皮：毛色如雪，华润光亮，无杂毛，针毛与绒毛几乎近齐。

2. 大毛细皮

（1）狐皮：产地不同，质量有差异。东北地区产的质量最好，皮的张幅大，毛细绒厚，柔软灵活。毛色美丽，多红色，御寒能力强。南方狐皮的质量稍差，不但张幅小，而且毛也短，但绒毛还是比较厚的。主要有银狐皮、红狐皮、东沙狐皮和细沙狐皮。

（2）猞猁皮：毛呈红棕色，局部有黑斑或呈白色或微粉白色。毛绒较粗长，紧密灵活，御寒性能好，耐穿。

（3）貂皮：绒毛细密优雅美丽，皮板厚薄适宜，坚韧耐拉。拔掉针毛后的貂皮称貂绒。东北貂皮针毛细而尖，底绒丰厚稠密，多为黄色或灰色，毛皮的张幅大，质量最好。南方貂皮针毛短，毛绒细密，色泽发黄，皮张也较小。

（4）水貂皮：毛呈黑褐色，有白斑，毛光滑、柔软、轻便、毛绒丰厚灵活，板质结实耐穿。

（5）九江狸子皮：毛被为三种颜色：毛基为灰色，中部为白色，尖端为黑色，这种黑色中还带点浅棕色的花斑很像镶嵌的琥珀，绚丽夺目，底绒较细而稠密，用时需拔掉针毛。

（6）河狸皮：毛被为灰褐色，毛峰较粗，底绒较细二稠密用时需拔掉针毛。

3. 粗毛皮

（1）绵羊皮：毛绒厚实。花弯少，皮板厚，毛绒易起球结块。适宜做风雪大衣，不适宜做各式皮袄。

（2）羔皮：全身毛弯曲、细软、板薄质轻。北口羔毛绒丰足，花弯紧密。西口羔毛略空疏。羔皮毛滑不易结块，经久耐穿。适宜做中西式皮袄及毛皮马甲。白色的也可缝制翻皮大衣。

（3）山羊皮：毛呈半弯毛和半直毛，张幅较大，皮板柔软坚韧，毛皮为白色，针毛粗，绒毛丰厚。拔毛后的绒皮用来制裘，未经拔毛的山羊皮一般用于制作衣里或衣领。

（4）狗皮：毛厚板韧，皮张前宽后窄，针毛毛根贯穿真皮，不易掉毛，御寒能力强。

（5）狼皮：张幅较大，毛色随产地而异，有淡黄、灰白，青灰等色，冬季的狼皮质量好，毛长绒厚，柔软灵活，有光泽，皮板肥壮，保暖性也好。

（6）豹皮：毛被呈棕黄色或棕灰色，有不同环形、不同大小的黑斑点，是一种相当美丽的毛皮。

（7）獾皮：毛色灰黄，头部有三条宽白纹，耳边也是白色的，四肢、胸、腹部全为黑色。冬季的獾皮毛被丰厚，皮板厚实，质量最好。

4. 杂毛皮

（1）猫皮：针毛细腻润滑，毛色浮有闪光，暗中透亮。张幅大，毛绒密，颜色深，花纹明显，板质肥厚。

（2）兔皮：东北和内蒙古一带的家兔皮张大、毛绒足，质量最好。四川、华南、西南一带的家兔则较差，皮张小，皮板薄，毛峰细而平齐，单色泽洁白漂亮。

二、皮革

皮革是一种特殊的面料，服装用皮革是以动物毛皮为原料，经过浸水、脱毛、软化、浸酸等准备加工以及鞣制、整理加工制成的正面革、绒面革、珠光压花草、印花革以及毛革两用面料，以其特有的御寒性、舒适性、高雅、时尚等功能深受消费者青睐。

皮革的种类很多，可根据原料、鞣制方法、革的性质或用途进行分类。服装用革根据原料，可分的主要品种如下：

猪皮革：猪皮革表面毛孔圆而粗大，倾斜地伸入革内，明显地三根一组排列成独特的三角形图案，透气性比牛皮好，耐磨耐折，缺点是皮质粗硬、弹性较差。多用来制作绒面革和光面革。

黄牛革：黄牛革表面毛孔呈圆形，毛孔密而均匀，表面光滑平整、细腻，强度高，耐磨耐折，吸湿透气性好。

水牛革：水牛革毛孔比黄牛革粗大，毛孔的数量也比黄牛革稀少，皮革的质量较松弛，不如黄牛革丰满细腻，但强度高，经磨面修饰可制作服装。

山羊皮：皮薄而结实，柔软且有弹性，成品革粒面紧密，表面细腻，光泽好。

绵羊皮：质地柔软，延伸性和弹性较好，强度较小，成品革手感滑润，粒面细致光滑，皮纹清晰美观。

麂皮革：毛孔粗大稠密，皮质厚实，坚韧耐磨，皮面细腻，光泽好。

根据革的性质或用途进行分，可主要分为以下几种：

1. 全粒面革

全粒面革是指保留并使用动物皮本来面目（生长毛的一面）的皮革，也叫正面革。全粒面革有的表面未经涂饰而直接使用，但大多数是经过美化涂饰加工的。全粒面革要求用伤残少的高级原料皮，而且加工要求也高，所以全粒面革是高档皮革。由于原料皮的表面完整地保留在革上，其坚牢度性能好。一般说来，全粒面革的表面不经涂饰或涂饰层很薄，这样保持了皮革的柔软性和良好的透气性，用真皮的粒面来体现自然风采，使其舒适且美观。

全粒面革大多数用燃料着色，故业内通常把染料作为涂层主要着色剂的全粒面革叫苯胺革（全苯胺革）。这种革染色均匀，粒纹清晰，不使用任何具有遮盖作用的成膜物质涂饰，革面粒纹完全没有被遮盖而被保留下来。修饰后的革面上仅有很薄的无色透明的防护涂膜，可以明显看到革的本身粒纹。

全粒面革用于所有的高级皮革制品。清洗、护理这类真皮制品时，要注意保持其特有的风格和手感。

2. 半苯胺革

这种革的原料革粒面上有部分但很浅的伤残，为遮盖伤残但同时保留革的天然粒纹，采用少量颜料加黏合成膜剂和染料对皮革进行清喷着色，形成具有很薄涂层的半遮盖层，使革面粒纹隐约可见。

3. 修饰面革

修饰面革是部分或全部去除动物皮本来表面，再在上面敷以人造涂膜压出纹粒的皮革。

这种革的胚革粒面上，存在着程度不等的伤残，经补伤并经磨面处理，即部分去除动物皮本来表面后，再在上面敷以人造薄膜或采用颜料加黏合成膜剂将革面完全覆盖，经熨平压花制造一个加粒面。由于这种革的本来表面已不复存在，而代之的是人造薄膜或涂层，故称修饰面革。根据磨面处理程度的轻重，修饰面革又分为轻修饰面革、重修饰面革、头层修饰面革、二层修饰面革等。

所谓头层革和二层革，系指革在加工过程中，较厚的动物皮，如牛皮、马皮、猪皮等，要经过剖层机剖成几层，以获得厚薄一致并可获得更多数量的皮革。动物皮长毛的一面叫头层革，头层以下和各层一次叫做二层革、三层革等。

修饰面革表面的人造薄膜，多数是用各种皮革化工材料（各种调好色的颜料加黏合剂）制成涂饰浆液，经多次涂饰和压制某些花纹而成，所以，修饰面革又叫颜料革。也有的修饰面革是将预先制好的化学薄膜移贴到皮革表面，这种皮革也叫移膜革或贴膜革。

修饰面革由于弥补较次原料的表面伤残及其他缺点，或者由于加工方法对皮革造成的影响，这种皮革属于中低档皮革。与全粒面皮革相比较，其最大的缺点是透水汽性差，其次是坚牢度低，这主要是因为皮革的本来表面已不复存在，而代之的是人造薄膜或涂层，特别是耐曲折性和抗老化性能都大幅降低。此外，修饰面革的使用不及全粒面革舒适，然而修饰面革由于其表面是人造的，抗水性能优于全粒面革，更利于清洁与保养。

修饰面革（颜料革）主要用于皮鞋、箱包、皮带、票夹、球类等物品的制作。

为提高颜料的等级，扩大花色品种，增加颜料革的美观，采用压花机或搓纹机，对革进行特殊处理，在革面上制造出美丽的花纹或搓纹，这种颜料革叫压花或搓纹革。在统一涂饰的、颜色较浅的底基上，刷或喷上发差较大、颜色较暗（例如暗棕色或黑色）的颜色，可以使均匀的，也可以使不均匀的，从而使涂层获得所谓"仿古效应"，这类颜色革叫仿古革或双色革。

全粒面革（苯胺革）、半苯胺革、修饰面革（颜料革）均属光面革。除采用上述方法识别各种光面革之外，还可以结合着色试验进一步鉴别几种光面革的类型。

在皮革制品皮板不显露部分，用一种能溶解树脂的溶剂（如醋酸丁酯）将白布润湿，放在皮革皮板待试验处保持 3~5s，轻轻擦拭，然后观察白布上是否有颜色，皮板试验处的颜色是否脱落或变浅。如果皮板颜色变浅脱落，白布上稍微有颜色或根本没有颜色，试验溶剂渗进皮板，则证明是全粒面革（苯胺革）。

半苯胺革的着色试验介于颜料革和苯胺革之间，不断摸索及时总结也不难区别。

仿古式颜色革的着色试验与普通颜料革相似，但仿古式颜料革的底色上还有一层不规则图案的对比颜色，重复着色试验会出现第二种颜色。

4. 绒面革

绒面革是指皮革表面呈绒状的皮革。由于绒面革原用麂皮生产，故俗称麂皮（讹称鹿皮），现在牛、羊、猪皮均可用于生产绒面革。利用皮革正面（长毛的一面）经磨革制成的称为正绒。利用皮革反面（肉面）经磨革制成的称为反绒（也叫磨砂）。利用二层皮经磨革制成的称为二层绒面革。

由于绒面革没有成膜的化学涂饰层，使其透气性能极好，柔软度也大为改观，但防水、防尘和保养性能都变得较差，没有粒面的正绒面革坚牢度变低。

用绒面革制成的皮革制品，使用舒适，卫生性能好，但绒面革易遭受污染而不易清洁、护理和保养。

5. 反转（也称皮毛一体）革

这种革大多作为皮革服装材料，它是将动物皮长毛的一面作衣里，其肉面作衣面，经染色后采用不具遮盖（或部分遮盖）作用的涂饰材料进行涂饰，或采用特殊的"光亮"处理而呈现树脂涂层，使其展现别具一格的风采。然而其表层一旦磨失（如皮衣的肘部、袖口、袋口、领口等处），这类真皮制品恢复起来十分困难。

6. 油皮革

油皮革，即是采用油鞣剂鞣制出来的皮革。采用油鞣的原料皮，多是些轻、软的羊皮、鹿皮和小牛皮等。

油皮革具有许多独特的优点，柔软细腻，延伸性和透气性好，耐水洗，干后不变性。但干洗这类皮革制品时，由于干洗溶剂的脱脂能力较强，稍有不慎，即有可能造成明显的色差，为此应严格控制干洗溶剂（尤其是四氯乙烯）的温度和相关操作工艺。

油皮革多为深褐色，表面滋润，油润感强，用手轻拉皮革，其颜色变浅，这是区别油皮革最简单的方法。油皮革又分为油光面革、油绒面革、油磨砂革等。

油皮革用于各种高档真皮制品的制作。

三、人造毛皮和人造皮革

（一）人造毛皮

人造毛皮又称为长毛绒。此面料具有质地轻巧、光滑柔软、吸湿透气性好、保暖性好、不易腐蚀霉烂、防虫蛀、色彩丰富、结实耐穿、容易水洗等优点。人造毛皮的毛是由腈纶、锦纶、氯纶和粘胶纤维织成的，其中腈纶用量最多。

人造毛皮可采用机织或针织工艺生产，目前主要有三个品种。一种是在针织毛皮机上采用长毛绒组织织成的针织人造毛皮，它以腈纶、氨纶或粘胶纤维做毛纱，涤纶、锦纶或棉纤维做底纱，在织物表面形成类似于针毛、绒毛层的结构，从而在外观上酷似天然毛皮。另一种为机织人造毛皮，是在长毛绒织机上采用双层结构的经起绒组织，底布用毛纱或棉纱作经纬纱，毛绒用羊毛、腈纶、粘胶等纤维的低捻纱，经两个系统的经纱与同一个系统的纬纱交织后割绒而成。第三种是在前两种基础上将毛被加热卷烫或先将纤维加热卷烫后粘在底布上制成的人造卷毛皮。

（二）人造皮革

随着科技的进步和制革工业的发展，各种各样的皮革制品大量涌现。为适应开展清洗、护理、修饰和保养业务工作的需要，我们将业内近年来出现的各种皮革以及仿皮革制品简单介绍如下。

1. 人造革　人造革是降混有增塑剂的合成树脂（如聚氯乙烯或聚乙烯），以糊状、分散液状或溶液状涂于布面，再经过加热处理而得到的产品；也可将树脂等配料混合加热再经滚压成布辰或无布衬的产品

人造革是 2 世纪 40 年代左右发展起来的，旨在代替天然皮革的人工制造的皮革类产品。由于性能远不能与天然皮革相比，使人造皮革的用途受到了很多限制。

人造革和天然皮革相比。其主要特点是：残存令人不快的气味；卫生性能差，其制品穿用不舒适；耐候性能差；易老化；坚牢度低，不耐用；外观呆板，生硬。然而人造革却又如下优点：质地均一，抗水性能好，耐酸碱、有机溶剂，抗霉菌性能好。

2. 再生革　再生革 讲皮革的边角碎料撕磨成纤维，再由黏合剂以机械物理状态黏合，经挤压成片状再剖磨面、表面涂饰等加工而成的产品。它是以天然的皮革纤维为原料经人工制成的，所以，再生革既是天然皮革又是人工制造的皮革。

再生革可在某些方面部分代替天然皮革，如皮鞋内底、包头、箱包里衬等，但其使用效果远不及天然皮革。

再生革和天然皮革相比，其主要缺点是：坚牢度低，不耐用，；抗水性差，水浸后强度更低；卫生性能差，穿用不舒适。应该指出，除成本较低之外，再

生革没有优点。然而目前市场上，以再生革做面料的皮革制品不时出现在人们面前，而且以真皮制品出售，这是很值得人们关注的问题。

3. 宝丽珠、开边珠、漆皮　这类皮革均为重修面革，或采用二层或三层皮，皮面涂敷较厚聚氨酯涂层。这三种革的区别是：相比之下，宝丽珠的亮度较低，漆皮亮度最高；皮板柔软状况相比，宝丽珠较软，漆皮较硬，而无论亮度还是皮板柔软状况，开边珠均属中等状况。这类皮革多用于制作皮鞋、箱包。

值得指出的是。这类皮革制品中的某些制品，表面涂覆有一层塑料涂抹，这类覆膜制品一旦出现破损，一般很难恢复原状。

4. 檫色（双色）革　皮板着色时，底色浅，其上涂敷不均匀的深色形成双色效应，再覆盖具有光泽的光蜡水涂层。由于较深色泽可用手工或檫去，故称之为檫色革。

5. 烧焦革　又称全粒面打蜡皮，系无涂饰层全粒面革的变种。皮板经染色处理后，其上涂敷一层遇高温变色的"烧焦蜡"，使之呈现不同的颜色。

6. 古典暗影　所谓古典暗影，即利用皮板吸附能力的差异，造成皮纤维对染水的吸附量不同，从而在皮面上出现色差，形成暗影效果。

7. "水洗皮"　"水洗皮"是近年来新开发、生产的一种新产品，其最突出的特点是皮板柔软度针织超过纳帕革，能和纺织纤维制品相媲美。用这种革做成的服装，飘逸，潇洒，格调清新，风格独特。然而应指出的是，这类制品护肤保养时，不仅清晰护理工艺手段独特，而且需要采用较为特殊的皮革化工材料。否则将会严重影响其清洗护理效果。

8. 珠光泽　这类皮革多采用重修面革，或采用二层或三层皮（当然也有皮板较为柔软的全粒面软面珠光革），皮面涂敷含有各种颜色珠光粉或珠光浆的溶剂型光油，制成具有特殊光亮涂层的珠光革，以凸显其五彩斑斓的珠光宝气。

珠光革又分为水晶珠光和变色珠光。水晶珠光系含有珠光粉的涂层在下，其上涂层覆盖溶剂型光油，因而在光照下呈现晶莹剔透的水晶般光泽；变色珠光系含有珠光粉的涂层在皮板表面，因而在光照下呈现奇异的五彩斑斓色彩。

合成革与天然皮革相比，其主要缺点体现在：卫生性能差，其制品穿用不舒适；坚牢度低，易老化。然而合成革却具有如下优点：质地均一，外表美观；抗水性能好；耐酸、碱、有机溶剂，抗霉菌性能好。

四、皮革的真假鉴别

近年来，随着化学工业的发展，由化学原料加工制造的人造皮革，不但在各种特性上酷似天然皮革，而且在某些方面超过了天然皮革。尤其在外观上，人造皮革已经取得了极大成功，几乎难以简单地从外观上分辨出来。然而，由于天然皮革的结构异常特殊和复杂，欲望天衣无缝地将其仿造出来，目前仍属幻想。因此，仍然可以通过各种途径，将真假皮革区别开来。

1. 外观鉴别

除了部分用预先制好的化学薄膜移贴到皮革表面，或采用颜料加黏合成膜剂对革面进行整容修饰的修饰面革之外，一般的真皮外表面均有明显的毛孔。尤其全粒面革，不仅毛孔明显，而且显露出真皮的天然粒纹。然而，尽管有些皮革面孔有一定规律（例如猪皮呈三角形排练），但规律性不强，其皮面粗细不一致，厚度也因部位不同而存在差异，腹肋部较松弛，背臀部较密实，而且往往或多或少、或轻或重地存在一些伤残。皮革的不显露部位，多使用质量较差、与正面部位明显不同的皮革（当然，高级真皮制品可能例外）。

2. 手感鉴别

真皮制品一般柔软、丰满、有弹性、手感好。所谓丰满，即指真皮在手中给人一种介于海绵与塑料之间的感觉，它既不像海绵那么蓬松、体积变化那么大，又不同于塑料那么实，而是不空、不囊、不板、不硬。皮革的弹性可用如下方法检测：用手轻抓皮革，质量较好者将手松开后，皮革皱纹很快消失并恢复原状。手握真皮感到舒适，有一定温暖感。假皮手感近于塑料，丰满、弹性远不及真皮，无温暖感。

3. 断面与革里鉴别

面对一件真皮制品，若能设法找到皮革的断面和革里，可以进一步帮助人民确定其真假。真皮断面为无规则的纤维状，用指甲抠断面，会出现蓬松变厚现象。而假皮断面一般是有规律的防布纤维，比较死板。真皮革里一般有绒头，表面不均匀；假皮革里多数有纺织的布基，其质地也较均匀一致。

4. 滴水试验

众所周知，皮革一般具有相应的吸附性（当然个别种类皮革除外）。在皮革制品的皮板上滴上一滴水，或用手指蘸一下水，抹在皮板表面，观察其吸附性。显然，吸水性好的为真皮。而假皮由于有较好的抗水性，故吸水性差或根本不吸水的多数为假皮。

第二节　典型皮革服装的清洗

近几年来，随着纺织工业的发展和人们消费观念的转变，中低档皮革服装已逐渐淡出市场，转而被物美价廉、色彩鲜艳、便于清洁保养的纺织品防寒服、羽绒服等服装所取代。然而高贵典雅、风格独特的中高档皮衣和裘皮服装，却随着人民生活水品的提高，变得更加普及和时尚。皮衣市场的微妙变化，敦促从事皮衣美容保养业的朋友，必须调整自己的观念，紧跟时代的前进步伐，以满足人们日益发展的物质文明需要。

生皮的质料不同，鞣质时选用的鞣质材料不同，染色后和整理所用材料好工艺操作手段不同，使成革的物理化学性能会产生明显的差异，这是区分不同种类革的主要依据，也是各种真皮制品，特别是皮革服装在美容、修饰与保养是皮革化工材料选择、工艺手段合理运用的依据、

下面，以各种典型皮革服装为例，共同探讨皮革服装的清洗保养工艺操作问题。

一、中低档光面皮衣美容、护理、保养

1. 清洗 中低档光面皮衣可以采用手工清洗，水洗好干洗的清洗的方法。

注意：遇水颜色变化的皮衣不能进行手工清洗和水洗！

手工清洗：采用皮衣专用清洗剂，擦洗清洗，洁净湿毛巾揩擦清理；干燥。

水洗：喂防止美容、修饰后的皮衣出现色差，皮衣水洗最好调好颜色。

（1）认真做好前处理；

（2）将皮衣专用清洗剂用40℃左右温水稀释后，加入3%—5%的水性复软加脂剂，搅拌均匀后，软毛刷蘸取该乳液刷洗皮衣；

（3）将皮衣置入洗衣机中，加入剩余的乳液，适当控制水位，水位，水洗，投入漂洗；

（4）脱水后的皮衣置入3%—5%的水性复软加脂剂稀释液浸泡2h，然后脱水、晾干；

（5）若有条件，最好在烘干机中进行烘干，烘干温度不大于40℃。

干洗：为防止美容、修饰后的皮衣出现色差，皮衣干洗前最好调好颜色。

（1）认真做好前处理；

（2）添加助剂：溶剂型加脂剂好干洗助剂：

（3）干洗时间：深色皮衣为 5 – 6min，浅色皮衣为 6 – 8min。

2. 复软加脂 视皮衣皮板发硬板结的状况，采用水性假脂复软剂进行加脂复软剂处理，干燥。

注意：遇水颜色变化的皮衣不能采用阴离子型复软加脂剂进行手工复软加脂！

3. 处理残存的油脂 用稀释的冰醋酸水溶液浸泡、润湿并适当挤干的洁净毛巾，擦净皮衣表面可能残存的油脂。

4. 熨烫处理 采用80℃左右的熨斗垫布熨烫，若有条件，最好采用外接蒸汽光板夹机熨烫，以消除皮面可能出现的褶皱、变形。

5. 修复、预处理 根据皮衣皮板破损状况，进行皮衣美容、着色前的修复、预处理。内容包括修编、裂面修复、补伤、黏合贴补等。

6. 防渗、封闭处理

注意；遇水颜色变化的皮衣必须进行防渗封闭处理。

（1）先采用不成膜型水性防渗封闭材料喷涂，喷涂 1 ~ 2 次，喷一遍，80℃左右温度熨烫一遍。

（2）再采用成膜型水性防渗封闭材料喷涂，喷涂 1 ~ 2 次，喷一遍，80℃左右温度熨烫一遍。

干燥后检测防渗、封闭效果。

7. 美容、着色 采用调好色的颜料膏10%左右、光面皮衣黏合成膜剂90%左右，搅拌均匀后过滤，刷涂或喷涂，干燥。

8. 固定和手感处理 根据顾客需求，注意固定材料的光泽（高光、中光、亚光）选择与复配；白色或彩色皮衣采用无色固定剂，黑色皮衣可采用专用黑色固定剂；手感处理宜在固定层干燥后进行。

二、中高档光面皮衣的美容、护理、保养

（一）清洗 中高档光面皮衣也可以采用手工清洗、水洗和干洗、档次较高皮衣以及遇水颜色变化的皮衣建议采用干洗。

1. 手工清洗：采用皮衣专用清洗剂，擦拭清洗，洁净湿毛巾清理；干燥。

注意：遇水颜色变化的皮衣不能进行手工清洗！

2. 水洗：为防止美容、修饰后的皮衣出现色差，皮衣水洗前最好调好颜色。

注意：遇水颜色变化的皮衣不能进行水洗！

（1）认真做好前处理；

（2）将皮衣专用清洗剂用40℃左右温水稀释后，加入3%～5%的皮衣水性复软加脂剂，搅拌均匀后，软毛刷蘸取该乳液刷洗皮衣；

（3）将皮衣置入洗衣机中，加入剩余的乳液，适当控制水位，水洗，投入漂洗；

（4）脱水后的皮衣置入3%～5%的水性加脂剂稀释液中浸泡2h，然后脱水、晾干；

（5）若有条件，最好在烘干机中进行烘干，烘干温度不大于40℃。

2. 干洗：为防止美容、修饰后的皮衣出现色差，皮衣干洗前最好调好颜色。

（1）认真做好前处理；

（2）添加助剂：溶剂型复软加脂剂和干洗助剂

（3）干洗时间：深色皮衣5～6min，浅色皮衣为6～8min.

（二）复软加脂 视皮衣皮板发硬板结的状况，采用水性加脂复软剂进行加脂复软处理、干燥。

注意；遇水颜色变化的变化皮衣不能采用阴离子型水性复软加脂剂进行手工复软加脂！

（三）处理残存的油脂 用稀释的冰醋酸水溶液浸泡、润湿并适当挤干的洁净湿毛巾，擦洗皮衣表面可能残存的油脂。

（四）熨烫处理 采用80℃左右熨斗垫布熨烫，若有条件，最好采用外接蒸汽光板夹机熨烫，以消除皮面上可能出现的褶皱、变形。

（五）修复、预处理 根据皮衣皮板破损状况，进行皮衣美容、着色前的修复、预处理。内容包括修边、裂面修复、补伤、黏合贴补等。

（六）防渗、封闭处理 为防止皮衣皮板变硬，档次较高的光面皮衣应进行防渗，封闭处理，遇水颜色变化的皮衣也必须进行防渗、封闭处理；

1. 先采用不成膜型水性防渗封闭材料喷涂，喷涂1～2次，喷一遍，80℃左右温度熨烫一遍。

2. 再采用成膜型水性防渗封闭材料喷涂，喷涂1～2次，喷一遍，80℃左右温度熨烫一遍。

干燥后检测防渗、封闭效果。

（七）美容、着色 采用调好色的颜料膏10%左右，具有自固定功能的高档黏合成膜剂90%左右，搅拌均匀后过滤，喷涂，干燥。

（八）固定和手感处理 根据顾客需求，注意固定材料光泽选择与复配；白色或彩色皮衣采用无色固定剂，黑色皮衣可采用专业黑色固定剂；手感处理宜在固定层干燥后进行；采用具有自固定功能的黏合成膜剂进行美容、修饰的中高档光面皮衣，除特殊需要外，可不进行固定处理而直接手感处理。

三、苯胺革等高档光面皮衣的美容、护理、保养

苯胺革等高档光面皮衣，不仅手感柔软，而且渗透、吸附性极强，真皮质感特别突出。为尽可能维护、保持苯胺革等高档光面皮衣的质料、风格、避免发生恶性改变、这类皮衣建议一般采用干洗。

（一）干洗 为防止美容、修饰后的皮衣出现色差，皮衣干洗前最好调好颜色。

1. 前处理；在皮衣污垢积聚明显的部位，喷涂干洗助剂后，软毛刷适当拍、刷。

2. 预洗

（1）干洗溶剂；中低液位清洁四氯乙烯。

（2）干洗助剂：溶剂型加脂剂 0.5kg（以十件皮衣计）；强洁剂 0.2 ~ 0.3kg（以十件皮衣计）。

（3）清洗时间：3 ~ 4min.

3. "二浴"清洗

（1）干洗溶剂：中等液位蒸馏过的清洁四氯乙烯。

（2）干洗助剂：加脂剂减量添加或不加；强洁剂减量添加或不加；其他助剂（抗污垢再沉积剂）每件50g.

（3）清洗时间：2 ~ 3min

（二）防渗、封闭处理 苯胺革等高档光面皮衣，可采用两种方法进行防渗、封闭处理；

1. 采用溶剂型防渗、封闭材料，喷涂 1 ~ 2 次，喷一遍，80℃左右温度熨烫一遍。

2. 采用水性防渗、封闭材料。

（1）先采用不成膜型水性防渗封闭材料喷涂，喷涂 1 ~ 2 次，喷一遍，80℃左右温度熨烫一遍。

（2）再采用成膜型水性防渗封闭材料喷涂，喷涂 1 ~ 2 次，喷一遍，80℃左右温度熨烫一遍。

干燥后检测防渗、封闭效果。

溶剂型与水性防渗、封闭材料二者之间的区别：溶剂型防渗、封闭材料，

适用于浅色皮革服装，而且表明不成膜；水性防渗、封闭材料，适用于各色皮革服装，表明成膜。

（三）熨烫处理 采用80℃左右的熨斗垫布熨烫，若有条件，最好采用最好采用外接蒸汽光板夹机熨烫，以消除皮面上可能出现的褶皱、变形。

（四）美容、着色 采用调好色的颜料膏3%～5%左右，具有自固定功能的 高档黏合成膜剂90%左右，搅拌均匀，然后加入调好色的染料水5%～10%，再次搅拌均匀，多次轻喷。

皮衣料面清晰，破损少或无破损，应多加染料水，少加颜料膏；当皮面破损较为严重。或污渍、污垢去除不彻底，应适量多加颜料膏，先进行局部修复，以利遮盖伤残、污染之处、然后多次轻喷。

若在喷涂过程中对皮衣适时进行熨烫，将有助于提高美容、修饰涂层的遮盖力和均匀力度。

（五）固定和手感处理 根据顾客需求，注意固定材料的光泽（高光、中光、亚光）选择与复配；白色或彩色皮衣采用无色固定剂，黑色皮衣可采用专用黑色固定剂；手感处理宜在固定层干燥后进行；采用具有自固定功能的高档黏合成膜剂进行美容、修饰的皮衣 初特殊需要外可不进行固定处理而直接进行手感处理。

（六）防污、防泼水处理 为最大吸纳度地提高苯胺革等高档光面皮衣，进行防渗、封闭处理。

四、反转革（皮毛一体）皮衣的美容、护理、保养

（一）清洗 中低档反转革（皮毛一体）皮衣可以采用水洗和干洗的清洗方法。

注意：遇水颜色变化的皮衣不能进行手工清洗和水洗！

1. 水洗：为防止美容、修饰后的皮衣出现色差，皮衣水洗前最好调好颜色。

（1）认真做好前处理

（2）将皮衣专用清洗剂用40℃左右温水稀释后，加入3%～5%的皮衣水性复软加脂剂，搅拌均匀后，软毛刷蘸取该乳液刷洗皮衣；

（3）将皮衣置入洗衣机中，加入剩余的乳液，适当控水位，水洗，投入漂洗；

（4）脱水后的皮衣置入3%～5%的水性复软加脂剂稀释液中浸泡2小时，然后脱水、晾干；

（5）若有条件，最好在烘干机中进行烘干，烘干温度不大于40℃

（二）干洗　为防止美容，修饰后的皮衣出现色差，皮衣干洗前最好调好颜色。

1. 认真做好前处理：在皮衣污垢积聚明显的部位、喷涂干洗助剂后，小毛刷适当拍、刷。

2. 预洗

（1）干洗溶剂：中等液位清洁四氯乙烯。

（2）干洗助剂：溶剂型加脂剂0.5kg（以十件皮衣计）；强洁剂0.3～0.5kg（以十件皮衣计）。

（3）清洗时间：3～4min。

3. "二浴"清洗。

（1）干洗溶剂；中高液位蒸馏过的清洁四氯乙烯。

（2）干洗助剂；加脂剂减量添加或不加；强洁剂减量添加或不加；其他助剂（看污垢再沉积剂）每件50g。

（3）清洗时间：2～3min。

4. 复软加脂　采用水性加脂复软剂进行加脂复软处理，喷涂3～5遍，干燥，若有条件，最好在烘干机中进行烘干，烘干温度不大于40℃。

注意：遇水颜色变化的皮衣不能采用阴离子型水性复软加脂剂进行手工复软加脂！

5. 防渗，封闭处理　反转革（皮毛一体）皮衣，可采用两种方法进行防渗，封闭处理：

（1）采用溶剂型防渗、封闭材料，喷涂1～2次，喷一遍，80℃左右温度熨烫一遍。

（2）采用水性防渗、封闭材料。

a. 先采用不成模型水性防渗封闭材料喷涂，喷涂1～2次，喷一遍，80℃左右温度熨烫一遍。

b. 再采用成模型水性防渗封闭材料喷涂，喷涂1～2次，喷一遍，80℃左右温度熨烫一遍。

干燥后检测防渗、封闭效果。

溶剂型以水性防渗、封闭材料二者之间的区别；溶剂型防渗封闭材料，适用于浅色皮革服装，而且表面不成膜；水性防渗、封闭材料，适用于各色皮革服装，表面成膜。

6. 熨烫处理 采用80℃左右的熨斗垫布熨烫，若有条件，最好采用外接蒸汽光板夹机（蒸汽压力在 0.2Mpa 左右）熨烫，以消除皮面上可能出现的褶皱、变形。

7. 美容、着色 取调好色的颜料膏3%～5%，采用反转革（皮毛一体）皮衣专用黏合成膜剂90%左右，搅拌均匀，然后加入调好色的燃料水3%～5%，再次搅拌均匀，多次轻喷。

皮衣料面清晰，破损少或无破损，应多加染料水，少加颜料膏；当皮面破损较为严重，或污渍：污垢去除不彻底，应适量多加颜料膏，先进行局部修复，以利遮盖伤残、污染之处，然后多次轻喷。

若在喷涂过程中对皮衣适时进行熨烫，将有助于美容、修饰涂层的遮盖力和均匀度。

8. 固定和手感处理 根据客户要求，注意固定材料的光泽（高光、中光、亚光）选择；白色或彩色皮衣采用无色固定剂，黑色皮衣可采用专用黑色固定剂；手感处理宜在固定层干燥后进行。

9. 防污、防泼水处理 为最大限度的提高中高档反转革（皮毛一体）皮衣的美容、护理效果，体现为顾客高度负责的精神，采用溶剂型防渗、封闭材料，再次对美容、护理、保养后的中高档反转革（皮毛一体）皮衣，进行防渗、封闭处理。

五、绒面、磨砂革皮衣的美容、保养

绒面、磨砂革皮衣没有化学涂饰层，其透水气性能极好，柔软性也大为改观，但其防水、防污性能较差，容易受污渍、污垢的侵害，且皮革坚牢度较低。再加上其采用染料着色，故此，为防止皮衣出现缩水变形等洗涤事故或颜色差异，建议一般采用干洗。当然，档次稍低的绒面、磨砂革皮衣也可采用水洗。

（一）干洗 为防止美容、修饰后的皮衣出现色差，皮衣干洗前最好调好颜色。

1. 前处理：绒面、磨砂革皮衣的前处理包括以下两个方面的内容。

（1）采用专用起绒刷或细砂纸，打磨其领口、袖口等处油光结壳部位，以利清楚积聚的污垢；

（2）干洗前处理：在皮衣污垢积聚明显的部位，喷涂干洗助剂后，软毛刷适当拍、刷。

2. 干洗

（1）干洗溶剂：中等液位蒸馏过的四氯乙烯。

（2）干洗助剂：溶剂型加脂剂 1～1.5kg（以十件皮衣计）；强洁剂 0.3～0.5kg（以十件皮衣计）。

（3）清洗时间：5～6min.

（二）加脂复软　采用水性皮衣复软加脂材料，适当稀释后，冲喷 2～3 次。

（三）干燥　晾干。最好在烘干机中烘干，摔软，烘干温度不大于 40℃

（四）熨烫　采用人像机，调整蒸汽压力在 0.2Mpa 左右，利用人像机的热气流充气熨烫。

（五）美容、着色　绒面、磨砂革皮衣的美容、着色有以下两种方法。

1. 喷涂恢复剂：色差不太明显的绒面、磨砂革皮衣可采用色泽恢复剂进行美容、着色。

（1）皮衣颜色较深时，应采用水性色泽恢复剂，其有加深色泽的功效，直接冲喷；

（2）皮衣颜色较浅时，应采用溶剂性恢复剂，直接冲喷

2. 喷涂染料水：

（1）色差比较明显的皮衣，直接喷涂调好色的染料水 3～5 遍，干燥；

（2）色差稍微明显的皮衣，当使用恢复剂不能满足弥补色差的要求时，先将水性皮衣加脂剂用 5～6 倍水稀释 u，取 90%～95%，加入 5%～10% 调好色的染料水中，喷涂 3～5 遍，干燥。

（六）固定处理

1. 喷涂色泽恢复剂的绒面，磨砂革皮衣干燥后，即可进行手感处理；

2. 采用染料水进行美容，着色的绒面，磨砂皮革衣，需采用专用固色剂进行喷涂固定。

（七）手感处理　皮衣涂层干燥后，喷涂手感剂 1～2 遍。

（八）防污，防泼水处理　为最大限度地提高绒面，磨砂皮革衣的美容，护理效果，体现为顾客高度负责的精神，采用溶剂型防渗，封闭材料，再次对美容，护理，保养后的绒面，磨砂皮革衣，进行防渗，封闭处理。

（九）后处理　绒面皮革衣防污，防泼水处理涂层干燥后，利用疏密适宜的梳子或软毛刷，按一定方向将美容，护理好的绒面，磨砂皮革衣上的绒毛，认真，仔细地梳理一遍，使美容护理好的绒面；磨砂皮革衣显得更加舒展，条理和美观。

六、变色油皮、油绒面皮、油磨砂革皮衣服装的美容、保养

油皮服装柔软细腻，延伸性和透气性能好，风格古朴典雅，深受人们的喜爱。

实施美容保养时，这种皮革虽耐水洗，但由于水洗（尤其水工水洗）易造成皮衣出现褶皱，变形，而一般中小洗衣店又缺乏必需的熨烫整形机具，故此，这种皮衣清洗时，建议优先考虑干洗。

然而油皮服装干洗时，由于干洗溶剂的脱脂作用较强，稍有不慎，即可造成严重的色差。为此，应严格控制干洗溶剂的纬度和操作工艺。

（一）干洗 为防止美容，修饰后的皮衣出现色差，皮衣干洗前最好调好颜色。

1. 前处理：油绒面，油磨砂革皮衣的前处理包括以下两个方面的内容。

（1）采用专用起绒刷或细砂纸打磨油绒面，油磨砂革皮衣领口，袖口等处的油光结壳部位，以利清除积聚的污垢；

（2）干洗前处理：在皮衣污垢积聚明显的部位，喷涂干洗助剂后，小毛刷适当拍，刷。

2. 干洗

（1）干洗溶剂：中低液位，干洗过浅色衣物的四氯乙烯。

（2）干洗助剂：溶剂型加脂剂 2~3kg（一十件皮衣计）；强洁剂不加。

（3）清洗时间：2~3min。

（二）加脂 加脂除了能使油皮服装的皮板恢复柔软手感之外，还具有使油皮服装的皮板恢复色泽，质感的功效。为此，如果干洗后的油皮服装颜色差异与质感不同，应选用不同的加脂材料。

1. 颜色差异小，色泽较均匀，但整体皮衣油皮质感较差：选用改善油皮质感作用突出的特殊，专用加脂剂适当稀释后，重喷 2~3 遍。

2. 色差明显，颜色深浅不一，且皮衣原有质感也有所改变：

（1）皮衣原有质感为蜡感，重喷 2~3 遍能突出蜡感的特殊，专用加脂剂：

（2）皮衣原有质感为油感，重喷 2~3 遍能突出油感的特殊，专用加脂剂。

（三）干燥 晾干，最好 40℃ 机器烘干，皮板及涂层厚薄不同，烘干处理时间不一样，一般 15~30min 即可。

（四）熨烫 油绒面、油膜砂革皮衣，最好采用人形机利用蒸汽熨烫。采用

人像机，调整蒸汽压力在 0.2Mpa 左右，利用人像机的热气流，对油绒面、油膜纱革皮衣充气熨烫。

而对于光面油皮服装，应采用外接蒸汽光板夹机（蒸汽压力在 0.2Mpa 左右）或 80℃ 左右熨斗垫布熨烫。

（五）美容、着色 不同质料油皮服装的美容、着色有以下两种方法

1. 喷涂色泽恢复剂：采用水性恢复剂，直接冲喷，干燥。

2. 喷涂染料水：色差比较明显的油皮服装，直接喷涂调好色的染料水 3～5 遍，干燥。

（六）固定处理

1. 喷涂恢复剂的油皮服装干燥后，即可进行手感处理；

2. 采用染料水进行美容、着色的油皮服装干燥后，需采用专用固色剂进行喷涂固定。

（七）手感处理 皮衣涂层干燥后，喷涂手感剂 1～2 遍。

（八）防污、防泼水处理 为最大限度的提高油皮服装的美容、护理效果，体现为顾客高度负责的精神，采用溶剂型防渗、封闭材料，再次对美容护理、保养后的油皮服装，进行防渗、封闭处理。

（九）后处理 油绒面、油膜纱革皮防污、防泼水处理干燥后，利用疏密适宜的梳子或软毛刷，按一定方向将美容、护理好的油绒面、油膜纱革皮衣上的绒毛，认真、仔细地梳理一遍，使美容护理好的油绒面、油膜纱革皮衣显得更加舒展、调理和美观。

七、"水洗皮"服装的美容、保养

"水洗皮"是今年来新开发、生产的一种新产品，其最突出的特点是皮板柔软度甚至超过纳帕革，能和纺织纤维制品相媲美。用这种革做成的服装，飘逸、潇洒，格调清新，风格独特。这类制品护理、保养时，不仅清洗护理工艺手段独特，而且需要采用较为特殊的皮革化工材料，否则将会严重影响皮衣的清洗护理效果。

（一）清洗 水洗皮服装的质料虽称为"水洗皮"，但绝不能水洗。否则，不但皮衣会产生明显的褶皱变形，而且皮衣色泽也会发生奇特改变，故此，这类皮衣只宜采用干洗。

1. 水洗皮服装采用专用强洁剂和相应溶剂适当稀释后进行前处理。

2. 干洗

（1）干洗溶剂：中高液位；蒸馏过的清洁四氯乙烯；溶剂温度保持在

10℃以下。

（2）干洗助剂：专用加脂剂 1~1.5kg（以十件皮衣计）；专用强洁剂 0.8 ~1kg（以十件皮衣计）；专用添加剂（看污垢在沉积剂）每件 50g。

（3）清洗时间：浅色 8~10 分；深色 6~8 分。

3. 干洗机脱液前，适当延长排液时间，尽可能沥干皮衣中残存的干洗溶剂。

4. 实施烘干时，应注意：

（1）皮衣脱液后不能立即实施加温烘干，需持续 4~5 分 低温运转后再进行加温烘干，以便让皮衣皮板内的油脂扩散、分布均匀；

（2）烘干温度不超过 40℃。

（二）美容、着色 水洗皮专用美容、着色材料包括专用的成膜剂、颜料膏和染料水。复配比例为：

颜料膏∶成膜剂∶染料水 = 1∶（8~9）∶（0.3~0.5）

（三）固定处理 根据皮衣光泽要求，将水洗皮衣专用固定剂（高光、亚光）适当复配后喷涂

（四）手感处理 采用水洗皮皮衣专用手感剂进行喷涂。

八、双色革、印花革、压花革、仿旧革服装的美容、护理、保养

这类皮衣多为修饰面革制成。

修饰面革是部分或全部去除动物皮本来表面，再在上面敷以着色材料或人造薄膜压出粒纹的皮革。

这种革的胚革粒面存在不同程度的伤残，经补伤并经磨面处理－－－－－即部分或全部去除动物皮本来表面后，再在上面敷以人造薄膜或采用颜料加黏合成膜剂将革面完全覆盖，经熨平压花制造一个假粒面。由于这种革的本来表面已不复存在，而代之的是人造薄膜或涂层，故称修饰面革。根据磨面处理程度的轻重，修饰面革又分为轻修饰面革、重修饰面革、头层修饰面革、二层修饰面革等。

修饰面革表面的人造薄膜，多数是用各种皮革化工材料（各种调好色的颜料加黏合成膜剂）制成涂饰浆液，经多次涂饰和压制某些花纹而成，所有修饰面革又称为颜料革，也有的修饰面革是将预先制好的化学薄膜移贴到皮革表面，这种皮革也称为移膜革或贴膜革。

为提高颜料革的等级，扩大花色品种，增加颜料革的美观，采用压花机或搓纹机，对革进行特殊处理，在革面上制造出美丽的花纹或搓纹，这种颜料革

称为压花革或搓纹革。

在同一涂饰的、颜色较浅的底基上,刷或喷上反差较大、颜色较暗(例如暗棕色或黑色)的颜色,可以使均匀的,也可以是不均匀的,从而使涂层获得所谓的"仿古效应",这类颜料称为仿古革或双色革。

美容、保养这类皮衣,可参照中高档光面皮衣护理保养操作工艺进行。然而值得指出的是:为确保皮衣的质感不发生恶性改变,不仅要求修饰涂层尽可能的薄(这就需要首先确保清洗效果),而且着色修饰材料的颜色应以浅色为准,以免引起皮衣风格的改变。

九、皮板硬接、滑爽皮衣的护理保养

这类皮衣,多为涂层或使用劣质皮革化工材料造成的后果。由于皮衣的原护理保养涂层又厚又硬,致使皮衣板板结发硬;而为了改善手感,原涂层又大量使用手感剂,致使皮面十分爽滑。

为使这类皮衣恢复其本来面目,需首先采用除膜剂去除皮衣原有涂膜。待皮衣原有涂层清除干净,且经复软加脂处理之后,才能进行美容、着色以及固色及手感处理。

美容、保养这类皮衣,可参照中低档光面皮衣护理保养操作工艺进行。

十、珠光革皮衣的护理保养

这类皮革多采用重修面革,或采用二层或三层皮(当然也有皮板较为柔软的全面软面珠光革),皮面涂敷含有各种颜色珠光粉或珠光浆的溶剂型光油,制成具有光亮涂层的珠光革以凸显其五彩斑斓的珠光宝气。

珠光革又分为水晶珠光和变色珠光。水晶珠光系含有珠光粉的涂层在下,其上涂覆溶剂型光油,因而在光照下呈现晶莹剔透的水晶般光泽;变色珠光系含有珠光粉的涂层即在皮层表面,因而在光照下呈现奇异的五彩斑斓色彩。

这类皮衣一般采用手工清洗或水洗的方法而不采用干洗,以避免干洗溶剂对皮衣风格可能造成的损害。其清洗及加脂方法可参照中高档光面皮衣操作工艺进行。

珠光革皮衣美容、保养得重点是着色修饰。珠光革类型不同,要采用不同的着色修复方法:

"珠光处理"前,采用调好色的溶剂型系列色膏 1 份,溶剂型光油 6 ~ 7份,喷涂底色,干燥后再进行珠光处理。

进行"珠光处理"时,水晶型珠光革,采用调好色的珠光粉 1 份,配以 5

~6 份皮衣高光固定剂（即溶剂型光油）喷涂，干燥后，再轻喷一次皮衣高光固定剂，干燥。

变色型珠光革，采用调好色的珠光粉 1 份，配以 5 ~6 份皮衣高光固定剂（即溶剂型光油）喷涂，干燥。

喷涂手感剂。

十一、光面皮衣的改色处理

为确保光面皮衣经改色处理后，其手感不发生恶性改变，需采用除膜剂，首先去除皮衣上的原有涂层。待皮衣原有涂层清除干净，且经复软加脂处理之后，才能进行改色处理。

待改色皮衣的清洗、加脂复软操作工艺可参照中低档光面皮衣操作工艺进行。

光面皮衣需使用改色剂。改色剂大多是溶剂型产品。

实施光面皮衣改色时，将清洗干净、并经加脂复软的皮革服装揩涂或刷涂一遍该系列产品。对渗透、吸附性强的皮革服装，需首先适当进行防渗封闭处理后再进行改色，以确保皮衣皮板的柔软手感。

实施光面皮衣改色时，需注意皮衣的接缝、边角、袋口、死角等部位，完全将原有颜色遮盖，不露底色。

待涂刷改色剂后的皮衣干燥后，再按照中高档皮衣着色、美容、护理操作工艺，对该件皮衣进行保养护理。

十二、中高档皮衣上明显霉斑的处理

霉斑容易在皮衣存放过程中出现，特别是潮湿多雨天气或皮衣较脏的情况下。

为防止皮衣出现霉斑，最好的方法是避免皮衣保管时受潮，而且在皮衣保管前，应将皮衣上的污物清理干净，适当进行护理保养，并在阴凉通风处晾干。

皮衣一旦出现霉斑，应采用棉球蘸取酒精（可在酒精中加几滴氨水）轻轻擦拭将霉斑清除，皮板干燥后，再认真进行护理保养，并在阴凉通风处晾干。

为遮皮衣上实在无法除去的霉斑，应在调好色的水性系列燃料水中添加 1% ~2% 的水性系列颜料膏，或采用阳离子系列染料水中添加 1% ~2% 的阳离子系列颜料膏的方法进行遮盖。

第三节　典型裘皮的洗涤

毛皮的皮板怕水，遇水后会发生板结发硬。当毛皮服装沾染了污垢时不能水洗，只能干洗。又因毛皮的种类很多，在清洗毛皮服装时，要根据毛皮的质地和污染程度，采取适宜的方法来清洗。

一、机器干洗

毛皮服装在干洗前要用软毛刷除去灰尘。然后按毛皮的档次、色泽、新旧程度、污染程度分类进行洗涤。尤其是白色、浅色的毛皮衣物为了避免受到再次污染或串色，需要单独进行洗涤。为了防止因洗涤时间过长而出现脱毛现象，应当根据衣物的脏净程度和新旧程度来控制洗涤时间。在烘干时应注意加热温度不宜过高、避免因温度过高而使毛皮皮板发硬，尤其是比较贵重的毛皮衣物更要注意，最好在脱液后不进行烘干，把衣物从干洗机中取出让其自然挥发风干，以防止造成重大损失。

为了减少洗涤时间，增强衣物在洗涤后的洁度，毛皮服装在干洗前要进行预去渍处理。尤其是毛皮衣物上的水溶性污渍更要在干洗前去除。总之，在干洗毛皮衣物时，操作中的每个环节都应仔细地观察，在确保洗涤质量的基础上，防止衣物受损的事故发生。洗涤为了去污，去污还要注意安全。

二、手工干洗

在没有干洗设备的情况下，毛皮衣物可以用手工干洗法进行清洗。手工干洗所用的干洗材料有：溶剂汽油、四氯乙烯、酒精、醋精、氨水、黄米粉及滑石粉等。根据毛皮服装的品种不同，污染程度的不同，采用不同的干洗材料和不同的方法来进行清洗去污。

1. 毛皮褥子的干洗

毛皮褥子、毛皮坐垫之类，多数是用粗毛皮类的低档毛皮制作的。这些毛皮皮板厚硬、结实、毛稀绒短，有一定的保暖性。尤其是狗皮类的毛皮革有抗风湿性，人们常把这类毛皮用来制作褥子、坐垫、护膝、护胃等防风湿御寒之物。

毛褥子易沾积灰尘，在清洗前要用小木棍轻轻敲打除去灰尘。然后再用毛刷刷一遍，将灰尘彻底去净。最好再用吸尘器吸附一遍。

先用干净的湿毛巾顺着毛倒向擦拭，除去沾染在毛皮上的水溶性污垢，然后用吹风桶顺着毛例向把毛皮吹干。再用棉布或棉团蘸上 1：1 的酒精（含量80%）和氨水（含量24%）混合液顺毛倒向擦拭，在擦拭中要不断地更换棉布或棉团，经几遍擦洗后，毛皮上的污垢就能全部除掉。为了增加毛皮的亮度，可用棉布在蘸上醋精顺着毛倒向擦拭一遍。待醋精挥发后清洗就算结束。在擦洗时不要弄湿皮板，用力不可过猛，只能顺着毛的倒向擦，不能逆擦，防止出现脱毛和刺毛。

此种方法也适用于毛皮坐垫、护膝、护胃、护肩等毛皮制品的清洗。

2. 毛皮帽子的干洗

毛皮帽子的种类很多，高中低档都有。高档的如海龙、水獭、猞猁等，中档的如旱獭，低档的如羊剪绒等。要根据帽子的质地和脏净程度，可选用不同的清洗剂。如溶剂汽油，四氯乙烯、酒精、洗涤剂等。

先用棉布蘸上溶剂汽油或酒精，对帽子的毛被部分顺毛进行反复擦洗。将毛被擦洗干净。再用小毛刷蘸上四氯乙烯对帽子的里部进行刷洗，在刷洗时边刷边用干毛巾擦拭，用干毛巾吸附刷下来的污垢。最后用棉布浸上溶剂汽油把帽子的里和面全部擦洗一遍。

对特别脏的部位，可选用优质洗涤剂适当的刷洗，但不要把水渗透到皮板上，防止皮板遇水后受损变硬。为了增加毛皮的亮度，可用棉布蘸上醋精把毛皮擦洗一遍。

3. 白羊羔皮的干洗

羊羔皮板薄毛细，经久耐穿。用途广泛，可做各式皮袄和马甲，尤其是白色的羊羔皮可做翻皮大衣。在干洗白羊羔皮制品时，除可以采用毛皮褥子的干洗方法外，还可以用以下方法进行清洗。

（1）将白羊羔皮除尘后，用酒精或高度白酒喷洒在毛皮上，然后再把滑石粉撒在毛皮上，用手进行反复揉搓，使各个部位都要揉搓到，搓完后挂起风干。干透后抖掉或刷去滑石粉，白羊羔皮即可清洁如新了。

（2）选用新鲜大红萝卜，去皮后切成块，用白色的萝卜块去擦拭白羊羔皮毛，擦洗时间越长越好，擦洗后晾干，污垢即可除去。

4. 毛皮围巾的干洗

毛皮围巾和披肩都是用高档毛皮制成的，如狸子、紫貂、灰鼠、黄狼、水獭等毛皮。在干洗毛皮围巾和披肩时，要用酒精和氨水相等比例的混合液为干洗剂。

用毛刷蘸上这种混合液轻轻刷洗毛皮上的污垢，注意不要弄湿皮板。当毛皮上的污垢被洗净后。再用潮湿毛巾擦洗，擦掉洗下的污垢和混合液的残留物，擦时要边擦洗，边在清水中投洗毛巾，直到擦净为止。需要增加毛皮亮度，可用醋精棉布擦一遍即可。这方法快捷可靠。

5. 皮袄的干洗

在干洗皮袄时，要将皮袄的面和里子分别进行处理。首先洗好皮袄的面再去清洗里子。一般皮袄的面料大多数是毛料织物，先要用酒精皂或四氯乙烯对衣物污染重点部位进行去渍处理。然后取一小盆溶剂汽油、用小毛巾蘸上溶剂汽油，用手轻轻拧一下，使毛巾呈半潮湿状态，按照顺序用汽油毛巾将皮袄的面全部擦洗一遍，在擦洗中，毛巾边擦边在汽油里投。经过这样干洗，就能把皮袄面洗干净。

在干洗皮袄的里子时，可以采取以下两种方法。根据所具备的材料及实质情况而选择使用。

（1）用酒精喷洒在毛皮上，然后把黄米粉撒在上面，用手反复进行揉搓，将毛皮的各个部位都搓到，揉搓的时间越长越好。让毛皮上的污垢全部都黏附到黄米粉上，待黄米粉干后，再把黄米粉从毛皮上刷掉，最好再用吸尘器吸一遍，毛皮即可清洁。如一次没有洗净，可以反复进行多次，直到洗净为止。

（2）将加热后的麦麸撒在毛皮上，用手进行揉搓，让毛皮上的污垢全部黏附在麦麸上，然后再把麦麸从毛皮上刷掉，从而达到使毛皮去污的目的。

6. 裘皮大衣的干洗

裘皮大衣又称翻皮大衣。品种很多，有高档、中档和低档的。在干洗这类大衣时也要将衣服的毛皮面和里子衬分别处理。

干洗这类大衣时，要配制1：1酒精（含量80%）和氨水（含量24%）的混合液。再配制1：1黄米粉与滑石粉的混合物。

先用毛刷把酒精与氨水的混合液刷到毛皮上，再把黄米粉与滑石粉的混合物均匀地撒在上面，用手轻轻反复揉搓，把毛皮的各个部位都揉搓一遍。然后将衣服挂起来风干，干透后再用藤条轻轻拍打，把毛皮上的黄米粉与滑石粉的混合物抽打下来。最后再用吸尘器吸附一遍，之后再用软毛刷把毛皮整理一下即可。需要增加毛皮光亮度的，用蘸醋精的毛巾将毛皮擦拭一遍。

清洗裘皮大衣里子时，要选优质洗涤剂。先把大衣下摆拆开，穿入一块木板将里子衬与毛皮面隔离，再用软毛刷蘸上洗涤剂依次刷洗，边刷洗边用湿毛巾擦洗，将刷下来的污垢吸附在毛巾上。刷洗后再用干毛巾擦一遍，挂在通风处阴干。如干后有褶皱，可用吹风桶慢慢将其烫平，最后再将下摆缝合。

第四节　皮革服装的修补

皮革服装虽然坚牢耐穿，但经长时间穿用也难免出现划伤。为了使服装能正常穿用，对损伤部位就要及时进行修补，尤其在皮革服装清洗之后，要认真检查有无破损之处，并要及时修补。

一、原皮服装的修补

对质地轻薄柔软的原皮服装的破口，可用粘补的方法进行修补。方法是：将破口下面垫上无纺衬，再用树脂类粘合剂黏合。黏合剂可选用环氧树脂胶粘剂、聚乙烯醇缩甲醛或改性聚乙烯醇缩甲醛（即801）、氯丁胶等，决不可用501、502等类的万能胶。这种万能胶会使皮革变形硬结，影响真皮服装的美观。粘合时要把破口的缝对齐，并要注意皮面的清洁。

对于皮板较厚的原皮服装的破口，可在破口下面垫上药用白胶布。用白胶布将缝口处对齐固定，然后再用树脂胶填充缝口，将其缝口填平。一次填不平可分多次进行，直到填平为止。在破口较大又难以粘合的情况下，可以采用对缝缝合方法进行修补，或采用粘补和缝补相结合的方法进行修补。

总之，在修补原皮服装的破口时即要考虑到补后的牢固程度，又要做到补后不留疤痕，也就是说要做到既结实又美观。

二、真皮服装的修补

真皮服装属于高档服装，尽管穿着仔细，也难免遭受损伤。当真皮服装受到损伤破口时，可以用粘补的方法进行修补。

（一）微小裂口的粘补

真皮服装上出现微小的裂口时，要把裂口处平铺在案台上，在裂口中涂上丙烯酸树脂，然后把裂口对齐，用吹风桶烘干。待烘干后，裂口就无处可寻了。

（二）较大破口的粘补

真皮服装上出现较大破口时，先将破口处平展在案台上，取一块比破口略大一些的无纺衬。从开口处放入垫在破口下面铺平，然后将皮革黏合剂涂入破口中，再把缝口对齐整平。并在破口上面垫一层棉布，用熨斗压烫定型，当革面平整后将垫布取下，用吹风桶烘干。如有痕迹可用同色色浆涂盖，达到看不出破损痕迹为原则。如将整件服装进行涂饰，破损之处就找不到了。黏合剂的选用与原皮服装的相同。

（三）擦伤的修补

真皮服装的表面是用皮革涂饰剂涂饰而成的。当真皮服装局部受到碰撞或摩擦时，会使其皮革表面出现擦伤。严重时会出现凹状伤疤，或露出皮革的粒面，或发生撕裂，而极度影响美观及穿用。当出现擦伤或撕裂时，可以用以下方法进行处理。

1. 撕裂口的粘合

当真皮服装出现较长的撕裂口时，先把衣服的撕裂口处平展在案台上，取质地薄软的丝绸或棉的条状织物，使幅宽与裂口相应，将其垫在撕裂口下面。从裂口处给织物涂上树脂胶，然后把撕裂口对齐同时粘在织物上，垫布用熨斗压烫。待伤口粘合干透后，再用皮革补伤膏，用点补方法将伤残处填平。干燥后用同色色浆进行涂饰即可。对于面积较小的凹状擦伤，也要用补伤膏，用点补的方法来填平，最后再用同色色浆进行涂饰。

2. 大面积擦伤的修补

真皮服装表面出现较大面积擦伤时，可以用补伤浆进行面补。面补时，先把真皮服装擦伤处平铺在案台上，用配制好的流平性能较好的补伤浆揩涂或刷涂于擦伤之处。一次不能填平可多次进行刷涂，但要在补伤浆干燥后才能第二次刷涂，直到把擦伤之处填平为止。最后要用同色色浆进行整饰。

在没有补伤膏、补伤浆及其材料的情况下，只能选用成膜后延伸率较大、硬度较小的结膜剂与颜料膏配制涂液来代替补伤育或补伤浆进行补伤。如丙烯酸树脂软 1、聚氨酯 SC – 9311、PU – 3001、PU1 – 02 等也能取得较好的效果。

在这些材料也不具备的情况下，只能用现有的结膜剂与颜料膏或揩光浆的混合液来补伤。但会使补后部位发硬，光亮较强，统一感较差，能给人以较强的塑料感。

（四）挖补法

当真皮服装受损伤而出现破洞，而破洞处又缺了一块肉，用正常的粘补法无法使破洞对合，如有这种情况发止，只能用挖补法来进行修补。方法是用利刀将服装的破洞处挖成一个方形或圆形的小洞，使刀口向外倾斜。然后将服装背领下方的备用皮块取下，制成一个与方洞或圆洞外径相等的皮块，并使皮块上的花纹与服装上的花纹对称。用刀将皮块边缘向内制成斜面，使皮块放入洞内正好合适为准。然后将皮块边缘斜面上涂上粘合剂，再将皮块放入洞口中，使皮块边缘与洞边缘粘合。在两者粘合之前，预先把一块比洞口略大的无纺衬从洞口处放入，铺置在洞口下面，防止黏合时将衣衬粘在一起。两者黏合后，在上面塑上一层棉布用熨斗压烫，以增加黏合的牢固度，将皮面熨烫平整后把垫布取下，用吹风桶烘干。如有松动处可进行补粘，最后用同样色浆涂饰，破洞就不见了。

三、加工皮服装的修补

（一）磨砂皮服装的修补

磨砂皮服装发生损伤破口时，可参照原皮服装的修补方法，对于皮面较薄的可以用粘补方法进行修补，对于皮面较厚的可以用缝合法进行修补。

（二）泡皮服装的修补

泡皮服装属于低档皮革服装，坚牢度较差，穿久后极易出现破损，可根据实际情况，参照原皮服装的修补方法进行处理。

（三）绒面皮服装的修补

绒面皮革服装受损破口时，最好用缝合法进行修补，如用黏合法时，要防止皮面上的绒毛粘结而影响美观。

第五节　皮革护理常用材料

皮革制品的美容、护理是个十分复杂的操作。它不仅需要进行大量的手工处理，还包括了许多物理、化学的变化。随着消费水平的提高，消费观念的改变，人们对各类皮革制品美容、修饰、护理的要求越来越高。因此，进行皮革美容、护理的从业人员，应该对皮革美容、护理所用材料有广泛、深入的知识和应用技能，才能适应和满足消费者的需要。

一、光面皮革制品常用美容着色及固定材料

用于光面皮革制品着色涂饰的各种材料，根据皮革制品质料的不同有一定的区别。但一般来说，光面皮革制品美容着色涂饰所用的材料，基本由各种黏合剂（又叫成膜剂）、着色剂（各种颜料）、介质（水活溶剂）和各种添加剂（如防黏剂、匀饰剂、交联剂等）组成。其中，黏合剂（成膜剂）是光面皮革制品着色涂饰材料中最主要的成分，涂层的许多性能都是成膜剂决定的。

（一）光面皮革制品常用着色涂饰材料

光面皮革制品常用着色涂饰材料主要有：黏合（成膜）剂，按其主要成分分为蛋白类、丙烯酸树脂类、聚氨酯类等；着色剂，按其主要成分和粒度可

分为无酪素或少酪素颜料膏、高细度颜料膏、特殊效应颜料等；添加剂，按其用途可分为匀饰剂、防黏剂、交联剂、稳定剂等；介质，主要有水和溶剂两种。

1. 黏合剂（成膜剂）黏合剂是光面皮革制品美容着色涂饰材料的主体。当着色涂饰材料涂布于皮革表面后，随着水分或溶剂的挥发，主要依靠黏合剂将颜料黏附在光面皮革制品表面，并在革面上形成一层连续的薄膜。所以黏合剂又叫成膜剂。黏合剂（成膜剂）除应具有良好的黏着力以外。其柔软性、弹性、延伸性等各方面的物理性能应与皮革皮板相一致，有容纳一定染料、颜料和各种添加剂等物质的能力。光泽柔和适中，耐寒、耐热、耐摩擦，有一定的抗水、看溶剂性，其厚度应尽可能的薄。

（1）蛋白类黏合成膜材料。这类黏

合成膜剂黏合力强，形成的薄膜光泽柔和，美观大方，成膜包且清澈透明，自然高贵，耐干擦，卫生性能（透水气性）好。涂饰保养高度自然感的水染全粒面苯胺革、水染压纹革、油效果应革等，除染水之外，一般优先考虑采用蛋白类黏合成膜剂。

但这类你和成膜剂抗水行不强，不拿湿擦，成膜性（严格地说是破碎的膜）较差，薄膜脆硬，延伸性小，且面层固定要醛类物质。蛋白来黏合成膜剂的这些缺点，可以用添加丙烯酸树脂或聚氨酯来改善它的物理性能，但其亮度和成膜厚度要发生变化（成膜变厚）。

蛋白类黏合成膜剂的典型代表时酪素。其外观为白色至淡黄色的硬质细圆粒粉末。；酪素不溶于水，但可在水中膨胀，也不溶于酒精及其他中性的有机溶剂，但其溶于稀碱和部分稀盐（如硼砂）的水溶液中，有明显的亲水性。

过去常用酪素配成商品皮衣涂饰材料揩光浆。它是一种水性浆料，带着各种颜色。揩光浆适当稀释后即可使用，不许加入其他材料，当然也可和其他材料混合使用，以提高涂层性能，但不能单独作皮衣顶层涂饰使用（用作光亮剂）。揩光浆由酪素、硫酸化油、颜料、防腐剂和水等物质组成。

应该指出，作为一种着色涂饰材料，过去很长一段时间内，揩光浆曾被广泛用于各类光面皮衣的着色涂饰。但随着人们物质文化水平的提高，皮衣质料、档次、风格的变化，现在在试图单独采用揩光浆即欲进行各类光面皮革着色涂饰的做法，显然已不能适应市场发展的需要。尤其是那些在揩光浆中加入了甲醛，号称着色、固定一次完成的商品，选用时更应格外小心。

众所周知，甲醛会导致呼吸道感染，甚至诱发癌症，这已是不争的事实。另一方面，揩光浆中若甲醛加量过低，会使美容保养后的皮衣不抗湿擦；而生活中最常见的是某些人，为突出揩光浆的抗湿擦性能，往往在揩光浆中不计后果地过量添加甲醛，从而甲醛与皮蛋白质纤维强烈的交联作用，使用过量添加甲醛的揩光浆涂饰保养后的皮衣，穿用两三年后，皮衣表面便会出现大面积细碎裂纹（皮衣裂面），这种局面预想改变是相当困难的。

目前市场上常见的各种蛋白类黏合成膜剂，多数都是已和其他材料相混合，使用时要充分认识各类蛋白类黏合成膜剂的性能，并结合光面皮革制品的具体着色涂饰要求，合理选择。例如，有的产品已对酪素进行了改性处理，用以提高它的抗温擦性能；有的产品在蛋白类黏合成膜剂中加入了乳化蜡，用以产生变暗效应；还有的产品加入了其他添加剂。

使用蛋白类黏合成膜剂时，也可以按照不同的着色涂饰要求，适量加入丙烯酸树脂乳液或聚氨酯乳液，已达到不同的质量要求。蛋白类黏合成膜剂中若适当添加交联剂用于 涂饰，则粘接效果更好，抗湿擦性能也能得到不同程度的改善和提高，但皮板的柔软手感可能会受到一些影响。

（2）丙烯酸树脂乳液。丙烯酸树脂乳液是目前光面皮革制品美容保养过程中使用最为广泛的黏合成膜剂。它黏着力强，容纳能力高。成膜柔软富有弹性，延伸性好，成膜不易破裂（前文已述及，单独使用蛋白类黏合成膜剂，涂膜硬脆，容易产生纹裂），而且轻易不会使皮革皮板变硬，光泽较好，抗水性强。此外，丙烯酸树脂乳液稳定性好，能在较长时间内保持乳液不产生分层或结块现象。

但丙烯酸树脂乳液涂层耐候性能稍差，遇热发黏、遇冷变硬，和蛋白类黏合成膜剂相比，成膜相对较厚，且没有蛋白类黏合成膜剂形成的涂层那么清澈透明。实际应用时，要根据光面皮革制品的不同质料，适当加进其他材料拼配使用。例如适量添加聚氨酯可以大幅度提高涂层的物理性能，热不发黏，冷不脆裂，同时涂层具有较高的抗曲折能力和较理想的抗干、湿擦性能。

目前，伸长丙烯酸树脂乳液的厂家和品种越来越多，既有国内产品，也有进口材料，而且各种丙烯酸树脂乳液产品的规格、性能和用途也不尽相同。光面皮革制品着色美容涂饰时，根据各种光面皮革制品所用的质料的不同，以及不同丙烯酸树脂乳液产品的不同性质，可将各种型号的丙烯酸树脂乳液产品相互调配使用，以改善和提高皮革制品美容修饰涂层的性能。

（3）聚氨酯。聚氨酯乳液黏合成膜剂时近年来发展最为迅速的皮革化产品。它形成的薄膜柔软丰满、手感好，尤其具有 极高的弹性及延伸能力，曲折上万次不龟裂黏着力强，抗水性好，耐高、低温，耐老化，是非常有前途的光面皮革制品美容涂饰材料之一。

但聚氨酯乳液形成的薄膜相对较厚。若以天然蛋白类黏合成膜剂的成膜厚度定为1，则丙烯酸树脂乳液的膜厚度则为2，而聚氨酯的成膜厚度则为4，看上去有胶的感觉。为此，使用时可根据不同质料皮革制品的不同要求，加到丙烯酸树脂乳液中混拼使用，则成膜薄些，自然感好些。

业内朋友们可能都有这样的体会：皮革制品美容、修饰、保养质量的优劣，首先取决于皮革制品风格不能发生恶性改变，其次是皮革制品的手感应有不同程度的改变和提高，再次是皮革制品的色泽、色光应尽量保持原有风貌，不能出现明显的色差。如能确保上述内容，一般情况下，顾客是不会提出异议的（应该指出，上述分析并不意味着可以忽略皮革清洗、美容、保养其他方面的要求）。

然而实践说明，光面皮革制品美容、修饰、保养质量的好坏，关键在美容、着色涂饰过程中各种黏合成膜剂的材料选择和配伍。为此，建议朋友们进行光面皮革制品美容涂饰保养时，要严格遵照"看皮做皮"的原则，有针对性的选择适宜的黏合成膜材料。若继续延用自认为是较为成熟的经验，试图像巫医那样，用某种简单的药品即公然宣称包治百病的想法和做法，最终只能落个自寻烦恼。

说到这里，不妨借鉴一些较为成熟的经验：皮革制品的质料、档次、风格不同，使用要求（即用途）不同，应采取不同品种的黏合成膜材料，不同的复配比例，不同的美容、护理、涂饰工艺方法，以获得较为理想的效果。

2. 着色剂　着色剂是使各类皮革制品显示各种颜色的物质。光面皮革制品着色、美容涂饰时，最常用的着色剂主要是各种颜色的颜料（商品颜料一般制成膏状）。当然，半苯胺革、苯胺革、纳帕革等皮革制品美容、着色时，亦需要使用部分染料。

颜料是一种既不溶于水，又不溶于媒介液体的有色物质。颜料与纤维不具亲和力，必须借助于适当的黏合材料或称展色剂而固定于物体表面。颜料能使物体表面着色，但并不深入到物体内部，是表面着色作用、物理遮盖作用。涂覆之后，不仅能遮盖原来的物面并赋予鲜艳的色彩，而且更重要的是能阻止日光、空气等对物面造成的破坏，延长使用寿命。

通常使用的商品颜料一般制成膏状。颜料膏由颜料、酪素、油料和防腐剂等组成。一般分成普通颜料膏、高细度颜料膏、溶剂型颜料膏和特殊效应颜料膏。

皮革制品着色涂饰的目的，是赋予皮革所需要的颜色，遮盖革面上轻微的伤残缺陷和实在去除不掉的污垢污渍。因此，光面皮革制品着色涂饰用的颜料，要求有鲜明的色泽，较好的遮盖力，同时要求较高的分散性能，耐光，耐熨烫。

根据颜料的来源，可将颜料分为天然颜料和合成颜料两大类。天然颜料还可分为矿物颜料，如朱砂、铜绿等；植物性颜料，如藤黄等。合成颜料种类很多，一般可分为有机和无机两种颜料。二者相比，有机颜料具有更纯净的颜色。

某些颜料膏中加入酪素的原因，是由于以前生产的丙烯酸树脂乳液稳定性较差，直接加入颜料会使树脂结块，所以先将酪素与颜料相混合，再经研磨制成颜料膏。随着丙烯酸树脂乳液生产工艺的改变，其稳定性能大为提高，所以，小酪素或酪素颜料膏便应运而生。

颜料膏中加入油料（如硫化油）的目的，是作为分散介质以提高颜料膏的分散性能。

和普通颜料膏相比，高细度颜料膏的颜料颗粒更细。例如，普通颜料膏的颜料粒度为 $5 \sim 15 \mu m$，而高细度颜料膏的颜料粒度在 $1 \mu m$ 左右。由于高细度颜料膏的颜料颗粒更细，因而着色力、遮盖力更强，由于光面皮革制品美容、着色涂饰时，可以降低涂层厚度，对提高皮革制品美容、涂饰保养效果更加明显。

所谓特殊效应颜料，是指某些含有金属粉末或云母微粒的颜料，着色涂饰之后，会使皮革表面产生珍珠或金属光效果。这种颜料中，其微细的颗粒及高折射率会产生极其华丽的金属光泽。这种颜料具有极其优异的物理、化学性能，耐酸、碱。这种颜料有粉末和颜料膏两种，均可和染料水混合使用，但膏状产品仅用于水性溶液中。

近年来，为适应某些特殊涂饰的要求（例如阳离子涂饰、水溶两性涂饰甚至溶剂型涂饰）的需要，市场上还出现了阳离子颜料、水溶两性颜料以及溶剂型颜料膏。

3. 各种添加剂　为改善和提高各类皮革制品美容着色涂层的物理性能，常在光面皮革制品美容、着色材料中，适量添加某些助剂。如为了增加着色材料的流动性而添加的助剂称之为匀饰剂；为防止涂层发黏而添加的助剂称之为防粘剂；为提高涂层与革面的黏合能力所添加的助剂称之为交联剂；为防止聚合物由于长期暴露在光照下收紫外线照射引起光氧化降解，导致颜色变化或变暗，光泽降低，成膜断裂、粉化等添加的助剂称之为稳定剂（或抗老化剂）等。

4. 介质　光面皮革制品美容、着色涂饰材料中的介质，系指水和有机溶剂。由于有机溶剂不但价格相对较贵，而且大多有特殊异味，有些溶剂还污染环境，所以，一般情况下光面皮革制品美容、着色涂饰材料大多以水作为介质，或制成水溶型涂饰剂（如酪素涂饰剂等），或制成水乳型涂饰剂（如丙烯酸树脂乳液涂饰剂等），只在个别情况下以溶剂为介质，制成专业的材料，如光面皮革制品的改色剂等。

（二）光面皮革制品常用固定涂饰材料

光面皮革制品在着色涂饰后进行固定处理，其目的主要有两方面，其一是提供着色涂层的抗干、湿擦能力；另一方面，利用固定层涂饰材料调整涂层的光泽。

光面皮革制品常用的固定涂饰材料多为硝化纤维制成。

硝化纤维是用浓硫酸、浓硝酸混合液处理纤维素得到的酯化产品。由于酯化程度的差别，其产品的黏度、弹性、光泽，以及康断裂强度等均有所差别。根据不同用途，又有高光、自由光、亚光以及无色固定和有色固定等几种材料以满足需要。

硝化纤维产品分为乳液型和溶剂型，相比之下，溶剂型产品形成的涂层更光亮。皮革护理业最常用的为乳液型产品，其成膜薄而光亮，耐寒热、耐酸碱、耐干湿擦。涂层光亮，手感滑爽，表面细腻。

硝化纤维是具有刚性链分子的高分子物质，成膜挠曲性小，缺乏皮革修饰所需要的延伸性，虽然为了适应皮革制品美容修饰而加入了增塑剂，但由于日久天长增塑剂的散失，涂层会变硬发脆，延伸性减弱，耐老化性能较差。此外，受紫外线影响，其色泽会变黄，乳液长期存放不稳定。

使用硝化纤维固定剂时，应该注意以下几个方面的问题：

1. 由于生产厂家不同，硝化纤维乳液固定剂的有效物含量不一定完全一致。实际应用时，稀释用水的添加量要适中，否则会影响涂层的光泽和抗干、湿擦性能。

2. 由于硝化纤维乳液形成的涂层透水汽性差，故光面皮革制品固定修饰前应充分干燥，否则固定处理后涂层会出现雾状，影响皮革制品美容护理效果。

3. 涂饰用量要适中。用量过少，皮革制品不抗湿擦，光泽也较差；而用量过大，则由于其延伸性较小致使涂层发硬造成皮革制品的皮板身骨发挺。

4. 硝化纤维乳液长时间存放易分层，使用前必须充分搅拌均匀，以免影响固定效果。

二、绒面（磨砂）革等皮革制品常用着色及固定材料

（一）着色材料

随着制革工业的发展和人民生活水平的提高，以前仅在商店展厅里才能监督的高档皮革制品，现在已不鲜见，而且其款式、风格更加时尚化、个性化。这些批拒绝置评美容着色涂饰是，显然不能单一采用颜料膏加黏合成膜剂的办法，而应该选用或配合选用适合这些种类皮革着色的染料。

所谓染料，是指某一类有色的化学物质，它能使纤维材料染成各种鲜明和坚牢的颜色。作为染料的主要条件，除了具有鲜明的颜色之外，还需要具备对各种纤维材料有良好的亲和力和详单哪个好的各项坚牢度，如抗水洗坚牢度，抗日晒坚牢度、抗摩擦坚牢度等。染料绝大多数是有机化合物，一般可溶于水或溶于某些溶剂，或借助于适当的化学药品成为可溶性，使纤维材料染上颜色。

皮革纤维与一般纺织纤维或其他动物性纤维（如丝纤维、毛纤维）不同，它具有较强的荷电性，从而造成了各种染料与皮纤维间结合力方面的极大差异。此外，皮革皮板不仅具有一定的厚度，而且由于部位的不同，皮纤维组织结构和致密程度存在很大的差别，而各种染料由于分子大小以及结合力方面的不同，具有不同的渗透性，也容易造成染色不均匀或影响所染色泽。还有，皮革制品采用染料进行着色涂饰时，除个别服装可以采用浸染方法外，大都采用喷染方法，因此，皮革制品美容修饰时，对染料性能提出了更高的要求。

皮革制品美容、保养业对常用染料提出的要求要求包括以下诸方面内容：所用染料既能溶于水，也能溶于某些溶剂，渗透性好；对不同质料的皮革（如铬鞣革、植鞣革等）均能取得同一色调，不会产生明显色差；能常温染色且均染性好；皮革经过染料染色后具有较强的各种坚牢度，如耐日晒坚牢度、耐水洗坚牢度等，耐摩擦耐化学试剂。

皮革制品美容、着色常用染料中，应用最多、最具代表性的是金属络合染料。

金属络合染料是指某些染料（如酸性染料、直接染料、活性染料等）与金属离子（如铬离子、钴离子、铜离子、镍离子等）经络合而成的一类金属。

这类染料经与金属离子络合后，染料分子中既包含有色基阴离子又包含金属阳离子，同时具有两种电荷，故此，金属络合染料为两性染料。

根据染料与金属离子的比例不同，金属络合染料可分为性能不同的染料。例如1∶1型金属络合染料，系由一个金属离子与一个染色分子所形成的络合染料；1∶2型金属络合染料系由一个金属离子与两个染色分子所形成的络合染料或由一个1∶1型金属离子络合染料分子与一个相同或相异的可络合的染料所形成的络合物。此外还有其他类型的金属络合染料。

金属络合染料的溶解性与其组合有关。一般随着络合物分子的增大，其水溶性降低，如2∶3金属络合染料几乎完全不溶于水，被列为醇溶性染料。

采用金属络合染料对各类皮革制品进行美容、着色涂饰时，由于皮纤维中剩余的官能团能与染料形成的物理化学作用，因而染色坚牢度好，耐水性，耐水洗，耐日晒，耐摩擦，着色饱满而且鲜艳。

日常生活常见某些绒面、磨砂革皮革制品，经清洗后其颜色差别并不十分明显，对于这类皮革制品，可采用色泽恢复剂进行美容、着色涂饰，用以你不这类皮革制品上出现的微弱色差，同时提高皮革制品原有的饱满度、鲜艳度。

常用色泽恢复剂有水性、溶剂性之区别。如意大利芬尼斯公司的WZ435即为水性，而SE–5200则为溶剂性。水性色泽恢复剂常用于中等色及彩色绒面、磨砂革等皮革制品，有恢复并加深皮革制品原有的色泽。溶剂型色泽恢复剂常用于浅色绒面、磨砂革等皮革制品，除了能恢复皮革制品原有的色泽外、还有增艳的作用。

采用色泽恢复剂进行皮革美容、着色涂饰时，应根据皮革制品色差的大小，适当将恢复剂加以稀释。实际操作时，首先将稀释后的色泽恢复剂喷涂在颜色较浅的部位，待其干燥后，再用剩余的色泽恢复剂将皮革制品整体着色轻喷，以尽量减少皮革制品上可能出现的色差。

（二）固定材料

采用染料对皮革制品进行着色修饰后，尽管染料与皮纤维具有一定的坚牢度，但仍需要采用固定材料对着色涂层进行固定处理，以进一步提高着色涂层的抗干、湿擦能力。

对染料能起固定作用的固色剂，其作用与均染剂相反，它主要是降低染料分子与皮革纤维结合后的水溶性，使已经结合的染料进一步固定，增加皮革纤维染色的坚牢度。例如皮革行业常用的固色剂 Y，属阳离子型表面活性剂，它所带电荷与常用染料电荷相反。喷涂之后，它与染料生成不溶性沉淀物固着在皮革纤维上，从而起到了固色作用。

应该指出，带相反电荷的固色剂不能与染料同时使用，否则会造成染料沉淀从而影响皮革制品的染色效果。

诚然，皮革制品采用染料进行美容着色时，由于选用的染料不同，因采用不同的固色材料。例如直接染料、酸性染料，

加酸后，适当酸化会促进染料与皮革纤维的结合，对染色浓度、坚牢度都有好处，因而也起到了明显的固定作用。

三、阳离子涂饰系统

为改善染色质量，提高铬鞣革的塑性，；尤其在制作某些有缺陷的皮革时，为使皮面的人造粒纹更加明显地被固定，制革厂常用丹宁（植物鞣剂）对铬鞣革进行复鞣加工。

然而正像人们所了解的那样，经用丹宁复鞣处理后的皮革，其等电点向酸性方向转移。清洗、护理、美容、保养这类皮革时，不能用 PH 值高的阴离子皮革化工材料，否则不但皮革皮板对皮革化工材料渗透吸收特别快，极易造成皮板颜色发生变化，轻则出现褐色斑点，重则出现大范围的不规则的深色云图案。出现这种情况，欲想挽救相当困难。为解决类似的皮革制品美容、保养问题，应采用阳离子涂饰材料。

所谓阳离子涂饰系统，既包括成膜剂、着色剂（颜料和染料）和各种助剂在内的皮革化工材料，均由阳离子材料构成（当然也可添加某些非离子材料）。阳离子皮革化工材料带阳电荷，美容、保养那些渗透吸附性特别强烈的皮革制品和经丹宁（植物鞣剂）处理过得皮革制品时，由于阳离子涂饰材料易在革面结合而不易向革内渗透或渗透较浅，从而保证了皮革制品的柔软性和弹性，而且成膜效果好，光泽也佳。

另外，皮革制品目前常用的传统美容、修饰材料，几乎都是阴离子性的。而经过某些鞣剂及阴离子染料和加脂剂处理过的皮革，其纤维表面带阴电荷。用阴离子材料美容、修饰时，涂层与革面间只能依靠成膜剂的黏合力结合。若采用阳离子美容、修饰材料，就可以借助于阴、阳电荷的键合力来加强涂层与革面的黏着，使涂层黏附于革面更加牢固。所以近几年来，阳离子美容、修饰技术在我国得到了广泛应用。

阳离子美容、修饰材料不仅能使皮革制品的美容、修饰涂层黏着更加牢

固，而且由于阳离子产品具有颗粒微细的特性，故其涂层也比阴离子性产品柔软，虽然其具有良好的渗透性和黏着力，但其作用却不影响皮革柔软性，而且有一定的填充性，使皮革制品的皮板更加丰满。此外，由于阳离子美容、修饰材料有易于吸附物体表面的特点，可以有效地遮盖皮革制品表面的伤残、缺陷以及实在清除不掉的污渍、污垢，因此也大大提高了各类皮革制品的美容护理质量。

就阳离子皮革化工材料而言，目前市场上有大量进口和国内产品，如阳离子聚氨酯水性分散体、丙烯酸聚合体水乳液，以及改性天然阳离子聚合物水性分散体等阳离子黏合成膜剂，封底性强，不增加皮表面负荷，降低革的吸收作用，得到细软的粒面，涂层间黏合力好，成膜柔软。适用于各类光面革皮革制品的阳离子涂饰，可与其他阳离子助剂、阳离子颜料相容。

一些阳离子助剂如阳离子合成蜡乳液，可改善手感，具有防泡功能，还可加强涂层防水性。此外，还有阳离子亚光剂、软化剂、填充剂等。

阳离子涂饰系统中的着色材料中，还包括阳离子颜料盒染料。阳离子颜料与阳离子助剂相容，着色力强，色泽纯正、饱满，极易在水中分散。阳离子染料主要用于染色要求丰满、颜色较深时。实际应用时可用水稀释 [（1：5）~（1：10）]。

采用阳离子材料对各类皮革制品进行美容修饰时，既可采用"半阳离子"方法，也可采用"全阳离子"涂饰。所谓"半阳离子"方法，即是先用阳离子材料对皮革制品进行封闭处理，皮板经熨烫并经干燥后，再用非离子或温和的阴离子产品进行美容修饰，这是目前广泛应用的一种方法。所谓"全阳离子"涂饰，即是皮革制品美容护理所使用的材料，均是阳离子产品，典型的例子应属近年来上市的"水洗皮"制品的美容保养。

水洗皮是近年来新开发、生产的一种新品种，其突出的特点是皮板柔软度甚至超过纳帕革，敢和纺织纤维制品相媲美。用这种革做成的服装，飘逸，潇洒格调清晰，风格独特。然而这类制品的美容、护理、保养，正如前文所述，不仅清洗护理时必须采用干洗，而且必须采用较为特殊的"全阳离子"皮革化工材料，否则将会严重影响清洗护理效果。

第十章

服装的织补

第一节　服装织补的基本知识

一、面料基础

面料结构包括组成面料的纱支规格、经向及纬向的纱支根数、纱支的捻度及捻向、纹路特点和密度的大小等方面的内容。由于其中各个方面的变化，就构成了各种不同品种的面料。要织补各类不同品种的面料，就必须要了解其面料中各方面的内容。

（一）纱支的规格

各类规格品种织物都要用规定的规格纱支纺织而成。由于纺织纱线的粗细不同，基本上可分为精纺纱和粗纺纱两大类型。毛凡立丁是用 48 支纱织成的，毛华达呢是用 52 支纱织成的，48 支纱和 52 支纱都属于精纺纱。直贡呢是用 9 支纱织成的，它属于粗纺纱。各类品种织物所用的纱支都是有严格规定的。因此，织补服装时所选用的纱线，要与面料的纱支一致，否则就不能使用。

（二）经纬纱的根数

各类品种的机织面料，都是由经向纱和纬向纱交织而成的。其中经纱与纬纱并不定都用同样粗细的纱线，经纱与纬纱的根数也不一定相同。有的品种织物，除经纱与纬纱的纱支不同之外，经纱与纬纱的根数也并不相同。如毛华达呢的经纱是用双根 52 支纱，纬纱是用单根的 40 支纱织成的。女花呢的经纱是用双根的 30 支纱，纬纱是用单根的 30 支纱织成的。由此可见，由于织物品种的不同，其经纱、纬纱的纱支各有不同，经纱、纬纱的根数也各有不同。因此，在织补织物时，必须要弄清织物经纬纱支的规格和根数，选择与织物经纬纱支的规格和根数相同的纱线来进行织补，否则就会出现问题。

（三）纱支的捻向

在面料的生产过程中，为了增加纱线的抗拉强度，通过机械力给纱线一定的捻度。在各类品种织物中，多数品种织物纱线的捻向都是相同的，也有个别特殊品种织物纱线的捻向是不同的。如乔其纱是采取二根纱线向左捻，二根纱线向右捻的方法织成的。这样就能使织物表面出现细微而明显的纱孔，从而增加了织物的透气性。因此，在织补织物时，要弄清楚织物纱支的捻向是极其重要的。必须要选择与织物纱支的捻度及捻向相同的纱线来进行织补。

（四）面料的纹路

在织补织物时，对织物的纱支规格，如纬纱支的根数，纱支的捻度及捻向明确之后，还要弄清楚织物的编织方法。在织物的编织过程中，由于编织方法不同，使经纱与纬纱的交织顺序也有所不同，从而使织物产生了各种不同的纹路。在常见的织物中基本以平纹、斜纹纹路为主。平纹：当经纱展平后，第一根纬纱一上一下的与经纱交织，第二根纬纱一下一上的与织纱交织，第三根纬纱又一上一下的与经纱交织，第四根纬纱又一下一上的与经纱交织，以此类推反复循环，用这种方法织出的布就是平纹的。斜纹：斜纹花纹是经纬纱四根为一组、挑二压二进行交织。即当经纱展平后，第一根纬纱两下两上的与经纱交织，第二根纬纱从第二根经纱上开始两下两上的与经纱交织。总之，织补织物时必须要弄清楚织物的纹路，根据织物纹路的结构来确定织补的针法。

（五）面料的密度

织物的密度是指织物在单位面积内，经纱与纬纱的根数。相对来讲，根数多的密度就大，根数少的密度就小。经纱排列根数叫经密，纬纱排列根数叫纬密。一般说，织物经密大于纬密，但大的程度不同，以华达呢的经密最大，可以大于纬密一倍左右。织物的密度对织补关系很大，织补时，要弄清织物密度情况，对于密度过大织物一般要减少纱线根数织补，否则，不易符合织物原有纹路。

二、织补工具

（一）织补针

织补针是织补的主要工具之一，它是织补专用的一种特制细长钢针，比一般缝衣针细长，具有细长、锋利、弹性好的特点。

织补针型号有：

23 号针——专织补羊毛毯和粗纺织物；

24 号针——专织补粗花呢类织物；

25 号针——专织补粗哔叽织物；

26 号针——可织补中粗哔叽及各种花呢和马裤呢类织物；

27 号针——织补新华呢、凡立丁、直贡呢、卡其布等织物；

28 号针——织补涤纶、府绸、一般较粗的丝绸织物和拼织织物；

29 号针——织补丝绸类精细织物；

30 号针——织补薄型丝绸等织物。

型号越大针越细，其中 23 号针最粗，30 号针最细。织补时，要根据纤维织物的密度选用不同型号的针。

（二）绷圈

绷圈又称织补圈，如图 10 - 1 - 1，它是用来固定衣物的工具。利用绷圈将织物的破洞部位展平绷紧，使织物的纹路清晰地展开，以便于进行织补。其外缘中间有一凹槽，织物平放上后可用扎线在凹槽处扎紧，使织物固定下来。

绷圈是特制的加工圆圈，有竹制圈、塑料圈、木制圈、铝制圈四种。分大、中、小号，大号圈直径为 12 ~ 14cm、中号圈直径为 8 ~ 10cm、小号圈直径为 5 ~ 7cm。操作时，要根据衣物破洞口的大小选用相应规格的绷圈。

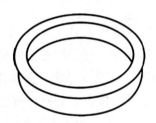

图 10 - 1 - 1　织补圈

（三）绑圈绳

绑圈绳是供绑绷圈用的，圈绳粗细似双股合并的扎鞋线，长 1m 左右。圈绳需备两根，以便轮换使用，保持清洁。

（四）小剪刀

小剪刀供织补完工后修剪碎毛时用。为了保持剪刀尖头锋利，用后要妥善保管，切勿剪指甲之类的硬物品，剪头不能落地，以免有损剪刀尖头的锋利，影响修毛质量。

（五）拉毛刷

拉毛刷分钢丝刷和球疵刷两种，供呢料织物织补后拉毛用。

（六）大行针

大行针用于精织挖丝、筒织挟丝以及经纬丝松紧不匀时排松，是提高织补质量必不可少的一种工具。

（七）插针包

插针包供插织补针用。织补时，可把各种型号的针插在针包上，使用方便，同时又可防止织补针散失和生锈。

（八）喷水壶

喷水壶供织补完工后喷水用。用单面光或两面光的方法挖丝精织后，需要用喷水壶把织补处喷湿后，才能把经纬丝松紧排均匀，花纹拨正，也是提高织补质量必不可少的一种工具。

（九）镊子钳

镊子钳用于特殊花呢带丝、精织两面光后钳碎毛和整修。

（十）工具盒

工具盒是一个长 12cm、宽 8cm 的木制或塑料制的小盒，用于存放各种织补工具，避免散失。

三、织补基本知识

（一）绑织补圈

绑织补圈是织补的第一道工序，任何织补正式操作前，都要先绑圈，然后才能进行针挑织，从表面上看，绑圈只是织补前的准备工作，没有什么技术，其实不然。绑圈的好与差，不但直接关系到操作方便与否，也对织补质量有很大的影响。要想织补好每一个破洞，并与原织物纹路吻合，看不出破绽与痕迹，绑好织补圈是一个很重要的环节。

1. 绑圈方法

基本上要分三个步骤完成，第一步绷平：织物放在圈上，破洞要在圈的中心，左手大拇指和中指分开把织物拢直，右手把织物表面抹平；接着，从左手过渡到右手握住，左手把织物的经纬丝推直；再从右手过渡到左手，用左手大拇指、食指捏住并向上一撑，右手五指拿住织物的下面住下一拽，这样，织物就被绷平在圈上；然后左手的食指、大拇指卡住织补圈的下端，即可绕绳绑扎。

第二步绕绳：先把绳的一头勾在左手的小指上，右手把绳拉紧，往上压卡圈的左手大拇指掌面，顺着圈沿连绕绳三圈，按顺序压紧。这头三圈绳是绑圈的关键，特别要注意绕上第一圈后，第二圈要紧挨着第一圈绕，第三圈也要紧挨着第二圈绕，使这三圈绳平列在圈槽内，决不能重叠在一起。只有这样，才能绑得住，绑得牢，绑得平。头三圈绳绕好后，绳尾在绳头上结一暂时活扣，稍稍拉紧，然后检查织物破洞四周的经纬丝是否对直，如横竖不够垂直，并有歪斜现象；首先结扣不要太紧，太紧就没法推拉调整，并且容易发生事故。如旧的织物和槽洞等，推拉易产生破裂或损坏；稀薄的丝织品会出现偏丝。其次，调整时一定要在这个阶段进行，否则，待结扣扎紧后再行调整，就必须松开重绑。

第三步结扣扎紧：绕完三圈和调整后，即可解扣，再绕上几圈（没有固定圈数，适当即可），将绳尾在绳头上连绕三下结扣，双手拿住绳的两头，用力拉紧，但拉的力量不能过猛，既要拉紧，也要绑牢，圈子绑好后，用手指弹织物表面，崩崩发响，表示符合标准。绑圈方法，如图 10 - 1 - 2 所示。

a—绷平　　　　　　　　　b—绕绳

图 10 - 1 - 2　绑圈的方法

2. 绑圈的质量要求

（1）织物破洞一定要绑在圈的中心，这样操作起来，比较顺手方便。

（2）绑好织物的经纬丝保持横竖垂直，不能歪斜，否则织补出来也会变成歪斜，对不上纹路。

（3）绑得松紧要合适，如绑得太紧，针挑的时候感觉织物发硬，挑不起来，有时还把针折断；绑得太松织物松软不容易挑起，也影响织补速度，织后还会出现垄起或下塌的不平服等情况。

（4）绑时注意清洁，对浅色或白色织物，绑前洗手，还应在织物外面盖上纸或包上布，防止弄脏织物；对稀薄织物或旧织物等，绑时用力要轻，防止发生损坏事故。

（二）握圈、持针法

这两种方法也是织补的基本技术，织补时一般是左手拿圈，右手持针，相互密切配合动作，所以，拿圈、持针虽然是两个动作，实际上是一个整体动作。

1. 握圈法

左手握织补圈时，手心向上，用食指和小拇指挟住织补圈上下两侧的圈槽处，中指、无名指放在圈的底下，大拇指放在圈的上面中间，将织补圈挟住放平如图 10 - 1 - 3 所示。

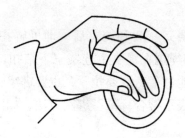

图 10 - 1 - 3　左手握圈

2. 持针法

右手持针的方法是用大拇指和食指捏住针的尾部，大拇指在针的上面，并稍靠前，食指在针的下面，稍靠后些，捏住针尾要稳而有力。右手的中指、无名指和小拇指则要托住圈子右上角的深槽和圈边，一方面配合左手稳定圈子；另一方面作为织补走针的支柱，使捏针的大拇指和食指便于伸缩，运用自如，挑压布丝稳而准，推高进针速度如图 10 - 1 - 4 所示。

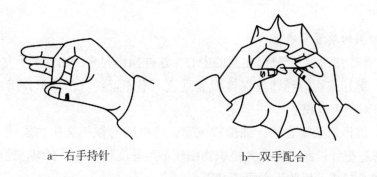

a—右手持针　　　　　　　　　　b—双手配合

图 10 - 1 - 4　持针方法

在织补操作过程中，持针角度适当与否，直接影响着速度和质量。在平时操作中，一般有两种持针角度：一种是从右至左挑压，针与经丝垂直、与纬丝平行，称为平行角度。另一种是从右至左持针向外逐步移开挑压，称为斜形角度。

掌握持针角度要根据洞形大小、经纬丝密度来决定。一般来说，粗料小洞织补经纬丝时，可以平行持针，也就是从破洞四周搭头开始，一根接一根织补针垂直挑压，反复如此，直至破洞织好为止。经纬丝密度紧、破洞又较大的织物，特别是织补纬丝时，针头不能紧靠上一根来回操作，需要采取斜形角度来回操作。织补针头除了洞边搭头紧靠上根挑压外，当针头挑压到洞边经丝 1 ~ 2 针时，针头边挑边与上根离开差距，持针形成斜形角度，这样往返操作，直至破洞织好为止。

斜形角度持针的优点是：第一，经丝根根活络，挑压轻松自如；第二，不易挑花针，挑压速度快。

（三）经丝与纬丝的鉴别

织补时，首先要弄清什么是经丝、什么是纬丝，不能弄错。洗染业织补时所定的经纬丝与纺织厂所定的经纬丝恰好相反。纺织厂按织品长度直向的丝为经丝，按门幅宽度横向的丝为纬丝，这是纺织厂机纺的特点。各类纺织品经纬丝纤维根数相差较大，绝大部分纺织品经丝纤维的根数多于纬丝纤维的根数。在织补此类织物时，要根据织补手工操作的特点，先织纺织品的纬丝（也就是织补称为经丝），纤维根数少，看得清，容易挑。反之，如先织纺织品经丝，其密度紧，纤维根数多，看不清，不易挑。织补行业习惯上也就将纺织行业的纬丝定为经丝，将纺织行业的经丝定为纬丝。

第二节 织补基本技术

一、织补基本动作

织补的基本技术动作，主要有针法、拨丝、挖丝、拉丝、旋丝、刷毛、修剪等，此外还有一些常用术语，也代表了一些技术动作，学会并正确运用这些基本技术动作，才能做好织物的织补工作。

（一）针法

针法是织补基本技术中最重要的动作，由"挑"、"压"两个动作组成。"挑"，即针从布丝下面穿过，把布丝挑起；"压"，即针从布丝上面通过，把要压的布丝压下。这和织布机上经、纬纱互相升降，交织的原理一样。

"挑"、"压"两个动作都是同时进行，操作时要双手密切配合。具体的方法是：左手握圈，右手持针，徐徐推进，当针进到要挑的布丝边缘，圈子底下的左手中指往上一顶，圈子上面左手大拇指往下一掐，要挑的那根布丝，就暴露在针尖边；右手持的针，轻轻往前一刺，即穿入布丝下面，布丝就挑了起来。随后，中指立即落下，大拇指提起，布面恢复原状，针就从布丝上面通过，压下要压的布丝，接着，开始第二次挑针。如此不断循环，有节奏地一针一针向前挑压，完成织补破洞的任务。"顶、（掐）、刺"的连续动作，就是针法的基本内容，少了任何一个动作是不行的，但这些动作要练得非常熟练，才能挑得准，速度快。

织补的针法很多，如"挑一压一"、"挑二压二"、"挑一压二"、"挑二压五"等，多达几十种，以适应不同纹路织物组织的需要，基本上是"顶、（掐）、刺"三个内容，无论哪种针法，都要求挑得准，压得整，不能挑压半根丝，织进去的丝要松紧合适，针法动作。

（二）拨丝

拨丝也是织补技术的重要动作之一，它是织补前的一项必要工序。拨丝的目的，就是清理破洞周围的断丝、毛茬，使组织纹路清楚，便于织补。拨丝的具体方法是：左手握住绑好的圈，右手拿大针，左手大拇指在破洞边上往左一按，使之平挺；右手用针尖在破洞的边缘，顺着经纬丝向右用力往下拨，把断头毛茬拨下去，露出未断的经纬丝来（若毛头太长，拨不下去，可用剪子剪掉）。这些未断的经纬丝，行话叫做样板丝。其作用有：第一，盖住毛头，使之不能上翻，使织物表面纹路清楚；第二，织补时松紧度的参考，拨出样板丝的多少，根据破洞毛茬长短而定，长就多拨几根，一般为2～4根，拨丝要拨破洞的四边，使之成为正方形或长方形，便于操作和提高织补质量，无论拨哪一边，基本方法都是左手大拇指向左按，右手针尖向右拨，不能相反，拨丝后，如发现某一根毛茬上翻，可用针插到翻毛处，把它压下即可。

（三）挖丝

挖丝就是把破洞四周没破之处，按不同距离挖出若干根经纬丝，再织进新丝，可使生脚分散，减少织补痕迹，达到两面光。挖丝是织补中精细织补法运用的一种动作，具体方法是：第一步先要拨丝，把破洞拨成方洞或长方洞；第二步开始挖，挖丝必须从破洞边上的第一根挖起，左手大拇指向下、中指向上顶住织物，右手拿针，插入要挖的那根丝中往上一挑，即可挖出。挖丝的做法很多，如"一隔一"、"一隔三"、"二隔二"等挖法。但无论何种挖法，只能一根一根地挖，破洞两边要挖对称，不能挖错位置和挖错丝，挖错了要重新织进再挖。

（四）起针、带线和生脚

针插进后开始挑的动作，叫做起针；针插进后开始挑压的那一点，叫做起针点；用细丝线合股，穿针成套，带上毛丝进行织补，叫做带线。带线的目的，是使一些较粗的织补线，不易穿过针眼，而用带线套入的方法解决；生脚，又叫针脚，是在破洞四周没破处，用针挑压，带进新丝，既可保证织补牢度，又可减少痕迹。如果不做生脚，织进去的经纬丝就没根基，很不牢固。生脚的丝，一定要和织物原丝上下重叠，不能并行（行话叫做偏了），如并列，就看不清织物纹路，织补时容易搞错，生脚也有不同类型，有的生脚远，有的生脚近，有的集中，有的分散。在一般情况下，新料的硬伤洞，生脚较近，约四针左右；旧料的糟洞，生脚较远，约八针左右；拨丝、盖洞织法生脚比较集中；挖丝织法的生脚分散（有远有近）。各种生脚类型，都是为了达到加强织补的牢度，减少痕迹的目的。

（五）排纬和织经

在通常情况下，织物的经纱数量多于纬纱，但密度越高则挑压越难。因此，织补时都是先排密度小的纬纱后织密度大的经纱。排纬，即在破洞上排上纬纱，因为只是浮过破洞，没有挑与压，一般称之为"排"。织经，即在破洞上织上经纱，因为经纱要与排上的纬纱挑压交织，所以叫做"织"。排纬和织经都是用针法挑压来完成的，它和机器生产织物原理相同，不过是用手工来做的。

（六）拱针、挑针、回针和串针

拱针、挑针、回针与串针这是织补工人对几种织法的习惯用语。

拱针，也叫拱针织，即起针后，不挑不压，从破洞边上拱出，排纬或织经，到破洞另一边也不挑不压拱出，斜插第二行回织，叫做拱针织。其特点就是不生针脚，速度较快，但织后四边容易鼓起，痕迹较为明显，质量稍差，通常用于织补丝绸细薄织物，因这类织物纤维过细，挑压生脚，极损伤织物，用拱针织较好，但在拉丝时，特别要注意松紧度，以防止起鼓现象。

挑针是从右边起针后穿过一段距离，带一段沉纱（一般长约 $0.5 \sim 1 \mathrm{cm}$），拱到洞边 $4 \sim 8$ 针处进行挑压生脚；然后，排纬或织经，至破洞左方一边，先挑压生脚，再横穿过带进一沉纱（长度和右边相同），拱针出，拉好线，再从原针眼进针斜插第二行回织。全部织完后，剪断沉纱尾部，使织进去的经纬

213

丝自然伸直，调整了松紧度，保持平服。这种织法，牢固性好，表面不露痕迹，平服光滑称"一面光"，是较先进的织补法。

回针，即是从右边起针后，直接挑压生脚至破洞边，再排纬或织经，到了破洞左边，也是挑压生脚，出针斜插第二行回织。这种织法，既不同于拱针织（即要挑压左脚），又不同于挑针织（即不带进一段沉纱）。回针织法类型也较多，可分为全部回针织、分组回针织、交叉回针织三种。其中交叉回针织，即一次在左边回针，另一次在右边回针，来回交叉回。

串针，即是进针后从纤维中间穿的一种织法，一般用于拼织厚呢料织物的织补，穿过纤维程度，视呢料厚度而定，有的"三七"，有的"五五"，即从纤维十分之三或二分之一处穿过。

（七）挨针、隔针、加针

挨针、隔针、加针也是几种织法。挨针，即一针一针紧挨着排纬或织经，又叫挨针织，这种织法，如掌握不好，会出现织后织物前松后紧，质量较差。隔针即织一行或几行后，再隔一行或几行织，又叫做隔针织。这种织法的特点，因采用间隔方法，既可保证织补质量，又可保证织后松紧度一致，表面平服，是一种较好的方法。隔针织分为"一隔一"、"二隔二"、"一隔三"等多种隔法。加针，是隔针的继续，即补上隔针留下的那一行或几行，叫做加针法。凡隔针做的，就必须做加针。隔针和加针实际上是一种织法的两个步骤，这种织法，由于织后质量好，常被使用，特别是要求织后"两面光"的或密度大的织物，一般都使用这种织法。

（八）抽丝、合丝和劈丝

织补时，一般都从原织物上取料，织在破洞上，使织上去的丝，与原织物丝的性质、粗细、色泽相同。从原织物上取料，又叫抽丝。抽丝的方法：左手拿住织物，右手大拇指和中指的指甲掐住织物的贴边的边缘，用力往外揪丝，先揪出丝头，再把整丝抽出来，但要一根一根地揪，揪的根数多了容易揪断。一般情况，织经的丝要抽直丝，排纬的丝要抽横丝；在特殊情况下，直丝可以代替横丝，但横丝不能代替直丝。合丝，即织补的丝如细于织物原丝，可用合丝的方法使之变粗，以达到和织物原丝一样粗细的目的。合丝的方法：用两根或几根以上的丝，先合在一起成股，用右手大拇指和食指捏住一头，向一定方向加捻（如需要正手丝，就向左捻，要反手丝，就向右捻），拈到粗细和织物原丝基本相同时即可，在织补羊毛衫、尼龙和锦纶衣物时，经常要采用合丝方法。劈丝，即织补的丝粗于织物原丝，可用劈开办法使之变细。劈丝的方法：

用右手大拇指和食指捏住粗丝，向丝的捻向的相反方向松捻，粗丝松开，再拉开成为较细的丝。拉开细丝的细度，根据需要而定。

（九）拉丝和旋丝

拉丝，也是织补的一道工序，即织了第一根丝后，拉过来，准备织第二根丝，叫做拉丝。拉丝分为正拉和反拉两种。正拉的做法是：当右手持针织丝到破洞左边后，拱出针尖不动，掉转圈子，先用右手大拇指和食指把针拉出，然后用中指、无名指、小指握住针部，大拇指和食指拿住带线的尾部，轻轻地把织上的丝拉过来。反拉，即不掉转圈子拉，但拉的质量不太好，一般不使用。拉丝的要点：第一，必须一根一根地拉，即织完一根拉一根；第二，拉得松紧合适（和织物原丝一样松紧），这除了对照样板丝外，主要在拉时依靠双手密切配合，如织进的丝过松，左手大拇指就在织物左边生脚处住后按一下，使之松回来。总之，拉丝必须一面多看样板丝，一面使拉的力量适当，并及时用针挑松调整，就能保证织后的松紧度。旋丝，是拉丝中的一个动作，在织补过程中，经过来回抻拉，织线就散开松捻，由细变粗，色泽发浅，如不旋丝加捻，就会影响质量。旋丝的方法：在拉出丝后，右手大拇指和食指捏住针部，向一方向捻几下，松开的丝即可旋紧，但要旋得适当，旋捻太紧，织丝变细，色泽变深；旋捻不多，起不到旋丝的作用。只有把织丝旋捻得和织物原丝一样粗细，色泽才符合要求。

（十）刷绒和修剪

刷绒就是对织好的毛绒织物，用刷子刷出毛绒。刷绒必须右手拿刷，刷子放平，从左到右，顺毛平刷。其关键就是：第一，必须平刷，决不能从下向上钩刷；第二，必须从左向右刷，不能从右向左刷；第三，必须顺着绒毛方向顺毛刷，不能逆刷。注意这三点就能刷出与原织物绒毛长短一致、方向一致的效果。如果刷出毛绒长短不一致时，再用剪刀适当修剪一下即可，但条绒、长毛绒和灯芯绒一类织物，则不能用刷子刷，只能用大针把裁好的绒毛，一根一根挑开。修剪，就是织补的最后一道工序。修剪有两个内容：一是用剪刀剪掉翻上的毛茬和多余的毛纱，沿着织物表面剪掉除净；二是对起毛绒的织物（如灯芯绒、长毛绒等），先用剪刀把绒线圈剪断，把毛绒挑散、挑匀，然后将长短不齐的毛绒剪平，修齐。

（十一）花针、套壳子

织补工人对花针有两种说法：一是指织补疵点而言，即挑针时没有全部挑起（如挑半根），织后反面露出花点痕迹，叫做花针；另一是指生脚点分散而言，认为花针不但不是疵点，而是减少表面痕迹的一种技术措施。套壳子是南方的一种织补方法，意思和北方说的隔针织法相同。

（十二）　纱、丝、线

织补工人习惯把纱叫做丝，叫棉纱称为棉丝，毛纱称为毛丝，蚕丝称为丝线或细丝等。

（十三）　浮纱和沉纱

在织补时，凡在织物正面不挑不压的纱线，叫做浮线；在织物反面不挑不压的纱线，叫做沉纱或叫反面浮纱。

二、针法练习

针法，是织补工人重要的基本功，无论哪一种织法，都离不开针法的运用。因此，初学者在掌握绑圈、握圈、持针方法后，就要刻苦练习针法，达到熟练的程度，只有这样，才能做好织补工作。

针法的练习，一般是用黑丝线或彩色丝线在白平纹布上，练习各种"挑"、"压"的动作。这种练习，要由浅入深，循序渐进，大体可分为以下三个阶段：

（一）　练平纹单向织

单向织，即在白布上织进纬纱，和白布上的经纱交织一起。具体做法是，从白布右侧起针，向左徐徐推进。起针后，先做拱针1cm，"挑"、"压"做针脚，生脚要齐；中间做 20 个"挑"、"压"平纹组织，到白布左边生脚、拱针、出针；生脚和中间的"挑"、"压"都是做"挑一压一"，和白布平纹吻合。每做完一行，掉转圈子，隔过一行，再做，由下而上，共做四十行，做成一个正方形。做每行时，织上去的丝，要与白布纬丝同行平列，不能串行，并与白布经丝"挑一压一"交织，不能织错。单数行与双数行"挑"、"压"还要相反，即上一行是挑的，下一行就把它压下去；上一行是压的，下一行就要挑起来。在练习过程中，要严肃认真，按规矩操作，起针要准，拱针要对，拱针浮纱保持平直，松紧适度，长短一致；生脚要齐，生脚点要在一根线上。"挑"、"压"正确，不能挑多压少或压多挑少。挑要挑全根，不能挑半根；压要压正不能偏斜。每根丝都要拉平拉直，松紧和原纹相同。在这些要求前提下，逐步加快操作速度，达到又快又好。

（二）　练平纹交叉织

交叉织。即在白布上，先排纬纱，再织经纱，具体做法是，先排纬纱，两侧拱针 0.5 厘米，做五个"挑一压一"生脚，中间浮纱盖上 20 个平纹组织，共排四十行。排上的纬纱，要求左右不串行，长短、松紧一致，不乱、不并。接着织经纱，拱针、生脚与排纬相同，顺着白布原纹与排上的纬纱"挑一压一"交织，织完四十行的 20 个平纹组织即可。由于各种织法都要排纬、织经，这个阶段的练习，就为掌握织法打下基础。

（三）练斜纹交叉织

斜纹交叉织的针法较为复杂，即用"挑二压二"针法，而且还要有不同进针的变化。练好平纹交叉织，就要进一步练习斜纹交叉织，这样即可逐步织补各类不同组织的织物。斜纹交叉织的具体做法如下：

先排纬纱，四根一组，两侧拱针 0.5cm，做 8 个"挑二压二"的斜纹生脚，中间浮纱。具体排时，要分两步走：第一步隔针排，每隔两根白布丝排上一根丝线，即隔二根、排一根，第一根与第二根"挑"、"压"相反，均排为"挑二压二"的平纹；第二步加针，即排在被隔的两根中间加进一根，但排每根加针时，都要前进一针，排成"挑二压二"的斜纹。

再织经纱，也是四根一组，两侧拱针、生脚均与排纬相同。操作时，也是分两步走：第一步隔针织成"挑二压二"的平纹；第二步加针，每针也要前进一针，"挑二压二"地织。这样，经、纬纱都成为"挑二压二"的斜纹组织。

需要说明的，这种练习是在白平纹布上造斜纹组织，因而不能顺原纹丝上做，只能在原纹丝的中间隙缝中做，排纬、织经都是如此。否则，在"一上一下"平纹原丝上，是无法做"挑二压二"的，但织补斜纹织物时，则可顺原纹来做。

三、破洞织补法

破洞与织补法有着密切的联系。织补法就是为了修补破洞的，就是根据破洞的不同性质，形状，采用的不同处理方法，是什么样的破洞，就要用什么样的织补法。但在具体织补中，还要适应织物组织的特点和质量要求。破洞的形式和种类很多，织补法也是多种多样，如拨丝法、盖洞法、挖丝法、拼织法、挖补法、针织织补法等，现分别说明如下：

（一）破洞的形式和种类

从破洞形式上看，可分为虫蛀、摔破、烫破、磨破、刮破、剪破等六种洞；从洞形种类看，分为圆洞、方洞、条口、斜口、三角口及马蹄口等几种形状和各种不规则的洞；洞还可分为单洞、散洞（如虫蛀连片的小蛀洞）、小洞、大洞及二寸以上的特大洞等。具体说明如下：

1. 虫蛀洞

因保管不善，发生虫蛀而形成的洞，这种洞一般较小，可分为两种类型：一种是单一蛀洞，洞的四周组织没有受到很大损坏；另一种是连成小片或大片的散蛀洞，洞的四周和在一片范围内的组织都受破坏，形成将断未断的残丝，一碰就破。

2. 摔破洞

即不慎跌倒开成的洞，这种洞一般较大，它的特点是洞的四周受伤发毛（即纤维被破坏）。所以，不能就洞补洞，要把发毛部分考虑进去；否则，经水一洗，发毛部位就会破裂成新的洞。

3. 烫破洞

烫衣温度过高，将衣服烫破，这种洞的四周组织都受到不同程度的损坏，有的虽然只是变色烫黄，但它的质地均已变质发脆。所以，烫黄和洞并没有区别，一定要按破洞处理。

4. 磨破洞

上衣的袖底、袖口和裤子的臀部，膝盖等处因经常摩擦变薄破裂，这种破洞的四周组织，均有不同程度的破坏，必须按磨损情况处理。

5. 刮破洞

被钉子和尖锥硬物勾刮而成的洞，这种洞大都为三角形，除破口的经纬纱稍有断裂外，两侧大多完整无损，但洞形特殊，织补比较困难。

6. 剪破洞

一般是裁缝错剪或不慎剪破，破洞的四周组织并未受到损坏，但洞形多为斜口（单斜和双斜），也有的是三角口，甚至剪成两块，均需进行特殊处理。

另外，针织品比机织品"娇气"得多，因为它质地轻薄，又是线圈结构，在穿用时一不小心就容易坏损，因此，针织品除了上述的几种破洞形式外，还会出现常见的抽丝、脱套等破损情况。①抽丝：俗称"纱拉紧"。这是针织物常见的一种损伤现象，各种针织物都能发生。所谓抽丝即织物在穿用时某个线圈被钉子或其他尖物抽刮出来，织物本质并未损坏，只不过纱线被拉长露在组织表面。抽丝后的织物，破坏了线圈横列的正常状态，紧紧集缩在一起，有的线圈却变大近似小洞，其实这是一种假象，可经过修整，使抽紧的丝恢复原状，小洞就随之消失。②脱套：织物组织中互相套结的线圈，因纱线断了则引起周围线圈脱散的叫做脱套，也叫"断丝脱套"。"断丝脱套"指断了一根丝线圈脱散而形成的破损情况。脱套分大面积脱套和小面积脱套两种。织物发生断丝脱套，就要补上新丝，将脱套的线圈依次勾起，才能恢复原状。

以上破洞的性质大体分为两种：一种是破洞周围组织受到损坏，一般称为糟洞；另一种破洞周围组织没有受到损坏，一般称为硬伤洞。破洞形状也分为两个类型：一个是一般洞；另一个是特殊洞，如三角口、斜口、直口（包括破裂为两块），以及破损面积二寸以上的洞（包括虫蛀散洞，烫黄的大片）。所有织补法，就是根据这些情况而决定。如糟洞只能用盖洞法，不能用拨丝法，否则，越拨越大，难以收拾；相反，硬伤洞则可用拨丝法。而特殊洞就要采用拼织、挖补等方法。

（二）各种破洞织补操作法及特点

从织补操作法上讲，基本上可分为拨丝法、盖洞法、挖丝法、拼织法、挖补法、针织法等几大类，各类织法具有不同的特点和要求，分别介绍如下：

1. 拨丝法

因采用拨丝的方法织补得名，又因为在破洞边上拨丝，可把破洞拨成方形或长方形，所以也叫拨洞法。在织补中，不用挖丝，比挖丝少一道工序，因而有的地区称为简织法。它最显著的特点，就是在织补过程中，必须拨丝拨洞。这种织法的具体做法较多，如拱针做、挑针做、回针做、挨针做、隔针做等，但以挑针和隔针做较多。

这种织法的优点是：第一，充分利用未断的经纬丝，织补速度快；第二，牢度性能好，特别是挑针法织补（带进沉纱），比其他方法更牢固；第三，织后质量好，由于沉纱调节松紧度，保证织物表面平服，正面不露痕迹。但破洞织好后，一般只把反面浮纱的尾部剪断而不剪掉，以保证织后的牢度。

2. 盖洞法

它的特点，做时不拨洞，直接在破洞上面排纬、织经，把整个破洞盖上（盖的比原洞大，一般要在洞的四周多盖 3～4 根纱）。这种织法，织补速度快，织后牢度好，并能压住洞边毛茬，减少痕迹。但从总的方面来看，因盖上一层，洞的四边变厚，交接处痕迹明显。

盖洞法适宜织一般的大小洞，特别适宜织补洞边组织受到损伤的各种糟洞。具体做法也很多，一般以挑针织法为主，但对长的斜口，就要用梯形盖洞法（分段盖织，成为梯形），也可以和拨丝法配合，织补三角口。

3. 挖丝法

挖丝法也称"精织法"，是织补中最精细的一种织法。具体做法是：第一，拨洞细致，除拨成正方或长方形外，一定要把破洞的毛茬拨下，并将所有残丝除掉；第二，必须挖丝，即破洞四边的断丝，都要从破洞周围的未破之处，抽出来挖掉，重新织上新丝，但挖的近远、次数不同；第三，织法精细，无论排纬、织经，都是边挖边做，先挖先做，织上去的丝，粗细、色泽必须和原组织一样；第四，生脚清楚，不偏不斜，平整均匀，松紧适宜，针脚点分散，没有痕迹；第五，织上去的丝，根根剪断，不打来回；第六，拉丝合适，要平要直，并要加捻，防止丝色变化；第七，整理认真，即正反面都不能有毛茬和其他痕迹。所以这是一种技法多、技术高、要求严的织法，织补起来，相当费事，产量也较低。但它代表了织补的独特技巧，技艺精湛的工人，可以织到"天衣无缝"的程度，正反面都不见痕迹行话叫做"两面光"。它的特点，就是织进去的毛丝根根剪断，不打来回，所以织后牢度较差。

4. 拼织、挖补法

这两种织法，都是织补特殊洞形的方法，基本做法大致相同。拼织法一般织补破裂为两块的织物，使其拼成一起。挖补法主要是织补特大洞，即找相同一块料子，用拼的方法补上，因其做法和拼织相同，不过要拼四边（破裂两块的只拼一边），又叫四边拼织法。拼织和挖补的关键，在于组织拼接，拼接外一定要对上原纹路，成为一个完全组织，技术要求高。

5. 针织织物织补法

针织织物织补主要采用带舌钩针进行织补，带舌钩针是纬编编织机上使用的舌针，它由针杆、针钩、针舌、针舌销、针踵5个部分组成。舌针有多种型号，常用的针型有5针、7针、9针、11针、12针等，要根据织物纱线的粗细分别选用。舌针在使用时要让针钩在上针杆在下，使其上下运动进行钩补。织补方法：将舌针的针钩套入脱散的线圈内，使舌针钩钩住线圈后移动上升，当线圈将落到针舌下时，针钩又钩住了相邻上面的横线，当旧线圈越过针舌落到针杆上时，舌针开始下降。由于线圈的阻力，使针舌在针钩处关闭，舌针继续下降，使旧线圈由针上落到新线圈上，把新线圈完全拉过旧线圈，在新线圈成套的同时旧线圈脱套，舌针又开始上升，针钩又钩住了相邻上面的横线，又开始编织新套。舌针经过这样不断地上升和下降的反复运动，而不断地脱圈、成圈，直到完全修复为止。当脱散的线圈全部修复后，要用缝针把线圈连接起来。使整个织补工作完成。如果破洞较大，可分行进行钩织，但要对准原行，针号合适，最后可分次缝合或一次缝合。

（三）织补好破洞的几个环节

1. 选择正确的操作方法

为使织补达到痕迹少，质量好的要求，要有熟练的操作技术，其中正确选择不同洞形的操作方法，也是提高质量的一个重要环节。

常用的操作方法有三种：精织、盖洞织、简易织。怎样选择操作方法，以适应不同织物、不同洞形织补的需要，关键在于正确识别洞形和织物的特点。哪种破洞洞形适用于哪种方法，哪种织物花纹结构适用哪种方法，要周密考虑，慎重处理，使之达到预期的效果。反之，不顾洞形大小、织物牢度以及花纹结构，任意使用某种操作方法，是不妥的，也达不到预期的质量效果。因此，在绑好圈子后、操作前，必须注意以下几点。

第一，看破洞四周的织物牢度。

第二，看破洞四周经纬丝的利用价值。

第三，考虑某种方法织好后的质量效果。

第四，考虑价格和工作效率。

2. 熟悉织物花纹结构

熟悉各种织物花纹结构，是正确掌握熟练操作的前提。如对织物花纹一无所知，那就不可能织好每个破洞。

怎样来识别各种织物的花纹结构呢？可以采用"一看、二剖、三放、四带"的方法来探讨花纹结构。

"一看"，看织物经纬丝几根一组，看经纬丝排列和挑压变换规律，从中受启发，弄清织物花纹结构。

"二剖"，织物密度紧、花纹细、结构复杂，一时看不清花纹结构时，可用解剖的方法，在织物中间将经纬丝各抽出若根，使紧密的织物有空隙的余地。这样，就可以看清经纬丝排列以及花纹结构的变换规律。

"三放"，对罕见花纹织物以及复合性组织、花纹结构复杂的织物，可采用图纸放大的办法，将织物花纹一根根放大在图纸上，看图操作。这样，既方便，又明白。

"四带"，对纤维较粗、花纹结构较复杂的织物，也可以用白线带换原丝的办法来看清花纹结构。

3. 区别情况，灵活掌握

各种衣物破损洞形有其共性一面，也各有其个性的一面。共性，衣物破损

221

都称之破洞；个性，衣物破损后洞形各不相同，有方洞、长洞、钥匙湾洞、摔破洞、蛀洞等。面对各种复杂的破洞，在操作时不能简单地都采用某种方法，一概而论，固定不变。而需要区别情况，灵活掌握。如特殊洞形，可在一个破洞范围内，在可能的情况下，充分利用边沿洞口织物，采取能挖则挖、能盖则盖、能挟则挟的多种操作方法。这样，不但能使破洞四周针脚平服、花纹均匀，而且也能提高技术水平。

4. 重视整理修改

织补完工后，需要整理修改，这是必不可少的环节。织补行业中有七分织补、三分整修之说，可见整修工作的重要性。整修目的，是使织补后的破洞处光洁、清爽。把圈面上的碎毛、微毛修清，松紧调整，花纹校正，可以提高织补质量，使织补后的织物完好。整修织补洞要注意以下点。

(1) 看凹凸形：凹凸不平会影响织补质量，整修时要注意观察织补处有无凹凸现象。鉴别方法是看花纹是否变形、沟纹是否宽大。如出现上述毛病，可用钳子把经丝稍许拉紧或放松即可使之平整。

(2) 看花纹自然：整修后的花纹要与原织物花纹一样自然饱满。在操作过程中，由于经过大行针的织补，会使花纹倾斜度不一。整修时，要看花纹倾斜方向，朝左斜向右，朝右斜向左，直至把花纹全部校正为止。同时还要注意破洞处四周的外围花纹的校正。

(3) 看针脚清晰：以挖丝精织而言，由于在搭头处挑压，有时会把反面挖出的断丝向正面浮起，引起针脚松动，针脚不清。为了弥补这一不足，整修时要把挖出在反面的断丝用钳子向前轻拉，将向上浮起的断丝拉直，织丝和断丝保持一致，减少"芝麻点"和针脚发凝现象。

以挟洞织而言，织补完工后，反面四周洞口压在底下的断丝要用大行针排出 1~2 针，使之减少针脚厚度及因叠针多而引起的高低不平。

(4) 看正反面花针：花针是由挑压不清造成的。解决花针的最好办法是织补时挑压完整清爽。产生花针后，则需采用整修的方法解决，把浮在上面或反面的部分未挑足的微丝用大行针挑断，用锋利剪刀将碎丝修净，这样，能使花针减少。

5. 熨烫织补洞

熨烫织补洞是织补完工后的最后一道环节。要烫好织补洞，一要温度恰当，二要水分适宜，三要根据织物纤维特性和织补方式使用不同熨烫方法，这样，才能烫后织补处平整服帖。

　　垫板是熨烫织补洞的重要工具之一。常见的有两种：一是绒毯，但绒毯松软，烫后洞形不够平整，影响质量；二是长 20cm、宽 10cm 左右的木板（用红木或柳桉木制为宜），烫后可使洞形平整服帖，对提高质量有着密切的关系。

　　（1）精织熨烫法：先把反面毛头修短，然后喷水少许，手握烙铁，用烙铁头熨烫，顺丝路平行而下，焖烫稍许，使表面水分烫干即可。但要注意：烫时要顺丝烫不能逆烫；不能用烙铁头磨烫，否则，要引起搭头针脚脱位，造成"芝麻点"增多。

　　（2）盖洞织熨烫法：盖洞织补后，由于搭头生脚，洞边显得厚实，洞中间显得较薄，烫后往往会出现洞边起极光的现象，这是厚薄高低不匀引起的。在熨烫此类洞形时，剪一块薄料，大小与破洞面积相仿，垫在反面破洞中间，使厚薄相似，高低相称，烫后可以消除极光。

　　（3）呢料熨烫法：呢料织补后，烫时正面盖上一层潮湿布，然后在反面用铲烙铁焖烫，把水分烫干，直至把正面呢面压实平挺为止，不起极光。

　　（4）丝织品熨烫法：丝绸织品织补后，烫织补洞应注意温度不宜过高，一般掌握在 100 ~ 120℃。缎纹、毛葛之类绸料要直烫，不可横烫。直烫顺着丝路光洁滑爽，横烫容易翻丝、起毛，影响织补质量。烫时可根据颜色深浅，采用正面烫、反面烫、盖布烫相结合。

　　（5）涤黏、涤腈熨烫法：熨烫涤黏、涤腈织物时，温度一般在 110 ~ 120℃。温度过高会导致涤黏粘烙铁，容易烫黄，涤腈容易变色、纤维收缩。烫时反面稍量喷水，烙铁移动要快，把水分烫干，然后在正面盖湿布烫一下即可。

　　（6）毛涤三合一熨烫法：熨烫毛涤三合一织物，温度在 120 ~ 130℃，烫时反面稍许喷点水，烙铁移动要快，把水分烫干，正面再盖湿布烫一下即可。

　　切忌在正面直接用水，高温烙铁熨烫织补洞，因为湿布与热烙铁一接触，在小范围内突然受到高温刺激，会引起局部织物变色、纤维收缩变形。

　　（7）纯涤纶熨烫法：熨烫纯涤纶时，温度在 110 ~ 120℃。烫时要用绒毯为垫子，反面微微喷点水，把水分烫干后，正面用湿布盖烫。熨烫时要注意：①不能垫木板熨烫，否则，正面烫出极光，无法去除；②正面不能用铲烙铁熨烫，否则会将花纹压平，使丝路变形；③温度宜低不宜高。

　　（8）绒类织物熨烫法：灯芯绒、长毛绒、丝绒等织物织补后，要用蒸汽冲烫，不能正面用烙铁熨烫，否则，会影响绒毛竖立。

四、常见病疵及整修

破洞织补后常见病疵有：宽口、线影、缩腰、凸肚、花针、漏针、缺丝、松紧不匀、针脚发凝等。出现上述情况有三个因素，一是洞形和花纹特殊，二是掌握不当，三是技术不熟练。

(一) 宽口

形成原因为操作时经纬丝不垂直，洞形不正。解决方法：绑好圈子，调整经纬丝丝路使之垂直，要依据破洞面积，以第一根经纬丝为向导，不能有松紧，边织边观察破洞经纬丝偏斜情况，及时调整丝路，把宽口消灭在操作过程中。

(二) 线影

形成原因极大部分是织纬丝时掌握不当，两边洞口经丝与原丝交界处挑丝不完整。解决方法：织纬丝时从右起针，挑压到原织物与织补的交汇处（即原丝末根与经丝第一根、左边经丝末根与原丝第一根处）时，一定要完整挑丝，同时织好后，两边洞口用大行针将经丝排匀。

(三) 缩腰

有经丝缩腰和纬丝缩腰两种，不管哪种缩腰都是经纬丝松紧掌握不当造成的。解决方法：织经丝第一根开始至末根，每根经丝垂直排列平行，不能缩短经丝所需丝的长度。织纬丝时来回针脚既要保持平行线排列，又要略松于经丝。

(四) 凸肚

形成原因为经纬丝超越织补破洞所需丝长度。解决方法：织经纬丝一定要依据织物原丝松紧。如发现凸肚，可收紧经纬。

(五) 花针

由于挑压纬丝不完整、互相牵扯而造成。解决方法：织补针挑压经丝时要完整，根根丝要活络，上下能移动，不能挑丝与压丝互相牵扯。

(六) 漏针

形成原因为一根断丝未挑足，这种现象在套壳后加丝时最容易发生。解决方法：要看清加丝和原丝部位距离，把缺丝全部挑足。还要看清花纹是否对齐，一经发现及时补上。

(七) 松紧不匀

指破洞织好后有松有紧，出现档子，产生原因为在精织或套壳织过程中忽视了第一遍的松紧度。解决方法：精织或套壳织时，一定要注意第一遍与第二遍丝松紧保持平衡，不能有差异。如发现纬丝偏紧，要及时用大行针拨松。

（八）针脚发凝

指破洞织补后，四周针脚花纹模糊不清，发凝起毛。解决方法：套壳织补来回针脚挑压层次要清晰，一隔一套壳织丝路不能偏斜。

（九）缺丝

指整根断丝漏织。粗心大意、技术不熟练等都会造成缺丝。解决方法：织补完工要检查一下是否有缺丝现象，如发现缺丝，要用大行针把上下拼拢的纬丝分离开，分成一个空档，使缺丝的位置看清无误。织补密度紧细的织物，要织一根用大行针向后排一根，紧挨上根操作，才能避免缺丝的现象。

第三节 常见织物的织补方法

一、基本组织织物织补法

基本组织织物（以毛料为主），分为平纹、斜纹、缎纹三种。下面介绍常见的四种织物：

（一）凡尔丁（平纹拨丝法）

凡尔丁织物是以经纬各两根纱构成为"一上一下"的完全组织，其织法分为四个阶段

1. 拨洞

绑好圈后拨洞，必须把毛茬拨到下面去，露出洞边组织，使每根布丝清晰可见；拨出样板丝 1－2 根，拨成正方形或长方形（织后也是正方形或长方形）。必须要按这些要求来做，不能就洞拨洞，也不能洞形什么样就拨成什么样，否则都影响织后的质量。

2. 排纬

从右向左，从下向上，顺序地排，一根不落（中间有未断的丝不排）。其程序是：右边起拱针，沉纱约 0.5 厘米，做五个"挑一压一"针脚，浮纱过破洞；到左边，也做五个"挑一压一"针脚，沉纱 0.5 厘米，出针，掉转圈子，拉丝，按同样方法排第二根。

排纬生脚要根根压住原丝，不能挑压半根，左右垂直对称，不能串行。单行和双行挑压相反，第一行是挑，第二行就压，第三行挑，第四行压，其余类

推。生脚要正确，上下左右都在一条直线上。拱针沉纱长短一致，破洞排纱要和样板丝一样松紧。

排纬有两种排法：一是挨针排，即一行挨着一行地排；二是隔针排，即排两行、隔两行地排。一般都用隔针排，质量较好。

3. 织经

起针、拱针（沉纱）、生脚与排纬相同，只是要和破洞上排好的纬丝"挑一压一"交织，相邻两针，挑压相反，一根不落，全部织完。在织经中，拨下毛茬，毛丝上翻，要边织边往下拨或把毛丝向织好方向拨去。否则，毛丝钻出，布面发毛，纹路不清，挑压困难；同时，毛丝还向四周扩散，留有较明显的痕迹。

织经一般用隔加针法，先是隔针织，顺着原布丝"挑一压一"往前进针，织两行，空两行，全部织上，两侧垂直对称，不能串行；后是加针织，即将所有空下两行，也按照原纹布丝，逐一加上，补上所有经丝；全部经丝和排丝交织后，破洞消失，和原织物一样。

4. 修整

织后一般来说，不太平服，四周衔接也不够一样，松紧不匀，毛茬较多。因此，都要修整，用大针拨正拨匀，调整好松紧，把毛茬再拨到反面去，上面的残丝，毛要清除掉，尽量减少痕迹。最后剪断反面拱针浮纱的尾丝，烙铁烫平圈印即可。

（二）哔叽（斜纹拨丝法）

一般为"二上二下"组织，拨洞与凡尔丁同，只是拨出的样板丝要多一些，一般为 2~4 根。哔叽组织较多，但多数是以经纬各四根纱构成"二上二下"完全组织的右斜纹，其织法如下：

1. 排纬

从右向左，从下向上，起针、拱针、生脚，但拱针沉纱两侧均为 0.5cm，生脚做五个"挑二压二"。要顺着原纹布丝走针，不能串行。哔叽排纬，一般采取隔针加两针排法：第一次是隔针排，排法是"一隔一"，即排一行，空一行，排成"挑二压二"的平纹；第二次是加针排，即将空隔的一行，加上补齐，但要注意每次加针，都要前进一针，只有这样，才能成为斜织组织。

2. 织经

其做法与排纬基本相同，只是一排纬丝，一排经丝。先隔针织，"挑二压二"成为平纹；后加针织，"挑二压二"，前进一针，成为斜纹。织时还要边织边拨，防止毛茬上钻。

3. 修整

与凡尔丁不同，但要注意每条斜纹必须拨齐对正，没有痕迹。

哔叽中"二上一下"、"三上三下"等组织，均可参考这种织法，只是改变一下"挑几压几"的针法。如"二上一下"，即可"挑一压二"等。

（三）华达呢（密斜纹盖洞法）

华达呢又叫轧别丁，组织很多，如"三上二下"、"三上一下"、"二上一下"等，但多数是以经纬纱各四根为一组的"二上二下"右斜纹。

1. 方法一

华达呢最显著的特点，就是经密大于纬密一倍左右。因此纱线之间挤得很紧，人工按原纹织补（四根一组"挑二压二"）非常费事，尤其是初学者对不上斜纹或造成明显缺纹，效果不好。织补工人在实践中，采取了排纬减少根数（由每组四根减为三根），织经减少挑压（由"挑二压二"改为"挑一压二"）的做法，既减少了挑压的阻力（纬纱减少，阻力变小），又可以达到与原纹同样的紧密。织补以后，不但斜纹可以全部对上，而且倾斜度也和原织物一样。所有华达呢的织补，一般都采用这种织法。

（1）排纬：不用拨洞，直接排纬，要排满整个破洞（稍大一些，即多排一组），还要按照不同洞形，排成正方形或长方形。华达呢排纬是一组一组地排，每组排三根，原织物为四根一组，所以要空一根（每组的最后一根不排），然后错一个斜纹；两侧生脚五个斜纹和拱针沉纱0.5cm，要按原纹"挑二压二"做，挑得要深，压得要正，不留痕迹；同时，还要排得垂直，不能串行，松紧度合适。

（2）织经：两侧拱针、生脚与排纬相同，只是将"挑二压二"改为"挑一压二"。华达呢织经用隔加针法，先隔针织，织一行空一行，由于改为"挑一压二"，无法按原纹布丝垂直走针，只能顺着原织物的斜纹纹路"挑一压二"，向前进针，织成"右上左下"的倾斜度，全部隔完针，使斜纹成反向。然后加针织，把空下的每一行织上，也是顺着斜纹纹路走针，但要把隔针时织成的"反向"斜纹顺正过来，成为正向斜纹。这样才能对上原纹，和原织物一样。

由于华达呢经密大，织经生脚要轻挑，挑全根，否则纬丝容易被挑断；带线要细，要勤换，不能有疙瘩，否则，也会将生脚处的纬丝绷断；织上经丝要拉松一些，但每根松紧必须一致，否则产生"鱼鳞斑"痕迹；拉丝不要太紧，将生脚处和中间分开拉，把生脚处推平，中间放松，使每个斜纹鼓起来，和原织物一样。

（3）修整：基本同哔叽，主要用大针将四角的斜纹弯度拨正，每条斜纹与四周衔接不齐的要拨齐。调整以后，将反面的浮纱丝尾剪断，摘掉表面残丝毛茬，烫平圈印。

2. 方法二

华达呢另一种织法是按原纹"挑二压二"盖洞织补，这种织法质量要比前一种"挑一压一"好得多。其缺陷是比较费工，速度要比"挑二压二"简织慢一半，同时需具有相当水平的熟练织补工才能做到。具体操作方法如下：

（1）拨洞、挖丝和排纬：圈子绷好后先把破洞四周的经纬丝各拨下 2～3 根，把毛茬拨至反面，破洞成为正方形或长方形，然后将破洞两侧的纬丝"一隔一"从反面挖丝。挖丝要挖得有长有短，第一次分别挖到距洞口 1～1.5cm 左右，接着"一隔一"按原纹"挑二压二"织进第一批纬丝。第二次挖丝也从反面挖，分别挖到离洞口 0.5～0.8cm 处，也要有长有短不能一刀齐。接着织第二批纬丝，也是按原纹"挑二压二"织成斜纹。洞中间全部纬丝织好后，洞上下两侧各多盖纬丝 4～5 根，两边生脚处要成单数，形成右边挑、左边压的纬丝。

（2）织经：织经不用挖丝，先一隔一按原纹"挑二压二"隔针，织成平纹组织。起针生脚时右边的"挑二"是把原底丝挑起一根，另一根是挑盖上去的丝，依次做到左边生脚处的"压二"，是压盖丝一根和原底丝一根，接着再挑起原底丝二根即可全部打来回针。回针要从原来针位过去，隔一根经丝把原底丝挑起三根，盖丝挑起一根，依次反复织下去直到全部平纹隔针做完为止。然后再"一隔三"加针做斜纹（加一根隔三根）。"隔三"全部加完后，再把空下的二针分先后两次分别加进去，这样做前后松紧均匀。

织经丝时，要把织进去的每一根丝拨松，不要拉得太紧，否则产生斜纹纹路不饱满。加针做斜纹的回针生脚时，两侧盖线与原丝衔接处必须全部挑清，第二针压针不要走明针，半压半串即可，这样可减少痕迹。

（四）礼服呢（缎纹盖洞法）

礼服呢是以毛纱织成的缎纹织物，又叫直贡呢、横贡呢和斜贡呢。其特点是细洁、厚密、光泽好，纹路间距小，清晰、凹凸清楚，一般斜纹角度较大（75°）。礼服呢的组织种类也很多，下面介绍用经纬各五根纱构成"五枚四飞"完全组织的织法，也就是"一上四下"。由于织物厚密，无论排纬、织经，都要挤紧挤密。

1. 排纬

不要织物原丝，要用黑丝线排。丝线粗的可劈去一股，五根一组，一组一组顺序的排，排完第一组，错过一个斜纹，再排第二组，这样一组一组往下排，直至把破洞盖上为止。但排纬的角度是一个重要关键，即排成30°角；如不这样排，织经经丝时，只能对上一侧斜纹，另一侧就对不上。按原织物的斜度排成30°角，即织物纬丝为直线，所排纬丝要成30°斜线。只有这样排纬，织经时不但两侧斜纹全能对上，而且每根凸起，松紧均匀和原织物一样。

2. 织经

抽取原织物经丝织，五根一组"挑一压四"，一组一组的挨着织，每织下一针，均向前进二针，挑上一行的"压四"，第二针为"挑一"，关键是要织紧、织密。为了保证牢度全是回针织，反面生脚处丝尾不剪断。只要排纬角度正确，织经注意紧密，织出后就能和原织物一样。

二、花纹组织织物织补法

花纹组织包括变化组织和配置两类，种类很多。在织补时，一般都采用效果较好的盖洞法，针法与一般相同，但要搞清其组织结构和配置的循环规律。掌握了这些规律，尽管花纹千变万化，也能迎刃而解。下面介绍常见品种的织法及特点。

（一）板丝呢

板丝呢的显著特点是双丝、平纹、属于平纹的变化组织，是沿经向和纬向再增加一根丝交织而成。它的一个完全组织需经纱四根、纬纱四根，成为"二上二下"平纹组织。其织法如下：

1. 排纬

顺序挨针排，先用单丝生脚"挑二压二"，浮纱过洞，全部排满；然后按原纹在每根布丝上，再并列加进一根。

2. 织经

也是先用单丝，后再并列加进一根，成为双丝，用"一隔一"法，分两次织。第一次隔针织（隔一织一），针法"挑二压二"，即成平纹；第二次加针织（织空隔一行），针法"挑二压二"。两针挑压相反，即成为板丝呢组织。织时注意防止二根并列的丝重叠，否则，就不能和原纹吻合。

（二）马裤呢

马裤呢是斜纹的变化组织，经密介于哔叽、华达呢之间，纬密则比哔叽、华达呢大，质地紧密，斜条纹路凸突粗壮，并呈现急斜角度。品种很多，常见的有两种：第一种凸纹中间的沟较宽，为十四根纱一组；第二种凸纹中间的沟较窄，为十一根纱一组。由于组织较密，织后不但能对上纹路，而且也很好看。两种织法如下：

1. 织法一

由十四根减为十一根，顺着凸纹道排纬（不能排在沟里），每条斜纹排纬丝十一根，这样十一根一组，一组一组排好，把破洞盖上为止。排纬后织经，十一根一组，挨针织，针法"挑一压一、挑二压一、挑一压五"，每针回针时，都要前进两针，即第一针织完后，第二针要比第一针跳过两根挑压，以后每织一针都要依次跳过两根，把斜纹的倾斜度向前伸延。也就是说，把上行的"挑一压一"两根压下，"挑二"的两根改为"挑一压一"，"压五"的头二根改为"压一挑一"。

2. 织法二

由十一根减为七根，也是在凸纹道上排纬，顺凸纹排"上二下五"七根一组，顺序排满。织经同样是七根一组，"挑二压五"，每次回针，前进两针，顺序织紧，挤密即可。

以上两种织法，如织后发现凸纹不凸，可在每条斜纹中串进一根从织物组织抽出的毛经丝，纹路即可鼓起。

（三）和平呢

和平呢为加强的变化斜纹组织。常见的和平呢是五根一组的"二上三下"经斜，过渡到"四上一下"纬斜。织物表面呈现经斜鼓纹和纬斜沟纹，织时要分开来做，顺序排纬，每样斜纹排成"上二下三"，按破洞大小全部盖上为止。具体织法如下：

织经斜纹，五根一组，"挑二压二"，每次回针，前进两针，把上一针的"挑二"压下，紧挨着"挑二压三"。

织纬沟纹，也是五根一组，"挑四压一"，每次回针，前进两针，把上一针的"挑四"中第二针改为"压一"，再"挑四压一"，顺序进针。

斜纹和沟纹衔接处的转换做法是：从沟纹转斜纹，就是将沟纹的"挑四"头三针压下，挑起前面两针，这样，就把"挑四压一"沟纹改为"挑二压三"斜纹；从斜纹转沟纹，就是把上一行斜纹的"挑二"第二针作为"压一"，然后"挑四",也就是把"挑二压三"变为"挑四压一"。

(四) 人字呢

人字呢是斜纹的变化组织。斜向呈山形,沿着经向相互对称的称为横山形斜纹;沿着纬向相互对称的称为纵山形斜纹。它的种类很多,一个完全组织有八根一格,十二根一格,十六根一格等,其间以"挑二压二"平纹相隔,颜色有单色、双色等。以单色十二根一格人字呢为代表,织法如下:

排纬:按斜纹顺序排,"挑二压二"四根为一组,全部排满为止。

织经:也是"挑二压二"回针时前进一针。第一次织六根斜面正向的"挑二压二"斜纹组织;第二次织六个斜面反向(与原斜向相反)的"挑二压二"斜纹组织。以后就是这样织法,织后就呈人字形。双色人字呢(以黑白两色代表),常见的是十六根为一格(八根正斜、八根反斜、成人字形)。排纬与上述相同,但要用黑线也是"挑二压二",成为黑色斜纹底子。织经是十六根一格,分两次织;第一次织八根正向"挑二压二",回针前进一针;第二次织八根反向"挑二压二",回针后退一针。其他还有很多,织法相同,只是变换方向和每格所用毛纱根数不同而已。

(五) 灯芯呢

灯芯呢是斜纹的变化组织。表面呈现如灯芯似的横向凸凹(织补工人称为鼓道、沟道),一般是经纱八根,纬纱七根组成"一上三下"纬面斜纹,过渡到"一上一下"的平纹。

排纬:"上一下三"四根一组,顺鼓道针排满。

织经:鼓道织五根,五根一组;沟道织两根,两根一组;每条鼓道之间互错一根。具体做法是,每条鼓道,织五根"挑一压三",回针挑"压三",中间一根为"挑一",1、3、5根同,2、4根相同。每条沟道织两根"挑一压一",回针挑压相反,使其成为沟道。每组鼓道互错一根,使上一组挑不到的纬纱,下一组把它挑起。这样背面飞纱局限在一条鼓道中,成为组组相隔。织时必须根根挤紧挤密,才能使鼓道凸出立起,形成"灯芯条"。

(六) 丁字呢

丁字呢又称丁字花呢,是斜纹的变化组织,表面呈丁字花纹,故称丁字呢。它由经纱四根,纬纱四根组成"一上三下"斜纹。

排纬:上一下三,四根一组,顺序挨针排满。

织经:两根一小组,四根一大组,针法都是"挑一压三"。第一小组的第二根都必须挨着第一根边上挑;下一小组第一根,又要在上一小组第二根的

"压三"中间挑，同时，上一小组的第二根斜纹顺序向左斜；下一组的第二根斜纹则顺序向右斜。这样"二左二右"，来回交叉，织好后就呈丁字花。

（七）巧克丁

巧克丁是和马裤呢一样的急斜纹。它细而平挺，纹路独特，由两个斜条组成一组，每组内斜条的间距小，凹度浅；在各组之间，斜条间距略大，凹度略深，开成特殊纹面。常见的是十三根组成的"一上一下、二上一下、一上三下、一下三下"的斜纹。由于它的经纬较密，也不能按原纹织补，一般都减少两根来织。

排纬：十一根一组，顺着破洞上下两侧的条纹上排，间距大的条纹处排"上二下三"；间距小的条纹处排"上一下一、上一下三"，顺序排满。

织经：也是十一根为一组，挨针织补"挑一压一、挑一压三、挑二压三"，回针向前进两针，挑压相同。

（八）克罗丁

克罗丁是斜纹的变化组织。表面有宽、窄道纹，十八根一组，"二上一下、二上五下、一上一下、一上五下"。

（1）排纬：十八根一组，宽道上生脚排"上二下一、上二下五"十根；窄道上生脚排"上一下一、上一下五"八根，顺序排满为止。

（2）织经：也是十八根一组，挑法是"挑二压一、挑二压五、挑一压一、挑一压五"。回针往下织时，纹路自左向右倾斜，向前进两针，挑法相同。

（九）驼丝锦

驼丝锦也是斜纹的变化组织，九根纱组成一小组"一上三下、二上三下"；十八根纱组成一大组。这种织物的特点是：纱质优，纱支高，身骨细，密厚重，正面带少许绒毛，由间隔两种直条构成图案。一种直条成斜纹形，条间很窄，近似海力蒙人字花纹；另一种全幅由成条的斜纹组成，条的凸处，阔而平坦，条间凹进，细狭如线，具有独特风格，织法如下：

排纬：九根一组，每组排"上一下三、上二下三"，排满为止。

织经：也是九根一组，"挑一压三、挑二压三"，回针往下织时，"挑一"的一针向前进一针；"挑二"的一针向前平挑。斜纹方向交换时，将上一格的"挑一压三"改为"挑二压三"，把"挑二压三"改为"挑一压三"；同是，把倾斜方向改为相反即成。

（十）雪影格

雪影格是一种较为复杂的组织，由若干条间隙的鼓纹和沟纹组成。鼓纹四根一组"一上二下、四上二下",沟纹两根一组"一上一下"交织一起,挤紧挤密就成为一道鼓纹,一道沟纹的"雪影纹"花纹。

排纬:从沟道上进针,排成"上一下一"平纹组织,将破洞全部盖上为止。

织经:沟纹织两根一组的"挑一压一"平纹;第二根和第一根挑压相反,织成为凹纹;鼓纹织四根一组,其中,第一根和第四根相同,都是"挑四压二",第二和第三根相同,都是"挑一压二",挤密就成为凸纹。每一组的鼓纹和沟纹都是如此,但是注意,它所挑压的纬纱,必须和上一组一样成为组组对称。

(十一) 阴阳花呢

阴阳花呢是斜纹的复杂变化组织。四根一组,"二上二下",一般是黑白双色,纬纱均为白纱,经纱则是一黑一白,相互间隔;同时,斜纹倾斜度的方向,一左一右,相互交叉,成为黑白分明的两道斜纹。

排纬;十二根一组,顺序排上,生脚"挑压",排满为止。

织经:也是十二根一组,第一根织四个"挑二压一";第二根织一个"挑一压一",两个"挑二压一",一个"挑二压二";第三根织三个"压一挑二"和一个"压二挑一";第四根织两个"挑二压一",一个"挑二压二"和一个"挑一压一";第五根织一个"挑一压一",两个"挑二压二",一个"挑一压一";第六根织两个"压一挑二",两个"压二挑一";第七根织一个"挑二压一",一个"挑二压二",一个"挑一压二",一个"挑一压一";第八根织一个"挑一压一",一个"挑二压二",两个"挑一压二";第九根织一个"挑二压一",三个"压二挑一";第十根织一个"挑二压二",两个"挑一压二",一个"挑一压一";第十一根织四个"挑一压二";第十二根织四个"挑二压一"。

(十二) 四面反花呢

四面反花呢也是斜纹的复杂变化组织。它的呢面纹路错综,皱折不平,呈现上下左右四朵反花组成了一个整体花纹,所以叫"四面反花"。尽管它的花纹组织复杂,将其分解开来,乃是一朵一朵凑成,而每朵花纹一般是八根经纬纱组成(还有十二根、十六根等组成,规律相同)。

排纬:八根一组,生脚挑压按原纹,双数原纹"二上二下、二上二下"即做两个"挑二压二"。单数原纹为"一上二下、一上一下、二上一下"即"挑一压二、挑一压一、挑二压一",顺序排满破洞。

织经：有两种做法，一种先织小方格，再织大方格。小方格四根一组，第一和第三根"挑一压二、挑一压一、挑二压一"，第二和第四根"挑二压二、挑二压二"。大方格也是四根一组，第一和第三根"挑二压二、挑二压二"，第二和第四根"挑一压二、挑一压一、挑二压一"，单数挑和双数挑倒换一下。这样织后，小方格纹向左右两侧徐徐扩散，大方格纹则从两侧向中间徐徐合拢，如此反复循环，就织出一朵朵的反花组织。另一种是简化的织法，叫隔针织，不再一格一格的织，无论排纬、织经，都可顺着破洞两侧原纹生脚，把"挑二压二、挑二压二"的部分，先隔针织完；然后逐一加针补织"挑一压二、挑一压一、挑二压一"，把它织完即可。这种织法方便，松紧均匀。

无论哪种织法，每一小格的衔接处，必须和上一针的挑压相反。如上一小格是"挑二压二、挑二压二"，那么下一格就要"挑一压二、挑一压一、挑二压一"。

（十三）满天星

"满天星"这也是复杂的花纹组织之一，大都是两种颜色组成，常见的是黑底蓝星。从织物组织上看，是由经纬各八根纱组成"一上一下"平纹和"三上三下"的斜纹。若按原纹挨针织补，十分费事，织出的星星大小也不匀。织补的实践证明，按"三步操作法"，织后效果较好。织法如下（以黑白色代表）。

第一步织底板：从破洞两侧生脚，顺着白星原纹，先把白经纬丝织成"挑一压一"的平纹组织，行话叫做织"星星"。

第二步织黑纬丝：每隔两根白丝，回进两根"挑二压一"的黑丝。织时两根一组，每组第二根挑压和第一根相反，而下一组的第一根要和上一组的第二根相同，成为"挑二压二"上下两根的对称组织，使"星星"上下镶上了黑边。

第三步织黑经丝：按织物原纹生脚，在小方格左右两侧，每隔两根白丝，加进两根"挑一压一、挑三压三"的黑经丝。织时也是两根一组，每组第二根挑压和第一根相反，下一组的第一根和上一组第二根同样对称。这样，又使"星星"左右镶上黑边，变成黑底白星的满天星织物。

但是，第二步和第三步的生脚处必须按照原纹挑压，即"挑一压一、挑三压三"，使之和原纹衔接，不露织补痕迹。

上面介绍的十三个花纹织物的织法，具有一定代表性。织物的花色极多，而且还在不断发展变化中，但补的原理、规律、方法则基本相同，只要对其组织结构、花色配置等规律加以分析，经过细心钻研，都可以识别和织补的。

三、毛绒织物的织补法

毛绒织物的表面都覆盖着一层毛绒，如各种呢子、绒毯、灯芯绒、长毛绒等。它们的形成和毛绒长短不同，呢子和绒毯是在织好后，从表面毛纱刮绒，毛长且密；灯芯绒、长毛绒则是织出线圈，然后割断松散，毛也较长。它们的织物组织也不相同，呢子大都为单系统纱线的"一上一下"。平纹毛绒则是若干系统纱线的双重平纹、斜纹组织。因此，在织法上，各有不同特点，其程序也和其他织物不同。一般用盖洞法织补。

（一）海军呢

海军呢是呢子的一种，麦尔登、法兰绒、制服呢、大衣呢都是同类型的，其织法大体相同。海军呢多平纹组织（少数为斜纹组织）。

织底板：破洞接绒后，即可织底板。所谓织底板是和一般织物排纬、织经一样，织上一层地组织，即称底板。平纹"挑一压一"，斜纹"挑二压一"或"挑一压二"。由于织后拉毛，对底板的要求不像一般织物那样严格，只要近似原组织即可。但要求织得又紧又密，经纬都是如此，这样才能保证牢度，拉毛效果好。

拉毛绒：打好底板后，反面的生脚余丝不用剪断，修净面上残丝毛茬，用拉毛刷拉出毛绒即可。拉时要注意三点：顺看织物毛绒方向拉，不能逆向拉；把破洞四周绒毛拉匀，看不出衔接的痕迹；拉力要轻要匀，防止损坏地组织。

（二）拷花呢

拷花呢其特点是质地厚实，呢面有古雅条纹，织底板和拉毛都很细致。

织底板：先纬后经，排纬时，要顺着破洞两侧斜纹斜排，只能在沟纹里进针和出针，挑起条纹，然后同行一行排满破洞。这样，才能防止破坏条纹纹路和绒毛。织经时，则要顺着鼓道条纹织，沟里不织。每条织三根"挑一压一"经丝，一条挨着一条，顺序织完，起针、生脚、交织、回针都必须在鼓道上，力求紧密，保证牢度。

拉毛绒：与普通呢比较，不但活多细致，拉法也不相同。拷花呢拉毛，不用刷子，而用大针挑，只挑鼓道纹，不挑沟里纹，即用大针在每条鼓道上一针一针由下向上挑毛，必须根根挑起，根根挑匀，显出清晰的条纹毛绒为止。这样一条一条全部挑完后，如鼓道条纹仍不清楚（和沟纹混合不清），则在每条沟纹里放上大针，垫上水布，用烙铁烫压，可把鼓道条纹突出起来。

（三）灯芯绒

灯芯绒的布面呈现突起瓦楞状绒条（宽窄不同），丰硕饱满，手感细柔，近似呢料。它属于纬二重起毛组织，纬丝特别紧密，地组织为平纹组织，也有斜纹和方平组织。一般是每组纬丝六根，其中两根与经丝织成地纹，四根与地经构成交织点线圈，浮出表面，为起绒之用。

摘绒：把破洞四周残绒理净，再摘去一条绒条，露出地组织约一厘米左右，作为生脚处。摘绒方法是：用大针在织物反面挑起底丝，一次挑出一根，顺序一直挑完，这样绒毛就脱落了。

织底板：先纬后经，从露出地组织外起针、生脚、两侧相同，然后排上纬丝、织上经丝即可。平纹"挑一压一"，斜纹"挑二压一"，按原纹一根不缺地织好底板。但要注意：织底板时，每针都要在条绒的间隔处出针，不能破坏破洞四周的绒面。

栽绒：分为直栽、横栽两种，按织物原组织而定。

（1）直栽绒：栽在经纱上，六根一组，按底板每隔四根，在第五、第六两根中间栽。具体做法是：先挑起第五根经纱的"压一"布丝，穿入栽绒的丝，出针拉起，回头再挑起第六根"压一"布丝，就成为一个线圈（线圈应根据原织物要求而定，一般为半厘米长的线圈）。如此循环不断，栽出一个个的线圈，一直栽到破洞尽头为止。挑针时，每挑一针，必须要拉紧底板丝。用丝根数，宽条绒六根，细条绒三根。

（2）横栽绒：十二根为一组，按底板每隔六根，在另六根中栽。具体做法是：先挑第一和第六根，接着挑第二根和第五根，两头也是留出半厘米长的线圈，然后拨开在第一和第六、第二和第五横卧布丝中间，把第三和第四根挑起，栽上最后一个线圈。这样，分三次栽完绒，每条用丝是两根。所有栽绒的丝可从衣服贴边上抽，抽出时，其色泽较原织物浅一些，栽完剪散，就会变深，和原织物颜色相近。

（3）修绒：第一步剪开线圈，成为耸立直丝，注意不要剪得太短，要比原织物绒毛略长一些；第二步用大针挑散，成为绒毛，注意要松散均匀；第三步再用剪刀将多余绒剪短、修齐、和原织物一样长短平整。

（四）长毛绒

长毛绒是经二重起毛组织，它的地组织多为平纹，由两组经纱（地经和毛经）和一组纬纱交织而成；地经与纬纱交织成底，毛经固结在底板上（两根地经夹住一根毛经）起毛，长毛绒织法的拨洞、栽绒与灯芯绒相同，只是摘绒要多摘一些，一般要摘去两行。

织底板：先纬后经，在破洞背面织（因正面毛长毛密，看不清底板，无法生脚，只能从反面织，织后正面留下的毛茬，稍加修剪，栽绒后即可盖住），按原纹织成"挑一压一"的双丝平纹底板，即纬丝排单根丝，经丝织双根丝。

栽毛绒：从每行双丝平纹中间栽，挑起"压一"那根纬纱，穿入栽绒的丝，拉入一厘米，再从另一根"压一"中挑起，留出一厘米长的线圈。如此循环，就成为一个个的线圈，一行栽完，顺序栽下一行，栽时要求一丝不苟，每行从头至尾，不能缺根，不能串行，也不能挑半根，同时线圈要栽正栽直。栽绒的丝，必须是毛纱，栽后修绒与灯芯绒相同，把毛向按顺向拨匀，盖住整个破洞，不露任何痕迹。

（五）绒毯

绒毯有一色和提花两种。一色绒毯可以盖洞织补，而提花绒毯必须按原织物正反两面分别串织，现将两种绒毯的不同织补方法，分别介绍如下：

1. 一色绒毯：分平纹和斜纹两种，织补时不必拨丝，可盖洞织补，平纹"挑一压一"，斜纹"挑一压二"。但必须正反两面都织，以达到"两面光"的效果。

（1）织底板：先织正面，后织反面，正反两面都按绒毯的地组织盖洞织补（即平纹织成平纹，斜纹织成斜纹）。排纬、织经全用毛纱，而且全部回针织，纱尾不剪断，这样牢度较好。

（2）拉毛绒：织好正反两面底板后，用拉毛刷顺毛拉出绒毛，将表面残丝毛茬修净。但要注意，拉出的绒毛必须与破洞四周衔接处的绒毛长短一样，拉得太长了可用剪子修齐，使之没有痕迹。

2. 提花绒毯：提花的组织多为二重"一上三下"斜纹，色泽多为正反两色，织补难度较大。

（1）织底板：先用白棉线排纬丝，两根一组，"挑三压一"，每组的第一和第二根挑压不同。如第一组的第一根为"挑三压一"，第二根则为"压一挑三"，且"压一"，要压上第一根"挑三"边上；第二组的第一根，也是"压一挑三"，但"压一"则要压上第一组的第二根"挑三"中间；第二根则"挑三压一"，然后顺序循环，就是这样一根压一根；一组接一组，不断变换位置的"挑三压一"，把纬丝排满。

排完纬丝织经，由于绒毯是二重双色，要织两层不同色的经丝，全部用毛纱织补。先织反面，两根一组，按原纹"挑一压三"。每组的第一根"挑一"必须挑在上一组的"压三"中间；第二根"挑一"则要挑在上一组的"压三"边上。要一组向左倾斜，一组向右倾斜，循环交叉地织，把反面一色经丝织完。后织正面，同样两根一组按原纹"挑一压三"，同样左斜、右斜交叉，顺序前进把正面一色经丝织完。注意必须左、右交叉，否则，就会露出白丝（纬丝），松紧不匀。

因为提花绒毯绒两面不同色，织完一色的余丝后，要"串"向反面，留待反面继续使用。所以每根用丝要比破洞长出一倍，"串"向反面交接处的丝，要按织物原来图案挑织清楚，两侧生脚线头也要藏密（即串在不同色线的中间），不能露出不同色丝的痕迹。

（2）拉毛绒：要用刺果刷刷，沿着破洞四周，拉向中间，把正反两面毛绒拉出拉匀，以不见底丝（白丝）不留痕迹为准，最后烫平圈印。

四、丝绸织物织补法

丝绸织物用丝（桑蚕丝、人造丝等）织成。比之毛料，细面光滑；经纬丝性质也不相同，纬丝硬、捻度大，经丝软、捻度小，在织补时要适应这些特点。一般只能用盖洞法（其他织法都易损坏织物），盖的面积要大一些，至少多盖4~6根纱线。选丝要细，一般要把原丝劈去三分之一或四分之一，纬不能代经，经不能代纬，以原纬、原经为宜。绑圈要十分小心，要对好纹路扎紧，不能扎紧后对纹路，防止偏丝和拉坏；圈也要用布包起，织前洗手，防止污染。织补的针脚不宜多，排纬生脚处不用挑，只在交织点中根据原纹"串"过即行；织经丝的生脚要挑两针，出针拉丝，必须缓缓拉直，过重过急则易产生"吊针"，生脚处出现破洞。所以，拉时左手用手指上下揪住，右手再往紧拉，在织的过程中，纬丝容易脱捻，要边织边加捻，使之恢复原状，否则织经时不好挑压，易出疵点"花针"。一般来说，排纬后，织补处变松，必须重新绷一下圈，使之平直。在织补中，以缎纹织物较多，下面介绍软缎、织锦缎的两种织法。

（一）软缎

软缎质地紧密厚实，品种很多，如素色、花色、纯丝、交织，以及各种不同的组织。现介绍常见的八根一组的八枚七飞（8/7）。即"一上七下"的经面软缎的织法：

排纬："上一下七"挑针平行排满（可多盖4~6根），排纬关键在于要排直，不能有丝毫的弯曲不齐现象。

织经：八根一组，"挑一压七"，织完一行，回针往下织时，前进两针，即从上一行"压七"的第三针为"挑一"，然后"压七"；每根斜纹，要从左上向右下倾斜，针针之间挤紧挤密。

（二）织锦缎

织锦缎是在地组织上提花，织制精细，花纹古雅，缎丽多彩，颜色至少在三种以上，织补时，先织底板，排纬、织经和软缎一样，即挑针平行排纬，"挑一压七"织经（每隔一行前进两针），织好底板再提花。具体做法是：

首先，根据织物上色丝配置的花纹图案，抽取同样颜色的色丝，按照原样，用盖针法织在底板上，挑和压的针脚长短，要和原花型一致，这样，就把破洞上的朵朵花纹完整地织补出来。

破洞花纹残缺不全，则可在周围找出相同的花纹，作为标准，一边织，一边参照，按照其配置的循环规律织上。织锦花时，两侧生脚处，残留的色丝要全部藏在背后，在花纹处出针压上，使其不露一点痕迹。

五、特殊洞形织补法

特殊洞形织法，指梯形盖洞和拨盖联合织法而言，适用于毛料的斜口、三角口等。至于毛料大洞、破裂两块等，是采用挖补、拼织法；呢料的三角口等，也用拼织法较为方便。下面讲毛料特殊洞形的织补法，均以哔叽为代表。

（一）斜口梯形盖洞法

斜口洞形，就是斜向破裂，裂口窄而斜长，破坏了很多完全组织。如全部盖上织补，费工费料，就洞形盖织，很不美观，牢度又差。采用梯形盖洞法织补就解决了这个问题。梯形盖洞的织法，包括排纬、织经的生脚、针法等，与一般盖洞法相同，只是排纬要沿着斜口排成台阶式（楼梯形）的块形，织经也是织成块形，织后表面规矩、工整、洁净，给人以舒服的感觉。

1. 排纬

按照斜口长度，排成若干个呈梯形的小方块，块的数目视斜口长短而定，一般排三五个或五个以上均可；块的大小没有固定，以每个块盖住裂口（上下左右多盖3~4根）为准；排成长方形、正方形也可，但主要关键是个个小块都要连接起来，并都对正、对准织物组织纹路，不能隔行、串行；为了减少生脚点，可以回针排。

2. 织经

挑压针法与普通盖洞法相同，一般是顺序挨针织和回针织，以减少生脚挑压次数。织补时，纹路必须对正对直，特别是两块的连结处，不能织错、串行。

（二）三角口织补法

三角破口是被金属或铁丝钩破所致，一般斜向破裂的较少，而纵横断裂较多，成为三角口。它有内外两个角，绑圈后，外角易固定，而内角一侧活动无法固定。因此，织补前必须先将内角用丝线吊住，否则，无法织补，内角吊牢后，外角的一侧采用拨丝法来织，靠内角的一侧要用盖洞法来做。这种破口，有吊、有拨、有盖，技术比较全面，初学者要经过反复实践，才能掌握。

1. 吊角固定

具体吊法是，内外两只角（包括角尖和角的两边）按照织物组织纹路对好，用丝线吊上三针，使活动的内角固定住。这样，就成为两角相连的横直两个破口，断经丝的叫横口，断纬丝的叫直口。

2. 排纬织法

哗叽的经纬密度比较接近，因此可以先织横口，后织直口（华达呢相反，一般是先织直口，后织横口）。无论横口或直口都要用"一隔一"隔针法来织，也就是说织一行空一行，先织成"挑二压二"的平纹组织，然后再加针成为斜纹，如果是小三角口，也可以顺序挨针织补，但要有相当熟练的技术才成，具体做法如下：

（1）先织横口：第一步，把外角边的断裂经丝拨下，露出未断的纬丝加以利用，然后补上所缺的纬丝，一直把内角一侧全部盖上，要盖过破口4~5根丝。排纬时，左右两侧生脚处的丝头要留长一些，以便织经时紧了可放，松了拉紧。第二步，隔针织上第一批经丝，也就是在横口上套上了壳子，接着加针将横口空隔的经丝全部织上。

（2）后织直口：第一步，先将外角一侧断裂的纬丝拨下，露出未断的经丝全部加以利用（部分一侧断了的经丝，也可以用线吊住加以利用），然后将直口内角一侧多盖4~5根经丝。第二步，织直口的纬丝，也是先隔针套好壳子后加针做法与横口同。需要注意的是，要处理好内外角的横、直交点，特别是内角一侧横、直点的四层重叠的丝（即本身经纬丝和织纬经丝）使织物质地发硬，往往针刺不进，挑压困难。为了解决这个问题，在内角处生脚可以用拱针的方法，尽量减少挑压次数，以避免生脚重叠，影响织补质量。

以上为哗叽三角口织法，华达呢因经密大，织法有所不同。主要区别是先做直口、后做横口，必须分开做。直口做法是：第一步，理清经丝，把不断或断了部分的经丝，全部整理出来，加以利用（断了部分的丝，用线扎住吊起利用），尽量利用原丝，这是因为经密大，经丝弯曲度也大，全部换上新经丝，松紧很难掌握，色泽也难与原织物相符。第二步，补足经丝，断了几根补上几根，补上的丝要与原织物松紧相同。由于华达呢经丝密集，几乎重叠一起，很难挑准，必须在绷圈时把它绷成扇形，由下而上，逐步扩大，这样上部分开，挑压方便，不易出错；下面还很密集，生脚出针后，针向上移到密度稀的地方，挑压后再移下来，比较好做。第三步，用"一隔一"法，隔针做第一批纬丝套壳，一边打来回针，另一边不打来回，有的采用挖丝法套壳。第四步，自下面上把做上去的丝，加以整理，即把扇形拉成正方或长方形，要边拉边看，随时调整，保持松紧一致。第五步，加针织进第二批纬丝即可。

做完直口，接着做横口。第一步，把断和未断的纬丝，全部去掉，顺序排上纬丝，盖住破口（多盖5根）。第二步，用"一隔一"法，隔针织上第一批经丝，生脚尽头"挑三压一"，要尽量放松一些，拉过去时，要用指甲揪一下。第三步，加针做第二批经丝，生脚针数比第一批多3～4针，放长短针。由于华达呢密度大，加针时较为困难，所以要把隔针的部分向两边推开，加针后再调整过来。

此外，还可以用全部盖洞法织补，即横与直全部是盖洞。针法是"挑一压二"，就是把原来的"挑二压二"四根一组减少为三根一组。

3. 几个注意的问题

首先，织时要掌握好松紧密。织得太紧，不但挑压困难，而且角的地方"吊"紧，很难看；如果松了，内角就会鼓起，也影响质量。同时，松紧不当，还会出现凸肚、凹腰的毛病。如直口纬丝松或横口套上经丝松，都能凸肚；反之，紧了就要凹腰。出现凸肚，就要用手指推圈子的边，使织物向中间靠拢，使其变直，或把做上的丝适当拉紧一些，出现凹腰，要把做上去的丝适当挑松。

其次，注意织的方法。方法不对，就会出现豁口（洞口处变稀，露出空隙）、线影（织丝痕迹和上钻毛屑）等缺陷，都对质量有较大影响，所以，织时要掌握正确方法；第一，边做边把洞口的两根丝，朝洞面边拨，不让其离开洞口；第二，破口两边的丝都要做"单"，与原线衔接成双，这样就易显出丝痕；第三，底毛要朝着做好的方向拨落，不使毛茬上钻，此外，分散针脚点，也是防止线影的方法之一。按照上述方法去做，就可以避免发生豁口、线影等毛病。

六、针织织物织补法

（一）针织罗纹羊毛衫织补

针织罗纹羊毛衫，是一种常见的针织组织形式的服装，这样的服装破损后，不及时织补，破洞会很快变大，因此要及时织补。现就一件被虫蛀出破洞的针织罗纹羊毛衫来介绍它的织补方法。

1. 上丝

由于该衣物破洞为不规则的长方形破洞，所以在破洞的最长、最宽稍有富余处上丝，盖住整个破洞。上丝的具体做法是：在破洞右侧最下方横列，离洞边三行处上丝，从第四纵行的线圈沉降弧上进针，随即锁头。挑起一个线圈，压住三个线圈，浮过破洞，至破洞左侧挑一个线圈出针，留丝别住；转过织补圈，按同样方法，转入上一横列，回针至原来的右侧第四纵行处不留丝，再弯入上一横列，继续上丝，一直把丝上完、上满。上满丝之后，要多盖破洞上下、左右各四行，这样可以保证织后的牢度。上丝要求：左右上下在同一个线圈横列上，上下要上在同纵行上；上丝时要上在线圈上，反人字上，不要上在圈距中，正人字上。留丝长度，要比平针略长2倍左右。

2. 钩织

要在紧挨着破洞最右侧上丝纵行最下面的线圈横列上钩起。起头要钩在线圈横列上，由下而上，从左向右，顺序钩织，一直钩至最上面的线圈横列上，钩反线圈就要采用"倒钩法"。钩织时，舌针从上插到下面钩起；要钩针编弧，一针接一针倒钩而上，直到钩织到最上面的线圈横列。结尾时，正线圈要结在正线圈纵行上，反线圈要结在横列上，但都要结在同一线圈上。

3. 整理

钩织以后，织物表面大都皱折不平、线圈不够均匀、垂直，因而要用挑、拨方法将线圈挑拨均匀，将大针放到线圈的线圈柱上（右侧），将不规则的线圈挑、拨成未破损织物同样的线圈即可。

（二）"元宝针"毛衣的织补

单元宝毛衣出现破洞后，要用加针的方法来织补，这样织补后的毛衣上、下没厚度，纹路清楚整洁。在上丝前把毛衣绑在大织补圈上，先在毛衣正同一行线圈纵行拔丝，再将断的毛头按纹路自然分成上、下两层。下面的断头勾到织物反面去，上面一层暂时勾放在织物正面，这样层次分清后，上丝也就清楚了，同时要拨出三、四行样板丝。织补时先织毛衣的反面，上丝时以原织物反面样板线长度为准。用缝毛衣针穿出钱圈，重复穿压在原织物紧挨破洞的一个线圈上。每上一行就要把断头挑起勾放在一旁，全部上完毛线后，平纹顺勾即可。

然后再织正面，正面上丝时直接顺纹路上，不必重叠，以免影响外观，留丝长度以正面样板丝为准，每上完一行丝就要把正面毛头勾放在毛衣反面。正面勾结方法是"挑一勾一再勾一"（后一个勾一是勾前面挑过的一根丝）。结尾时要特别注意必须是按单元宝原组织结构穿织结尾。待正面全部勾织后，便在织物上出现了新织补的单元宝针组织。

双元宝与单元宝不同处就在于它的两面都是带有集针的线圈纵行组成，因此两面外观相同。织补这种毛衣同织补单元宝方法一样，也是先织反面，后织正面。只是勾结毛衣正面时，它的勾结方法是"压一挑二勾"。若织补同样组织的围巾，因要求两面不见痕迹（即两面光），就要把两层不用剪刀刮薄，分别顺纹路穿织在围巾组织中，直至毛头全部消失为止。

（三）提花袜的织补

提花多设计在男女花袜中，提花组织的特点是两色或三色的纱线以一定的间隔和规律参加成圈，纱线在不成圈处是以延展线状在织物的反面。由两色纱线编织的提花袜我们叫它两色花袜，由三色织成的叫三色花袜，提花袜的花型很多，大部分表现的是几何图案。

提花袜的组织结构并不复杂，但彩色纱线的配置所形成的表面花纹却是千变万化的。尽管花纹变化多端，但图案必然有着它的"完全组织"和循环规律，搞清了织物的花型分析，也就觉得提花袜并不难织补了。下面介绍一个两色几何格子提花袜的织补方法，掌握好这种花袜的织补，举一反三，其他提花袜的织补也就迎刃而解了。

两色几何形格子提花袜是彩色纱线相配织的。首先进行图案组织分析：这种花袜的一个完全组织是由16条线圈纵行20排线圈横列所组成。但线圈大小不同，颜色不同，构成袜子表面的格子花型，然后循环至整只袜子。在织补时只要按每行的线圈大、小，不同颜色勾织，即可织出一样的花型。如果损坏在第一行上，就按这一行两色纱线循环规律勾结，坏在第二行，按第二行循环规律勾结……。

织补方法：分析花型后，织补前要在另一只袜子上找出和破洞图案花型相同的地方用小织补圈绑好作为织补标准和样子用（如果没有织补圈不绑也可以）。

上丝：将破损部位绑在织袜右侧，上丝时左、右离破洞三行，两种颜色分次上丝，上在挨针织的小线圈纵行上，一般都留活丝（即留丝要适当长些，织后还有剩余，剩余的纱线锁入织物反面）。上黑丝，一根大针别放在织物的左侧，上白丝时则要用另一根大针别放在织物左侧，丝上满后不必再从中间挑起即可勾结，但结尾纱一定要留出一黑一白两根纱线。

勾结：与平针袜正勾相同。勾出图案花型，就要按照这行颜色的循环规律，掌握好每个纵行线圈颜色的循环规律（即完全组织）。要求勾结时，每勾一行都要仔细地看、数织补圈上的花型样子，上、下花纹要勾结正确，左、右侧的花纹关系也不能错。线圈松紧掌握得好，颜色选配得当，织后效果就会与原组织相同看不出破绽。

第十一章

服装的养护与环保

第一节　洗涤剂与水质污染

随着人类社会的进步，服装面料的发展，对服装的养护提出了新的要求。服装养护中重要的一个环节就是清洗，科学地使用洗涤剂，不但可以使服装保持清洁美观，还可延长服装寿命，并避免或减少洗涤剂有害物质对人体的伤害。另一方面，洗涤剂的使用同时也引发了水质污染，对人类造成了危害，这一问题已经引起世界各国的关注。而要解决这一问题，首先要真正认识一下洗涤剂。

一、洗涤用品的历史和现状

随着人类文明生活的进步，无论是工作环境还是生活环境，都需要保持良好的卫生环境。为了创造一个干净、卫生、舒服的工作生活环境，都要使用不同性能的洗涤用品清除各种污垢，清洁卫生的需要促进了洗涤用品的快速发展。

洗涤剂是人们日常生活中不可缺少的化学品。人们从远古时代就开始了对洗涤剂的研究。人类把皂角、菩提子等天然植物用于洗涤。草木灰则是从古代到近代都被用来洗衣物。人们最早生产和使用合成洗涤剂是在 1954 年，而我国合成洗涤剂的研究始于 1958 年，20 世纪 60 年代初开始工业生产。随着历史的发展和社会的不断进步，发达国家的洗涤剂和化妆品的使用已成为反映人们精神面貌和物质生活水平的重要组成部分。20 世纪末，日本人均使用洗涤剂9.6kg，西欧达 21.2kg 以上。我国是发展中国家，一切都处于发展中状态，产品的数量、品种、质量和技术设备都处在不断地发展壮大之中。同一时期，我国人均使用洗涤剂 2.1kg。随着大工业的发展和人们物质生活和精神生活水平的大幅度提高，人们对洗涤剂在数量和质量上的要求也在不断地增加。因此洗涤工业也在不断地扩大。目前，世界上年产合成洗涤剂大约为 $1.3 \times 10^{10}\,kg$。总之，洗涤用品将会成为人们日常生活中使用量最大的化工产品。

二、洗涤用品发展趋势

（一）多样化、专用化

目前洗涤剂品种有洗衣粉、餐洗剂、香波、柔软剂、卫生间及厨房用清洗剂、工业及公用设施清洗剂等等，功能也趋向多样化、专用化，如在洗衣粉中出现了多种活性物和添加各种功能性添加剂的配方，出现了加酶粉、彩漂粉、加香粉、浓缩粉、低泡粉、消毒粉、抗静电柔软粉、无磷粉，含驱虫剂的洗衣粉和防晒粉等，其中加酶洗衣粉已超过50%，发展引人注目。肥皂的品种也有很大的发展，如老年人专用的、婴儿专用的、护肤的、美容的、杀菌的香皂和液体香皂及皂基沐浴液等。织物洗涤以前还多局限于洗衣粉，而目前不仅有重垢液体洗衣剂、精细织物洗涤剂，还发展了衣领去污剂、漂白剂、柔软剂、上浆剂、干洗剂、预处理剂等专用洗涤或保养产品。居室清洁剂，目前则有各种地毯清洁剂、地板清洁剂、玻璃清洁剂、家具上光剂、空气清新剂、马桶清洁剂、浴室清洁剂、硬质地面清洁剂和壁纸清洁剂等。厨房清洁剂则由传统的手洗餐具洗涤剂发展到机用餐具洗涤剂、抽油烟机清洁剂、下水道疏通剂、玻璃杯清洁剂和除垢剂等。无疑，家用洗涤用品将朝着更加专业的方向发展，并催生更多的新产品。

（二）新的产品形式不断涌现

洗涤剂发展的另一个重要趋势是新的产品形式不断涌现，如单位计量洗涤剂（片剂、液体片剂、清洁布），两相洗涤剂，装入胶囊的洗涤剂（香囊式）、洗衣纸、茶袋洗涤剂（Laundry Tea bag）等。生产商都希望自己的产品在性能、颜色、香型或其他方面与众不同。

（三）液体洗涤剂是最具活力的洗涤用品

同传统的固体洗涤剂相比，液体洗涤剂使用前无需溶解，具有使用方便、溶解（分散）速度快，低温洗涤性能好的优点，同时，还具有配方灵活、制造工艺简单、设备投资少、节省能源，加工成本低和包装美观的优点，液体洗涤剂越来越受到消费者的欢迎。1998年，液体洗涤剂销量在美国开始超过粉剂，2002年达到洗涤剂总销量的63%，我国液体洗涤剂近年来发展很快，生产厂家约有40家，目前产量估计已逾80万吨。今后，我国液体洗涤剂生产将持续发展，预计其年增长速度将为5%左右。液体洗涤剂在产品原料供应与使用、配方技术与工艺、产品性能与品种、产品使用与服务等方面都将有所改善，并广泛用于家用、民用、工业、公共设施等领域。液体洗涤剂通常分为织物用洗涤剂、硬表面清洁剂和个人卫生清洁剂。硬表面清洁剂是一大类洗涤剂，包括厨房用洗涤剂，日常硬表面清洁剂、金属表面清洁剂及交通工具清洁剂。专家指出今后洗涤用品将更加注重低温、节水、节能以及性能价格比，将进一步拓展工业和公共设施专用洗涤剂，并关注产品的环保效益。

（四）浓缩化

浓缩化是当今洗涤剂研究和市场开发的重要趋势之一。浓缩产品的显著优点是活性物含量高，去污力强，同时也具有节约能源，节省包装材料，降低运输成本，以及减少仓储空间的优点。因此市场上浓缩洗衣粉、超浓缩液洗剂、浓缩餐具洗涤剂、浓缩织物柔软剂不断涌现，而且发展较快。随着人们对环境问题的日益关注，消费者也逐渐认识到浓缩产品的原料、包装材料用量少（包装材料可节约40%～50%），对环境排放少，有利于环境保护。因而，越来越多的消费者开始接受浓缩产品。

（五）人体安全性

许多洗涤产品都直接与人体接触，如手用餐具洗涤剂、衣用洗涤剂及其他个人清洁用品。另外，有些产品虽然一般情况下不与人体直接接触，但若不小心被溅上，则可能对人体造成伤害，如强酸性的厕所清洁剂、除垢剂及强碱性炉灶清洁剂、下水道疏通剂等。因此，对人体的刺激性与安全性，就成了这些产品的重要指标，每个新产品须经过毒性和皮肤刺激性试验。为取得温和效果，各生产厂商广泛采用了低刺激、对人体温和的表面活性剂来降低洗涤剂对皮肤的刺激性，而采用降低配方的酸碱性来提高产品的安全性。另外天然组分、中草药成分由于满足了消费者的产品绿色化与营养、安全的消费心理，赢得了人们的青睐。

（六）多功能产品

洗涤剂多功能化，即在洗涤去污的同时，兼有漂白、杀菌、消毒等作用，已成为洗涤剂的发展趋势。虽然通用型产品越来越少，但一剂多能的产品还是受到了广泛的关注。这主要是在保证产品原有功能的基础上，附加其他的辅助功能，以加强产品的实用性。如在织物洗涤剂中增加柔软性能，使织物洗后具有手感柔软、抗静电的优点。这类产品有织物柔软洗涤剂、地毯柔软洗涤剂等。其他如多功能自动洗碗剂、不起皱和减少皱褶的衣物柔顺剂、具有防晒和护色功能的洗涤剂、对皮肤有保护作用的洗涤剂等。

（七）接近消费者的情感消费产品

预计今后的几年中，全球个人护理用品行业将以比较稳定的速度持续增长，年平均增长率保持在118%的水平。未来随着个人护理用品的类别、市场以及行业界限等逐渐变得越来越不重要，一些新的因素将改变产品开发的重点，如消费者开始追求"全面享受"，就连美容也被重新定义为一种范围更宽广、含义更模糊的观念，并加进了更多的情感因素，诸如芳香疗法、色彩顾问、SPA等新事物逐渐从特殊消费群体市场向大众市场转移。厂商和零售商越来越倾向于从服务而不是产品中挖掘新的利润机会。名牌企业正力图使它们的核心品牌同具体的实物产品脱钩，转而在各种服务中渗透品牌效应。产品更加注重情感定位，如宝洁公司推出的"玉兰油纯美空间"概念店，是护肤领域内绝妙的创意，实现了女性与品牌全方位的"直接对话"，让消费者在轻松徜徉美丽经典的同时完成一次自我美丽的发掘与修饰。而零售商则力图使消费者购物经历越来越具有互动性，越来越令人感到愉快，从而充分调动消费者潜在的情感，如时下流行的网上购物、在线美容等。

（八）未来肥皂发展的方向

普通肥皂在软水中去污力强、泡沫丰富、手感好，对人体安全，易生物降解，对环境没有危害，但是它在硬水中与钙、镁离子发生置换反应形成皂垢，皂垢黏附在织物上，使被洗涤织物板结，并在洗涤用具上形成污垢，这样的结果使肥皂使用受到了限制。复合皂既保留了肥皂的优点，又克服了普通肥皂的缺点。复合皂又名改性皂或抗硬水皂，它的主要成分除了高级脂肪酸盐之外，又加入了具有抗硬水能力的钙皂分散剂作为主要成分。钙皂分散剂也是一种表面活性剂，它的作用是使形成的高级脂肪酸钙皂不凝聚，并在洗涤液中均匀分散，所以不形成皂垢。这样，复合皂便可以在硬水中使用，并且适合于低温洗涤，洗后的织物易漂洗，不泛黄。

三、洗涤剂对环境的污染

随着人们生活水平的提高，家庭洗衣机的普遍使用，洗涤剂的消耗量将逐渐增加。洗涤剂的原材料有基荸磺酸盐、磷酸盐、铝盐、荧光增白剂和酶制剂等，会污染人类赖以生存的水源，严重的危害着人类的生存环境和生命安全。

（一）含磷洗涤剂与水质污染的关系

我国是生产和消费洗涤剂大国，这些洗涤剂多含有磷洗涤剂，进入20世纪90年代，国外又将逐渐淘汰的含磷洗剂（如奥妙、宝莹、花王、快洁、洁霸等）引入中国市场，这些含磷洗涤剂主要的助洗剂便是三聚磷酸钠。

我国洗涤剂中，磷对水环境造成的污染最大。按现有标准计算，每年将有50万吨以上磷酸盐流入江河湖海。洗涤剂中的磷通过排放到水体中，磷逐渐富集，在河流、湖泊、浅海中出现蓝、绿藻的异常繁殖，使水质恶化，形成水质富营养化。水质富营养化后，使水体生态系统和使用功能受到了极大的破坏，造成水的透明度下降，溶解氧缺乏，蓝藻、绿藻繁殖面积扩大，使水质污染严重，大量鱼、虾类死亡，并严重威胁人类的生命和健康。水体中磷的来源，大约有30%来自含磷洗涤剂用品。

根据普查，我国江、河、湖、海水体中磷的含量，大大超出我国环境保护法所规定的磷含量0.1mg/l的标准，有的地区竟达到50mg/l，城市生活水中磷70%来自洗涤剂。因此，高效、无磷、无铝、无毒、无污染，具有强有力的杀菌的多功能、多用途的洗涤剂是发展的大方向。目前，国外法律严格规定，禁止生产和使用含磷洗涤剂，促使洗涤剂无磷化达到100%。随着人们对环境和自身保护意识的增强，文明程度的提高，对无公害洗涤剂产品的要求也越来越高，让我们共同努力向公害作斗争。

我国人民生活正由温饱型向小康型过渡，人们对洗涤用品的品种、档次、质量、环保也提出了更高层次的要求，因此只有加强科学研究，采用高新技术，才能开发出洗涤效果和环保效果好的洗涤用品。目前一方面要完善、提高洗涤剂配方，使含磷洗涤剂向多功能和专用化发展。另一方面为配合限磷地区的综合治理，以及促进洗涤剂品种多元化，更要加速低磷和无磷洗衣粉配方研究，以及代用助剂的研究，要研究生物降解性好的高聚物作4A沸石的助剂，开发出价格与性能比合理的无磷洗涤剂，维护无磷洗衣粉的声誉，使我国合成洗涤剂工业展现一个新的水平。为满足人民高需求做出贡献。

水质恶化的原因很复杂，而磷只是其中的一个因素，去除洗衣粉的磷酸盐有利于减少磷的排放，但因为人体和牲畜的排泄物、农业施肥和水土流失才是最主要的磷污染源，所以必须控制这些最主要的污染源，才能使水环境得到有效保护和改善。

人类生活的都市化是无可避免的，都市生活对清洁剂的依赖也是不可避免的。所以，改善洗涤剂，使用不危害人体、不破坏生存环境、无毒无公害的洗涤剂就成为当务之急，在全世界高呼"环保"、"拯救地球"的呼声中，许多国家把希望寄托在海洋中。从取之不尽、用之不竭的海水中提炼天然洗涤剂是全人类迫不及待的愿望。远在3000多年前中东死海附近的居民就懂得用海水净身；在第一次世界大战前夕，德国就在研究从海水中提炼的洗涤剂；80年代在日本的西药房里也可以买到医用海水洗涤剂，这种洗涤剂已接近无毒无公害的标准。在我国也曾有用鸡蛋清洗头发，用皂角泡水洗衣服等做法的记载，这也说明在天然资源中开发洗涤剂是前途宽广的。当人们逐步认识了解了化学洗涤剂的危害之后，一定会加速开发天然洗涤剂资源的步伐，为使人们更健康，社会更进步而努力奋斗。

（二）洗涤剂危害的防治措施

洗涤剂虽然能够对环境造成一定程度的危害，但这种危害并不是不可以遏制和征服的。目前人们正在研究此类问题，并采取了一些有效措施。

1. 去除洗涤剂中的磷

一般磷的去除主要有物化法和生物法两种。物化法包括化学沉淀法、流化床结晶法、离子交换法和吸附法等。但是，物化法去磷要消耗大量的能源和化学药剂，并会产生大量的化学污泥。为此，人们积极寻求一种廉价易行的替代方法。这就是生化法去磷——利用活性污泥中的某些微生物，将磷转化为微生物自身的物质，从而将污水中的磷去除。生物法去磷与物化法去磷相比有其独特的优点：生物法去磷能耗低，去磷效果好，操作方便，可减少化学污泥量等。它在现代污水处理中正占据着越来越重要的地位。

2. 寻找一种可以代替磷酸盐的物质来合成洗涤剂

可以寻找一种可以代替磷酸盐的物质来合成洗涤剂。例如：三醋酸胺钠、柠檬酸钠、乙二胺四乙酸钠和沸石等。但三醋酸胺钠的效果也并不十分理想。虽然使用三醋酸钠可以满足磷酸盐的作用，但因为它能和汞、铅、镉、砷生成配合物，而导致这些金属溶解进入水体，同时它还有致癌性和致畸性。所以还是用柠檬酸钠和沸石更好。或者使用三级水处理磷酸盐，仍使用含磷洗涤剂以保证洗涤剂的质量亦可。另外，开发洗涤后产生的生活污水对环境和自然生态的影响最小，生产出与环境友好的绿色产品。在洗涤剂配方中尽可能地使用生物降解性最好，对硬水不敏感的表面活性剂，如脂肪醇聚氧乙烯醚硫酸盐（AES），α－烯烃磺酸盐（ADS），α－磺基脂肪酸甲酯单钠盐（α－S－TAMe），烷基多苷（APG），N－烷基－N－甲基葡萄糖胺（MeGA）等，部分代替LAS以降低配方中助剂用量，同时保持优良的去污力。

人类已经跨入了21世纪，随着全球经济一体化、信息化的迅猛发展，古老而又现代的洗涤剂工业也迸发出勃勃生机。我国已经加入了WTO，随着其他产业的发展，洗涤剂工业也在迅速发展起来，但洗涤剂的毒害作用是毋庸置疑的。因此，人类在使用洗涤剂的同时，更应注重对环境的保护。近几年来，我们国家一直在提倡可持续发展。可持续发展是指满足当前需要而又不削弱子孙后代满足其需要之能力的发展。因此，人类追求健康而富有生产成果的生活权利应当是和坚持与自然相和谐方式的统一，而不是凭着人们手中的技术和投资，采取耗竭资源、破坏生态和污染环境的方式来追求这种发展权利的利用。

第二节　干洗溶剂与大气污染

随着人们生活水平的提高，着装档次也随之提高，各种高档天然丝毛、皮制品已经非常大众化，为了防止水洗这些高档织物易出现皱缩、变形，往往采用干洗的方法。由此，干洗业得到飞速发展，同时有的家庭为了除去油污也使用家庭干洗剂。干洗剂的污染主要来自于有机溶剂的挥发，据报道，仅仅去过干洗店，也会使身体负荷增加至数小时。近几年工厂中有关四氯乙烯、三氯乙烯造成的急性中毒及对职业接触者危害的报道很多，因此需要认清它们的毒性作用和可能造成的损伤并采取相应的防护措施。

一、大气污染及其危害

所谓"大气污染"是指有害物质进入大气，对人类和生物造成危害的现象。如果对它不加以控制防治，将严重地破坏生态系统和人类生存环境。大气污染不仅与气象条件有关，而且还是个热门的环保问题，所以，人们对大气污染问题越来越关注。大气污染既危害人体健康，又影响动植物的生长，破坏经济资源。严重时可改变大气的性质。

（一）对人体健康的危害

受污染的大气进入人体，可导致呼吸、心血管、神经等系统疾病和其他疾病。

1. 化学性物质污染：主要来自煤和石油的燃烧、冶金、火力发电、石油化工和焦化等。工业生产过程排入大气的有害物质最多。一般通过呼吸道进入人体，也有少数经消化道或皮肤进入人体，对居民主要产生慢性中毒。城市大气污染是慢性支气管炎、肺气肿和支气管哮喘等疾病的直接原因或诱因。世界上闻名的重大污染事件有比利时的马斯河谷事件，美国的多诺拉事件。墨西哥的帕沙利卡事件，英国的伦敦事件等。

2. 放射性物质污染：主要来自核爆炸产物。放射性矿物的开采和加工、放射性物质的生产和应用，也能造成空气污染。污染大气起主要作用的是半衰期较长的放射性元素。

3. 生物物质污染：一种空气应变源，主要有花粉和一些霉菌孢子，能在个别人身上起过敏反应，可诱发鼻炎、气喘、过敏性肺部病变。

城市居民受大气污染是综合性的，一般是先污染蔬菜、鱼贝类，经食物链进入人体。

（二）对动植物危害

动物往往由于食用或饮用积累了大气污染的植物和水，发生中毒或死亡。大气污染物浓度超过植物的忍耐程度，会使植物的细胞和组织器官受到伤害，生理功能和生长发育受阻，产量下降，产品品质变坏，群落组成发生变化，甚至造成植物个体死亡，种群消失。急性伤害导致细胞死亡，常在短时间里显示出来。

（三）对材料的危害

如腐蚀金属、侵蚀建筑材料、使橡胶制品脆裂、损坏艺术品、使有色金属褪色等。

（四）对大气的影响

能改变大气的性质和气候的形式。例如二氧化碳吸收地面辐射，颗粒物散射阳光，可使地面温度上升，形成全球的温室效应；形成酸雨，可以毁坏森林、影响鱼类生存及侵蚀建筑物；破坏臭氧层等。

二、干洗溶剂的危害

干洗的目的当然是要把脏衣物洗干净，所以能否将多种污垢洗掉是最终目标。干洗的准确名称应该是溶剂洗涤，溶剂的溶解范围即溶解谱决定了某种溶剂的洗净度。而溶解谱是把双刃剑，当溶解谱较窄时就会有一些污垢洗不掉。而当溶解谱太宽时，则有可能对纤维自身、纺织品的染料、面料后整理的附加物质和衣物附件及装饰品等等造成损害。因此，干洗溶剂的溶解谱与衣物污垢成分最接近者就是最佳选择。像三氯乙烯、四氯化碳在较短时间即被淘汰，其溶解谱太宽就是很重要的原因。而碳氢溶剂（石油类干洗）则因其溶解谱相对较窄，部分污垢难以洗净，从而在洗衣消费水平较低的地区就很难适应，说开了就是较脏的衣物不能洗的很干净。几乎所有的溶剂都是容易挥发、有各种气味的，从而会对人类健康有影响，所以安全问题自然不可忽视。目前常用的干洗溶剂主要是四氯乙烯和碳氢溶剂（石油溶剂）。

（一） 四氯乙烯

四氯乙烯属低毒类物质，对眼、鼻、呼吸道黏膜及皮肤有一定的刺激作用，高浓度下对中枢神经系统有抑制作用，可造成肝、肾损害。四氯乙烯为无色液体，在空气中以蒸汽形式存在。实践证明，如果人类长期置身于一种高浓度的含四氯乙烯气体的环境中，肯定会对人体造成程度不一样的某些伤害，但实践同样证明，四氯乙烯并不是致癌物，目前仍未被国际癌症研究署，美国职业安全及健康委员会 OSHA 及美国国家毒物学规划署等权威机构确认为致癌物，美国各州目前没有法律规定不准使用四氯乙烯干洗机，只是对四氯乙烯的气态排放浓度，工作场地及周围土壤中四氯乙烯的排放量等作了规定。

（二） 石油类干洗溶剂

石油类溶剂也有其相关规定，中华人民共和国国家环保局 1997 年 1 月 1 日正式实施的大气污染综合排放标准 GB16297—1996 中明确规定非甲烷总烃，即溶剂汽油和混合烃的最高允许排放浓度为 $150mg/M^3$（20.3ppm）。由此可知石油溶剂也是对大气环境有污染的，也有其相关的排放标准。北京市环保局 2000 年集中对加油站进行治理，要求必须实现卸油加油密闭化，贮油罐排放口必须符合 GB16297—1996 的要求，超过了这个标准也无安全可言。更需要特别注意的安全问题是溶剂的燃烧与爆炸，四氯乙烯不存在这类问题，而对石油溶剂来说则是一个致命缺点。这也是当年从石油溶剂改为其他溶剂的主要原因。随着科技的进步可以在干洗设备上设置相关控制手段，对机内的温度、压力进行控制，但是潜在的危险依然存在。有些国家甚至要求使用石油干洗机的店家必须准备专用灭火器放在干洗机旁。

干洗溶剂除了洗净度，安全问题（工作场地，人体保健，环境保护等）以外，还有一个就是溶剂本身的质量，这是一个常常被人们忽视从而形成盲区的重要方面。现行常用干洗溶剂主要是四氯乙烯和碳氢溶剂（石油溶剂），其中四氯乙烯溶剂有工业清洗级和干洗级之分，干洗级四氯乙烯的要求要高于一般工业清洗用溶剂。由于四氯乙烯是单成分溶剂，其干洗级的合格品已经保证了其基本品质和相关指标要求。而石油溶剂是多种石油烃的混合物，它与普通汽油相比在成分上有很多差别，相比燃料汽油在燃点、闪点等方面干洗溶剂有更高的要求，更不能忽视的是石油溶剂中有很多机会混入不该有的成分如芳香族环烃（苯系物）。这些成分虽然有利于干洗（他们的溶解谱较宽），但从卫生保健和环境保护要求看则是大忌，因为苯系物是典型有毒溶剂。有证据表明，一些以低价竞争进入市场的石油溶剂中，苯系物含量有的竟高达 10% 以上。这样的干洗溶剂在开启式分体机运行时无异于放毒。由于绝大多数石油干洗机都是分体开式机，烘干过程中不能回收气态溶剂，而是全数排放到大气中。所以溶剂质量问题就是不可忽视的主要方面了。

所有干洗溶剂都在有机溶剂范畴之内，都有相关的国内外法规对其排放指标的具体要求。所以，至关重要的是对于洗溶剂而言既要控制溶剂的质量，更要控制溶剂的排放量。

三、干洗溶剂污染的防护

因为干洗溶剂易挥发，主要通过呼吸系统造成黏膜、神经系统和肝、肾损害，所以要求干洗操作系统密闭，且通风设备良好；在接触高浓度的有机溶剂时，一定要过滤面罩或者等有机溶剂挥发干净再进行操作；在室内洗涤高级毛料上的油污时，必须在通风良好的环境操作，尽快将空气中的有机溶剂排除掉，以免造成对居室微小环境的污染；在洗衣店干洗的衣物，要充分晾晒后再在衣柜存放，减少残留在纤维内的有机溶剂继续污染其他衣物，对人体造成一些潜在的危害，并对居室空气造成污染。

当然干洗溶剂对大气造成的污染仅仅靠这些还是不够的，最根本的措施还是要控制干洗溶剂的排放量，依靠科学技术生产出环保的干洗溶剂，而这些都有待于社会科学的发展。

第三节　纤维制品的废弃

纤维制品即所有由纤维制成的产品的总称。通常包括散纤维制品、纱线、织物及服装等。随着社会经济水平和大众文明程度的不断提高，纤维制品的应用已深入到社会的各行各业，除去常见的服用、家居用外，在农业、土工建筑、医疗卫生及航空航天等行业也有着广泛的使用。当前，纤维制品的应用已呈现出"百花齐放"的局面。那么，在此良好现状的背后，纤维制品的废弃也日益暴露出各种各样的缺点，成为环境污染不可忽视的问题。

一、纤维制品废弃所产生的污染与危害

纤维制品在失去使用价值后，必然会被废弃，成为废弃物。它们是人类发展的必然产物。例如服装是人类最基本的生活消费品，同环境有着密不可分的联系，服装在经过穿着后，最终需要废弃，这样不可避免地会产生污染：首先制成服装的纤维材料特别是化学纤维，其原料是石油，因为不能在自然界中自

然分解，给环境造成负担；其次服装加工整理过程中所采用的各种染料、助剂、整理剂及洗涤剂等，废弃后仍残留在织物中，仍然对环境造成污染。

纤维制品废弃后仍然存在着大量的污染物：（1）有害微生物：病毒、致病菌、寄生虫卵等；（2）无机污染物：重金属；（3）有机污染物：致癌物；（4）其他污染物：氮、磷、放射性物质、具有恶臭的物质。

纤维制品废弃后同样会对环境造成一定的危害：（1）侵占土地；（2）污染水体；（3）污染大气：甲醛、H_2S 等；（4）污染土壤与农作物；（5）影响城乡环境卫生；(6) 有碍市容观瞻；(7) 易引起其他危害：如大火、爆炸等。

二、纤维制品废弃物的处理

纤维制品废弃物的处理是指将废弃物经化学、物理、生物等途径达到减量化、无害化、或部分资源化，以便于利用、储存、运输或最终处置的过程。处理方法包括以下几种：

（一）物理处理：通过浓缩或相变化改变固体废弃物的结构，使它便于运输，利用，或最终处置的形态。

（二）化学处理：采用化学方法破坏固体废弃物中有害成分，达到无害化或将其转变为适于进一步处理处置的形态。

（三）生物处理：利用微生物分解固体废弃物中可降解的有机物，以便无害化或综合利用的过程。

（四）热处理：通过高温破坏和改变固体废弃物组成和结构，达到减量化、无害化或综合利用的目的。

（五）固化处理：采用惰性材料包容或固定固体废弃物形成固化体，以填埋。主要针对有毒、有害、放射性的固体废弃物。

目前我们对纤维制品废弃物的处理方式未必是最合适最好的，但随着科学技术的不断发展，各门科学的不断融合，同时通过我们人类的不断努力，一定能找到最合适的处理方法。毕竟在这个拥有六十多亿人口的地球村里，我们腾不出那么多地方来堆放这些废弃物，也容不得它们给我们带来的疾病与贫穷。地球只有一个，我们作为跨世纪的青年一代，应当担当起保护家园的责任，尽量减少废弃物的产生，尽量使其能充分地被循环利用，尽量多地处理废弃物，使我们的家园更清洁，更美丽。

鸣 谢

- 服装设计与工程，福建省重点学科（闽江学院）。
- 服装设计与工程，教育部特色专业（闽江学院）。
- 纺织服装实验教学中心，福建省高校省级教学实验示范中心（闽江学院）。
- 服装工程教学团队，福建省高校省级教学团队（闽江学院）。
- 服装设计教学团队，福建省高校省级教学团队（闽江学院）。